KB127105

대학 및 교육청 부설
정보
SW, 로봇
영재원
대비 문제집
초등 3~5학년

대학 및 교육청 부설

정보(SW, 로봇) 영재원 대비 문제집_초등 3~5학년

발행 2024년 9월 30일 개정 1판 1쇄 발행

저자 최종원 · 조재완 · 김형진

발행인 정지숙

발행처 (주)잇플ITPLE

주소 서울특별시 동대문구 답십리로 264 성신빌딩 2층

전화 0502_600_4925

팩스 0502_600_4924

홈페이지 www.itpleinfo.com

e-mail itpleinfo@naver.com

카페 http://cafe.naver.com/arduinofun

ISBN 979-11-91198-16-4 63400

※ 교재 학습 자료: http://cafe.naver.com/arduinofun

머리말

우리나라 정부는 '영재교육진흥법'에 따라 대학 및 교육청에서 매년 과학, 수학, 정보 관련 영재들을 수만 명씩 선발해 영재교육을 진행하고 있습니다. 그러나 비교적 오랜 영재교육 역사가 있는 선진국들의 영재교육 시스템이나 인프라와 비교하면 영재교육의 수준과 내용은 아직 미흡한 실정입니다.

우리나라 초창기 영재교육은 과학과 수학을 중심으로 이루어졌고 이후 정보 관련 분야가 추가되었습니다. 정보 분야는 IT, 코딩, 로봇 등 4차 산업혁명의 핵심이고 기초가 되는 중요한 부분으로서 이 분야의 조기 영재교육은 향후 국가 경쟁력을 좌우할 만큼 중요하다 하겠습니다.

그러나, 정보 및 로봇 분야 영재선발 도구 등에 있어 투명하지 못한 시스템 탓에 정보 및 로봇 영재원을 대비하는 수험생들과 학부모들 및 일선 지도교사들이 어려움을 겪고 있습니다.

정보(SW, 로봇) 영재원은 그 특성상 알고리즘적 사고, 이산수학적 사고, 컴퓨팅 사고력을 바탕으로 영재를 선발합니다. 이런 특성을 잘 파악해 영재선발을 위한 시험을 잘 대비할 수 있도록 본 교재를 편찬하게 되었습니다. 이 책은 다양한 기출문제와 논문, 관련 서적을 참고해서 대학 및 교육청 부설 정보(SW,로봇) 영재원 대비에 최적화된 파이널 교재로 이용할 수 있게 집필했습니다.

아무쪼록 이 책을 통해 공부하는 미래의 IT 꿈나무들이 정보(SW, 로봇) 영재원에 선발되어 미래 IT 리더로 성장하기를 바라는 바입니다.

저자

책소개

이 책은 PART 1 영재원 대비법, PART 2 영재성 검사, PART 3 창의적 문제해결검사, PART 4 심층 면접 4단계로 구성되어 있습니다.

PART 1 영재원 대비법에서는 정보(SW, 로봇) 영재원 전형방법과 대비하는 과정, 방법에 관해 설명합니다. 영재원 대비 시 가장 먼저 해야 할 자소서 작성, 학교에서 정보 영재로 관찰 추천을 받기 위한 방법과 정보 영재성 함양을 위한 방법 등을 제시합니다.

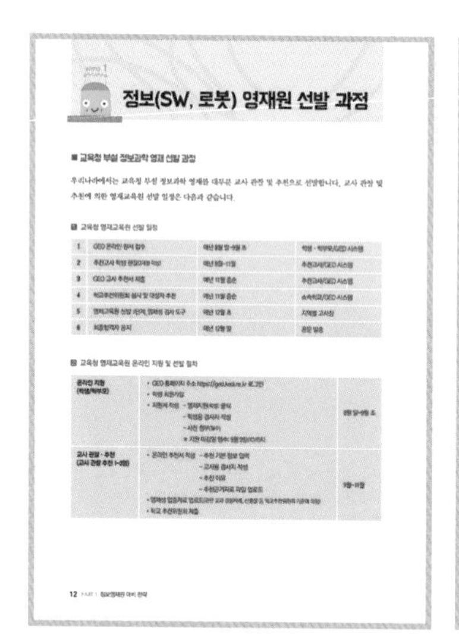

정보(SW, 로봇) 영재원 선발 과정

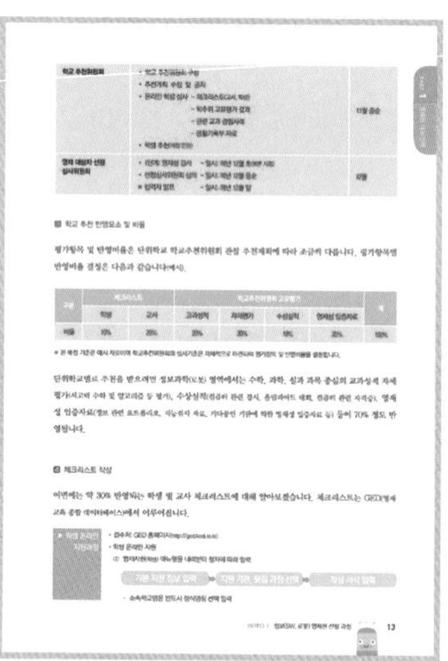

PART 2 영재성 검사에서는 KEDI 선발 도구에 근거해 정보과학 및 로봇 영재성을 판별하는 영재 판별 도구와 유사한 영재성 검사 문항을 풀어봄으로써 자신의 영재성 척도를 알 수 있게 합니다.

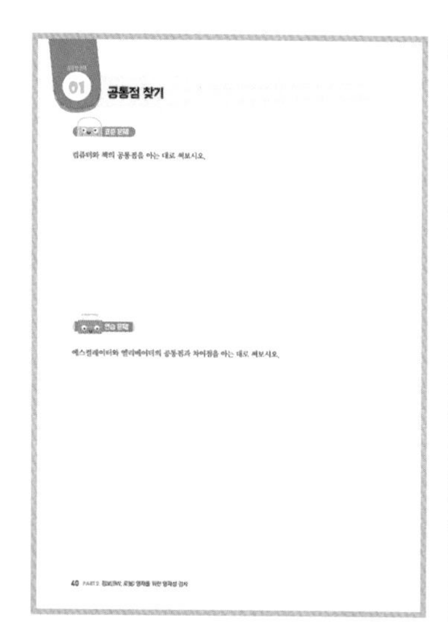

공통점 찾기

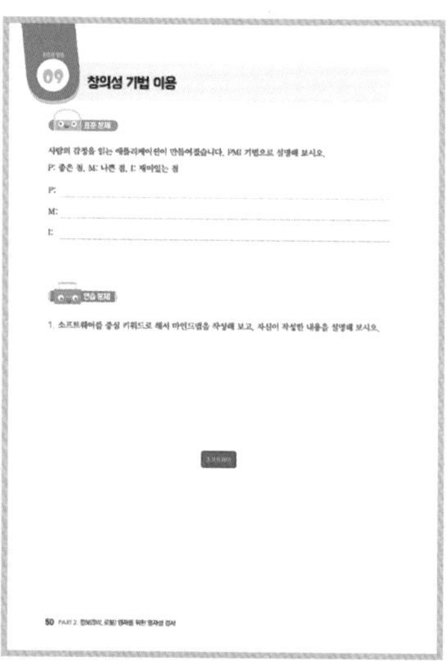

창의성 기법 이용

PART 3 창의적 문제해결 검사에서는 정보과학(SW) 및 로봇 분야 관련 영역의 다양한 상황에서 이산수학, 자료구조, 컴퓨팅 사고, 알고리즘 등을 이용해 문제를 해결해 보는 활동을 합니다. 이 영역에서 문제를 해결해 가는 과정을 통해 관련 분야의 학문 적성 능력을 파악할 수 있습니다.

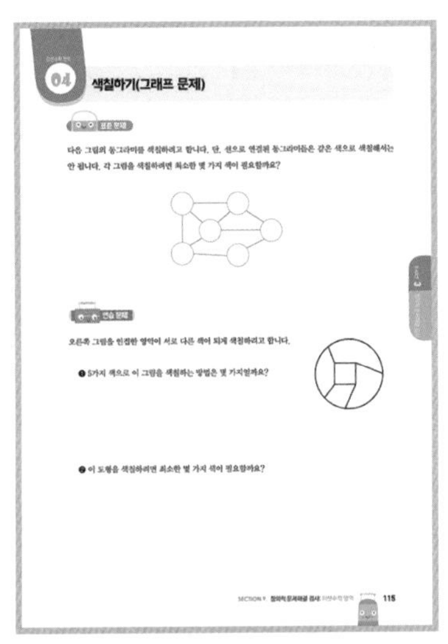
04 색칠하기(그래프 문제)

다음 그림의 동그라미를 색칠하려고 합니다. 단, 선으로 연결된 동그라미들은 같은 색으로 색칠해서는 안 됩니다. 각 그림을 색칠하려면 최소한 몇 가지 색이 필요할까요?

오른쪽 그림을 인접한 영역이 서로 다른 색이 되게 색칠하려고 합니다.

❶ 5가지 색으로 이 그림을 색칠하는 방법은 몇 가지일까요?

❷ 이 도형을 색칠하려면 최소한 몇 가지 색이 필요할까요?

115

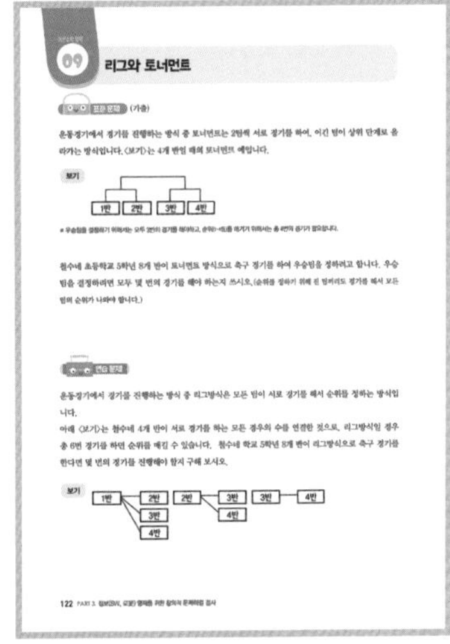
09 리그와 토너먼트

(기출)

운동경기에서 경기를 진행하는 방식 중 토너먼트는 2팀씩 서로 경기를 하여, 이긴 팀이 상위 단계로 올라가는 방식입니다. 〈보기〉는 4개 반일 때의 토너먼트 예입니다.

보기

1반 2반 3반 4반

철수네 초등학교 5학년 8개 반이 토너먼트 방식으로 축구 경기를 하여 우승팀을 정하려고 합니다. 우승팀을 결정하려면 모두 몇 번의 경기를 해야 하는지 쓰시오.

운동경기에서 경기를 진행하는 방식 중 리그방식은 모든 팀이 서로 경기를 해서 순위를 정하는 방식입니다.

아래 〈보기〉는 철수네 4개 반이 서로 경기를 하는 모든 경우의 수를 연결한 것으로, 리그방식일 경우 총 6번 경기를 하면 순위를 매길 수 있습니다. 철수네 학교 5학년 8개 반이 리그방식으로 축구 경기를 한다면 몇 번의 경기를 진행해야 할지 구해 보시오.

122

PART 4 심층 면접에서는 대학 및 교육청에서 정보(SW) 및 로봇 영재를 선발할 때 구술로 평가하는 주요 영역들을 세분화해서 다루었습니다.

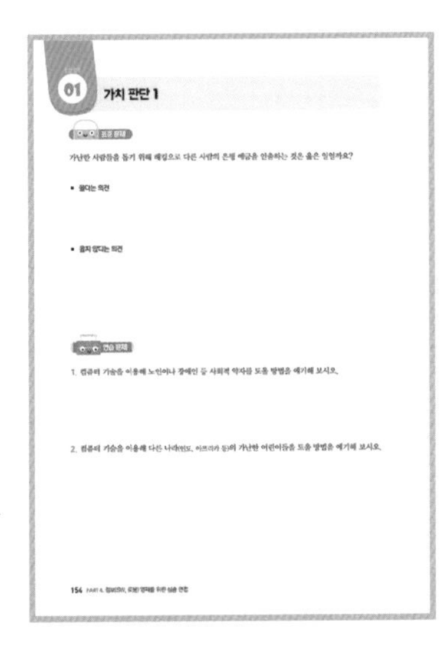
01 가치 판단 1

가난한 사람들을 돕기 위해 해킹으로 다른 사람의 은행 예금을 인출하는 것은 옳은 일일까요?

• 옳다는 의견

• 옳지 않다는 의견

1. 컴퓨터 기술을 이용해 노인이나 장애인 등 사회적 약자를 도울 방법을 얘기해 보시오.

2. 컴퓨터 기술을 이용해 다른 나라(인도, 아프리카 등)의 가난한 어린이들을 도울 방법을 얘기해 보시오.

154

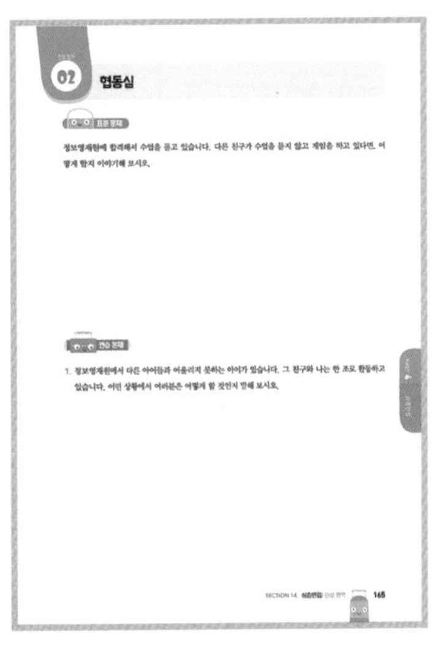
02 협동심

정보영재원에 합격해서 수업을 듣고 있습니다. 다른 친구가 수업을 듣지 않고 게임을 하고 있다면, 어떻게 할지 이야기해 보시오.

1. 정보영재원에서 다른 아이들과 어울리지 못하는 아이가 있습니다. 그 친구와 나는 한 조로 활동하고 있습니다. 이런 상황에서 여러분은 어떻게 할 것인지 말해 보시오.

SECTION 14 165

목차

PART 1 정보(SW, 로봇) 영재원 대비전략

PART 2 정보(SW, 로봇) 영재를 위한 영재성 검사

PART 3 정보(SW, 로봇) 영재를 위한 창의적 문제해결 검사

PART 4 정보(SW, 로봇) 영재를 위한 심층 면접

부록 정보영재원 현황/IT 대회/IT 추천도서/이미지 출처

LEARNING

정보영재원 대비 전략

정보(SW, 로봇) 영재원 선발 과정

■ 교육청 부설 정보과학 영재 선발 과정

우리나라에서는 교육청 부설 정보과학 영재를 대부분 교사 관찰 및 추천으로 선발합니다. 교사 관찰 및 추천에 의한 영재교육원 선발 일정은 다음과 같습니다.

1 교육청 영재교육원 선발 일정

1	GED 온라인 원서 접수	매년 8월 말~9월 초	학생 · 학부모/GED 시스템
2	추천교사 학생 관찰(2개월 이상)	매년 9월~11월	추천교사/GED 시스템
3	GED 교사 추천서 제출	매년 11월 중순	추천교사/GED 시스템
4	학교추천위원회 심사 및 대상자 추천	매년 11월 중순	소속학교/GED 시스템
5	영재교육원 선발 1단계_영재성 검사 도구	매년 12월 초	지역별 고사장
6	최종합격자 공지	매년 12월 말	공문 발송

2 교육청 영재교육원 온라인 지원 및 선발 절차

온라인 지원 (학생/학부모)	• GED 홈페이지 주소 https://ged.kedi.re.kr 로그인 • 학생 회원가입 • 지원서 작성 - 영재지원(학생) 클릭 - 학생용 검사지 작성 - 사진 첨부(필수) ※ 지원 마감일 엄수	8월 말~9월 초
교사 관찰 · 추천 (교사 관찰 추천 1~3명)	• 온라인 추천서 작성 - 추천 기본 정보 입력 - 교사용 검사지 작성 - 추천 이유 - 추천근거자료 파일 업로드 • 영재성 입증자료 업로드(관련 교과 경험사례, 산출물 등 학교추천위원회 기준에 의함) • 학교 추천위원회 제출	9월~11월

학교 추천위원회	• 학교 추천위원회 구성 • 추천계획 수립 및 공지 • 온라인 학생 심사 – 체크리스트(교사, 학생) – 학추위 고유평가 결과 – 관련 교과 경험사례 – 생활기록부 자료 • 학생 추천(배정 인원)	11월 중순
영재 대상자 선정 심사위원회	• 1단계: 영재성 검사 – 일시: 매년 12월 초 • 선정심사위원회 심의 – 일시: 매년 12월 중순 ※ 합격자 발표 – 일시: 매년 12월 말	12월

3 학교 추천 반영요소 및 비율

평가항목 및 반영비율은 단위학교 학교추천위원회 관찰 추천계획에 따라 조금씩 다릅니다. 평가항목별 반영비율 결정은 다음과 같습니다(예시).

구분	체크리스트		학교추천위원회 고유평가				계
	학생	교사	교과성적	자체평가	수상실적	영재성 입증자료	
비율	10%	20%	20%	20%	10%	20%	100%

※ 본 배점 기준은 예시 자료이며 학교추천위원회의 심사기준은 자체적으로 마련하여 평가항목 및 반영비율을 결정합니다.

단위학교별로 추천을 받으려면 정보과학(로봇) 영역에서는 수학, 과학, 실과 과목 중심의 교과성적 자체평가(사고력 수학 및 알고리즘 등 평가), 수상실적(컴퓨터 관련 경시, 올림피아드 대회, 컴퓨터 관련 자격증), 영재성 입증자료(정보 관련 포트폴리오, 지능검사 자료, 기타공인 기관에 의한 영재성 입증자료 등) 등이 70% 정도 반영됩니다.

4 체크리스트 작성

이번에는 약 30% 반영되는 학생 및 교사 체크리스트에 대해 알아보겠습니다. 체크리스트는 GED(영재교육 종합 데이터베이스)에서 이루어집니다.

▶ 학생 온라인 지원과정	• 접수처: GED 홈페이지(http://ged.kedi.re.kr) • 학생 온라인 지원 ① 영재지원(학생) 매뉴얼을 내려받아 절차에 따라 입력 기본 지원 정보 입력 ➡ 지원 기관, 모집 과정 선택 ➡ 작성 서식 입력 – 소속학교명은 반드시 정식명칭 선택 입력

▶ 학생 온라인 지원과정

② 영재성 입증자료 체크리스트(학생, 학부모) 작성
- 작성 서식에서 검사지 이름을 클릭하고 내용을 작성하고 저장
- 검사지가 여러 개인 경우, 하나의 검사지 작성이 완료될 때마다 각각 저장

※ 학생용 검사지 목록

대상자	순번	양식명	온라인 제출용	
			초등	중등
학생	1	KEDI 창의적 인성검사(학생용)-초등용	필수	
	2	KEDI 창의적 인성검사(학생용)-중등용		필수
	3	KEDI 리더십 특성검사 간편형-초등용	필수	
	4	KEDI 리더십 특성검사 간편형-중등용		필수
	5	자기보고서(학생용)	필수	
학부모	6	KEDI 학부모 체크리스트	참고용	
	7	학부모지원서(학생용)		

※ KEDI 창의적 인성검사, KEDI 리더십 특성검사, 자기보고서가 핵심임을 알 수 있습니다.
※ KEDI 창의적 인성검사, KEDI 리더십 특성검사는 교사용과 비슷하다고 보면 됩니다.

▶ 교사 온라인 추천과정

• 추천서 작성: 영재추천(교원) 매뉴얼을 내려받아 절차에 따라 입력
① 온라인 지원 학생 조회: 추천 요청자 선택
② 추천서 작성 절차

추천 기본 정보 ➡ 체크리스트 작성(교사용 검사지) ➡ 추천 이유 입력

- 추천 기본 정보 입력: 추천자의 정보를 매뉴얼에 따라 입력
- 교사용 검사지(체크리스트) 작성 및 제출(온라인)

※ 교사용 검사지 목록

대상자	순번	교사용 검사지 종류	온라인상 제출용	해당 과정
교사	1	KEDI 영재 행동 특성검사(초중등 공용)	필수(공통)	전 과정
	2	KEDI 창의적 인성검사(초중등 공용)		
	3	KEDI 리더십 특성검사 간편형(초중등 공용)		
	4	KEDI 과학 적성 체크리스트	필수(수학/과학/정보과학/인문/발명 지원 분야에 따라 선택 작성)	과학, 수학과학
	5	KEDI 수학 적성 체크리스트		수학, 수학과학
	6	KEDI 정보과학 적성 체크리스트		정보 SW반
	7	KEDI 인문사회 체크리스트		국어반
	8	KIPA 발명 영재 특성 체크리스트		발명반

※ 교사는 오프라인으로 영재성 증빙자료를 학추위에 제출 할 수 있습니다.(최대 4종류: 학업성취도, 수상실적, 봉사활동 등)

5 체크리스트를 통한 창의성, 인성, 리더십, 정보과학적성 체크

창의성이나 인성, 리더십, 정보과학 능력 등은 단기간에 길러지지 않습니다. 체크리스트를 통해 부족한 영역을 극복할 수 있도록 장기간에 걸쳐 노력하는 자세가 필요하다 하겠습니다.
우리가 체크해 볼 검사지는 총 4가지입니다.

- ▶ 영재 행동 특성검사
- ▶ 창의적 인성검사
- ▶ 리더십 특성검사
- ▶ 정보과학 적성 체크리스트

다음에 제공되는 검사지는 현시점에서 KEDI에서 체크하는 것과 내용이 다소 다를 수도 있지만, 비슷한 양식으로 진행됨을 알려드립니다.

1. 영재 행동 특성검사

아래 질문 내용을 잘 읽고, 해당하는 칸에 ○표 하시오.

번호	문항	매우 그렇다	그렇다	아니다	전혀 아니다
1	빠른 학습자이고, 발전된 주제들을 쉽게 이해한다.				
2	통찰력을 이용해 인과 관계를 곰곰이 생각한다.				
3	과제들을 끝까지 완성한다.				
4	문제를 재빨리 알아내고 해결책을 다른 사람보다 먼저 제안한다.				
5	기초 기능들을 빨리 익히며 거의 연습을 하지 않아도 잘한다.				
6	이미 숙달한 기능들은 연습하는 것을 싫어하며 쓸데없다고 여긴다.				
7	지시사항이 복잡하더라도 쉽게 따라 한다.				
8	높은 수준의 추상적인 개념을 구성해내고 다룬다.				
9	한 번에 여러 개의 아이디어를 잘 처리할 수 있다.				
10	강한 비판적 사고력을 가지며 자기 비판적이다.				
11	놀라운 지각력과 깊은 통찰력을 가지고 있다.				
12	예리하게 관찰하고 상세히 기록하며 유사성과 차이점을 빨리 알아차린다.				
13	지적, 신체적으로 매우 활동적이며 지칠 줄을 모른다.				
14	놀랄만한 수준의 전문지식을 가지고 있다.				

15	폭넓은 상식을 가지고 있다.				
16	자신에 대하여 매우 높은 기준을 세우며 완벽주의자이다.				
17	성공 지향적이고 실패가 있음 직한 일을 시도하는 데는 주저한다.				
18	유머 감각이 있고 말장난과 농담을 좋아한다.				
19	손재주가 또래 학생들보다 떨어지는데, 이는 좌절하는 원인이 되기도 한다.				
20	부정적인 자아개념을 가질 수 있고 또래 학생들과의 관계에서 어려움을 겪기도 한다.				
21	공상에 잠기고 다른 세계에 정신이 팔린 것 같기도 하다.				
22	설명을 들을 때 한 부분에만 귀를 기울여 집중력이 부족한 듯 보이지만, 항상 상황을 전체적으로 이해하고 있다.				

2. 창의적 인성검사

아래 질문 내용을 잘 읽고, 해당하는 칸에 ○표 하세요.

번호	문항	매우 그렇다	그렇다	아니다	전혀 아니다
1	주변에서 일어나는 일이나 어떤 사물에 대해 궁금한 것이 많다.				
2	비록 실패가 예상될지라도 정말 하고 싶은 일이면 하는 편이다.				
3	춤이나 노래를 새로운 방식으로 표현하려고 시도한다.				
4	'그것은 왜 그럴까?'와 같은 질문을 많이 한다.				
5	어떤 일(놀이나 과제)을 처음 시작하는 것을 두려워하지 않는다.				
6	내 일을 스스로 알아서 한다.				
7	나와 다른 피부색을 가진 사람들과도 친구 하고 싶다.				
8	'만약 ~라면 어떻게 될까?'라는 생각을 자주 한다.				
9	누가 시키지 않아도 내 할 일을 잘 찾는다.				
10	아무리 어려운 문제라도 답지를 보지 않고 끝까지 내가 풀려고 노력한다.				
11	나 혼자 있을 때는 무슨 일을 해야 할지 모르겠다.				
12	종종 나의 감정을 글(시, 이야기, 일기 등)로 표현한다.				
13	시작한 것은 끝을 내는 편이다.				
14	예술 활동(예: 이야기 쓰기, 시 짓기 또는 미술 작품 만들기, 연극 하기, 음악 활동 등)을 즐겨한다.				
15	잘 모르는 것이라도 두려워하지 않는다.				

16	누구나 당연하게 생각하는 것도 '왜 그럴까?'라고 생각해 볼 때가 있다.				
17	내가 싫어하는 사람과도 이야기할 수 있다.				
18	무슨 일이든 대충하지 않고 꼼꼼하게 하는 편이다.				
19	새로운 것을 경험하기를 좋아한다.				
20	질문을 많이 하는 편이다.				
21	신비스럽고 아름다운 것에 끌린다.				
22	일을 남에게 미루는 편이다.				
23	한 번 마음 먹은 일은 어떤 어려움이 있더라도 끝까지 하고야 만다.				
24	나와 다른 생각을 하는 사람들과 이야기 하는 것을 좋아한다.				
25	세상이 아름답다고 느낄 때가 있다.				
26	무엇을 집중하기 시작하면 그 일이 끝날 때까지 오랫동안 집중하는 편이다.				
27	내 생각보다 더 좋은 생각이라면 받아들일 수 있다.				

3. 리더십 특성검사

아래 질문 내용을 잘 읽고, 해당하는 칸에 ○표 하시오.

번호	문항	매우 그렇다	그렇다	아니다	전혀 아니다
1	나는 미래를 예상하고 행동한다.				
2	나는 분명한 목표를 정해놓고 산다.				
3	나는 내가 살아가면서 꼭 지키고 싶은 것과 중요하다고 생각하는 것이 무엇인지 알고 있다.				
4	나는 내가 무엇을 목표로 살아가는지, 무엇을 해야 하는지 정확하게 알고 있다.				
5	나는 다른 사람들이 나의 의견을 받아들이도록 설득할 수 있다.				
6	나는 내 생각을 다른 사람에게 분명하고 조리 있게 말할 수 있다 .				
7	나는 내가 느끼는 바를 말로 잘 표현하는 편이다.				
8	나는 많은 사람 앞에서 내 의견을 조리 있게 발표할 수 있다.				
9	나는 다른 사람들과 같이 일하는 것보다 혼자 하는 것을 더 좋아한다.				
10	나는 모둠 활동을 할 때 다른 사람들과 맞추면서 하는 것이 힘들다.				
11	나는 일을 하는 데 필요한 계획을 미리 짠다.				
12	나는 일을 해나가는 중간중간에도 처음의 계획을 다시 확인하고 상황에 맞게 정한다.				

13	나는 계획을 세우면 계획대로 추진해 나간다.				
14	나는 결정을 내리는 데 있어서 다른 사람의 의견을 참고할 수 있다.				
15	나는 다른 사람이 무엇을 필요로 하는지 관심을 쏟는다.				
16	나는 다른 사람들을 배려하고자 노력한다.				
17	나는 나와 생각이 다르더라도 다른 사람들의 생각과 선택을 존중한다.				
18	나는 나와 의견이 다른 사람의 입장을 이해하려고 노력한다.				
19	나는 새로운 것을 접하면 그것이 무엇인가 알기 위해 관련 정보를 찾아본다.				
20	나는 나와 생각이 다른 사람들의 의견과 선택을 받아들일 수 있다.				
21	나는 다른 사람들에게 도움이 되는 일을 하면서 살고 싶다.				
22	나는 곤란한 상황에 처한 사람들을 돕는 데 적극적이다.				
23	나는 어려운 사람들을 위해 내 돈을 들여서라도 돕고 싶다.				
24	나는 내가 좀 손해를 보더라도 다른 사람에게 도움이 되도록 행동한다.				
25	나는 우리 반이나 학교에서 벌어지는 문제를 해결하는 데 도움을 주고자 한다.				

4. 정보과학 적성 체크리스트

아래 질문 내용을 잘 읽고, 해당하는 평가 기준 점수를 평가 점수란에 기재하시오.

구분		평가 기준			평가 점수	비고
점수 및 수준		1점	3점	5점	0~5점	
		또래 상위 10%(학급 내 3~4명, 전교 상위권)	또래 상위 5%(학급 내 1~2명, 전교 5~10명)	또래 상위 1%(학급 내 0~1명, 전교 1~2명)		
1	(자기주도적 학습능력, 리더십) 스스로 목표를 세우고 계획하여 실천하며, 필요에 따라 모임을 만들어 이끌어가며 의사 결정에 중요한 역할을 한다.	학교의 공부와 과제를 혼자 힘으로 더 자세히 탐구해본 경험이 있다.	자신이 좋아하고 관심 있는 주제를 혼자 힘으로 더 자세히 탐구해 본 경험이 있다.	선배들이 할 만한 어려운 과제와 주제에 도전하여 혼자 힘으로 깊이 있는 탐구 활동을 해본 경험이 있다.		
		친구들과 함께 모여 팀을 이루어 모둠 활동을 주도하는 것을 좋아한다.	모둠 활동에서 타인의 의견을 경청하고 모두 골고루 참여하도록 배려한다.	모둠 활동에서 자신의 의견을 분명하고 조리 있게 설명하고 다른 의견을 반영하여 새로운 대안을 제시한다.		

2	(지적 호기심, 진로계획) IT 관련 내용에 호기심이 많으며, 향후 자신의 직업이나 진로계획이 IT 분야와 관계가 있다.	즐겨보는 책이나 잡지 중에 IT 관련 내용이 있으면 관심을 가지고 읽는 편이다.	IT와 관련한 활동에 흥미와 관심이 많으며, 관련 책이나 잡지를 일부러 찾아서 읽는다.	IT 관련 지식이나 통신 기술에 관하여 평소 주변 사람들에게 자주 이야기하거나 질문한다.		
		IT 분야의 다양하고 새로운 직업에 대하여 관심이 많다.	향후 진로와 관련하여 IT 관련 특정 분야나 기업을 희망한다.	IT와 연관된 특정 직업을 목표로 정하고, 개인적으로 학습 또는 훈련에 스스로 참여하고 있다.		
3	(일상생활과의 연관성) 일상생활에서 널리 사용되는 각종 디지털 기기에 대하여 상식 수준 이상의 지식을 얻기 위해 노력한다.	새로운 IT 관련 제품에 관심을 두고 관련 정보나 기사를 검색해 본다.	특정 IT 관련 제품을 직접 조작해 보고, 제품의 구조나 동작 원리를 살펴보는 편이다.	특정 IT 관련 제품의 내부를 분해하거나 직접 부품을 구매하여 조립해 본 경험이 있다.		
		스마트폰의 주요 기능과 기본 앱이 무엇이 있는지 알고 있다.	스마트폰에서 자신에게 필요한 앱을 찾아서 어떻게 설치하여 사용하는지 알고 있다.	스마트폰에서 비슷한 기능을 가진 앱의 장단점을 어떻게 서로 비교할 수 있는지 알고 있다.		
4	(정보보호에 대한 인식) 정보보호 관련 사고에 대하여 많은 흥미를 가지고 있다.	최근 정보보호 관련 사고에 관한 기사를 읽어 본 적이 있다.	정보보호 관련 사고가 생기는 이유나 예방 대책에 대하여 인터넷에서 찾아본 적이 있다.	정보보호 관련한 사고의 원인에 관해 관심을 갖고 전문적인 보안 기술에 관해 탐구해 본 적이 있다.		
5	(도전정신, 과제집착) 잘 모르거나 새로운 것을 알기 위해 적극적으로 행동하며 끈기 있게 집착한다.	새로운 지식을 학습하기 위해 자주 인터넷을 검색하거나 주위 사람에게 질문하는 편이다.	스스로 학습하는 데에 한계를 느끼면 극복하기 위해 주변의 전문가를 찾아가 도움을 청하는 편이다.	단기간 내에 학습하기 어려운 경우 체계적인 학습계획을 세워 꾸준히 실천하며 스스로 과제를 해결하는 편이다.		
		주어진 문제가 잘 이해가 안 되거나 풀기 어렵다고 느끼면 문제를 다시 읽고 생각하는 과정을 반복하며 포기하지 않는다.	어렵고 복잡한 문제가 있으면 이를 해결하기 위해 다른 공부나 약속을 포기할 만큼 집중한다.	이해가 안 되거나 해결하지 못한 문제가 있으면 끝까지 해결하기 위해 잠을 이루지 못할 만큼 집착한다.		
6	(창의성, 다양성) 기발하고 독특한 생각을 잘하며, 아이디어가 많다.	수업시간에 학습 내용을 벗어나거나 또래의 수준을 능가하는 엉뚱한 질문을 자주 한다.	남들과 다른 관점에서 문제를 이해하거나, 남보다 많은 아이디어를 계속 제시한다.	새로운 풀이 방법을 모색하기 위해 스스로 끊임없이 탐구한다.		
		같은 문제를 여러 가지 서로 다른 방법으로 해결해 보려고 시도한다.	동일한 답을 얻더라도 풀이 방법이 서로 다르면 어느 방법이 더 좋은지 따져본다.	서로 다른 문제 풀이 방법들의 장단점을 파악하여 적합한 풀이 방법을 선택한다.		

7	(관찰력) 관찰을 통해 문제 해결을 위한 정보와 자료를 구한다.	특정 사물이나 사건에 대하여 남들이 잘 인지하지 못하는 세세한 부분까지도 찾아낸다.	관찰을 통해 여러 사물이나 사건 간의 공통점/차이점 혹은 상관관계를 찾아보려고 한다.	사물이나 사건을 관찰한 결과를 토대로 기존의 지식과 관련지어 새로운 관점에서 문제를 발견하려고 한다.		
8	(표현 능력) 자신 생각이나 아이디어를 정확하게 전달한다.	자신은 문제를 이해하고 풀 수 있으나, 친구에게 문제와 풀이 과정을 이해하기 쉽도록 설명하기 어렵다.	같은 내용이라도 상대편의 이해 수준에 맞추어 좀 더 쉽게 설명할 수 있다.	상대방이 이해하기 어려우면 다양한 비유와 예시를 통해 논리적으로 잘 설명한다.		
9	(수리능력, 직관력) 문제를 직관적으로 해결하고, 빠른 계산을 통해 풀이 과정과 답을 검증한다.	어림짐작이나 암산을 통해 빠르게 계산하며, 결과도 비교적 정확한 편이다.	수에 대한 뛰어난 감각을 가지고 주어진 수식이나 기호를 금방 이해하며, 계산이 빠르고 정확하다.	빠른 계산을 위해 연산 과정을 축소하여 새롭게 처리하거나 문제를 변형하여 다른 방법으로 해결한다.		
		또래보다 문제 이해가 빠르므로 먼저 정답을 찾기 위해 속도 경쟁을 좋아하지만, 실수도 가끔 하는 편이다.	퍼즐이나 퀴즈 문제를 풀 때, 풀이 과정 없이 먼저 정답을 말한 다음 검산을 통해 확인하는 편이다.	문제파악을 위한 결정적인 단서나 문제 해결을 위한 아이디어를 순간적으로 떠올리는 편이다.		
10	(학습 능력) 새로운 학습 내용을 쉽게 잘 이해하고, 학습효과가 상대적으로 높다.	새로운 지식에 대한 이해가 빠르고, 또래 학생보다 빨리 숙달하는 편이다.	한번 배운 지식을 오랫동안 정확하게 기억하는 편이며, 스스로 연습을 통해 잘 활용한다.	새롭게 배운 지식에 대하여 자기 스스로 논리적인 사고와 실험을 통해 검증하거나 좀 더 깊이 탐구하는 것을 좋아한다.		
11	(정보과학 기초지식) 실생활을 통해 컴퓨터와 네트워크에 대한 기초적인 지식을 가지고 있다.	컴퓨터에서 인터넷을 사용하는 데 필요한 네트워크 환경에 대하여 알고 있다.	스마트폰에서 인터넷을 사용하는 데 필요한 네트워크 환경에 대하여 알고 있다.	언제 어디서나 자유롭게 이동하면서 어떻게 인터넷을 사용할 수 있는지 알고 있다.		
		모니터, 키보드, 마우스, 프린터 등과 같은 컴퓨터 주변기기의 종류와 기능을 잘 알고, 필요한 제품을 구매할 수 있다.	윈도우, 한글, 게임 등과 같은 소프트웨어의 종류와 용도를 잘 알고 필요한 소프트웨어를 직접 컴퓨터에 설치할 수 있다.	TV, 카메라, 스마트폰 등과 같은 다양한 IT 관련 제품을 컴퓨터에 연결하기 위한 소프트웨어의 필요성 및 역할을 알고 있다.		

12	(정보활용 능력) 이용 목적에 따라 정보를 수집하고 분석하여 적절하게 가공할 수 있으며, 이러한 정보들을 잘 활용한다.	수집한 정보들을 활용하여 자신만의 독특한 구조에 맞도록 잘 구성하고 편집하여 발표 자료를 만든다.	먼저 발표 자료에 관한 내용과 구조를 결정한 다음, 그에 알맞은 정보를 수집하기 위해 더 많은 시간과 노력을 투자한다.	수집한 정보들을 자신의 의도에 따라 재구성하거나 서로 융합하여 새로운 형태의 자료로 만들어 활용한다.		
		IT 관련 제품의 주요 기능이나 버튼 조작방법을 직관적으로 쉽게 이해한다.	IT 관련 제품의 고급 기능이나 복잡한 사용방법을 알기 위해 설명서를 보거나 인터넷 검색을 한다.	IT 관련 제품을 고급 기능까지 사용해보고 개선사항이나 추가로 필요한 기능을 제안하는 편이다.		
13	(소프트웨어 활용 능력) 컴퓨터를 이용한 학습에 필요한 소프트웨어를 잘 사용한다.	새로운 소프트웨어라도 조금만 사용해보면 또래보다 금방 익숙해지는 편이다.	자신이 원하는 소프트웨어를 직접 설치하여 사용해보는 것을 두려워하지 않는다.	현재 사용 중인 소프트웨어 관련 업데이트나 업그레이드를 수시로 확인할 만큼, 최신 소프트웨어를 사용하려는 욕구가 강하다.		
14	(정보 처리 능력) 입력과 출력 간의 인과관계와 처리 과정의 진행순서를 잘 파악한다.	컴퓨터가 데이터를 처리하는 과정을 순서대로 설명할 수 있다.	컴퓨터가 처리할 내용과 순서를 명확하게 제시할 수 있다.	발생 가능한 모든 경우에 대하여 컴퓨터가 처리할 내용과 순서를 각각 정할 수 있다.		
		문제 해결을 위해 필요한 데이터가 무엇인지 파악할 수 있다.	문제 해결에 필요한 데이터 간의 상관관계를 수식으로 나타낼 수 있다.	문제 해결 과정에서 임시로 만들어졌다가 사라지는 데이터가 무엇인지 나열할 수 있다.		
15	(문제 이해 능력) 문제에 주어진 상황이나 예제를 통해 이해한 것을 수식이나 기호를 사용하여 수학적으로 표현할 수 있다.	문제의 내용을 수학 용어와 수식, 연산기호를 사용하여 수학적으로 표현할 수 있다.	문제에 있는 규칙이나 관계를 일반화하는 수식의 형태로 정리하여 나타낼 수 있다.	규칙이나 관계의 일반화는 물론 모든 경우를 살펴보고 예외상황까지 고려한다.		
		문제가 요구하는 방법을 수학적으로 일반화시켜 제시할 수 있다.	문제에 들어있는 값이 바뀌면 문제가 요구하는 것이 달라지거나 풀이 방법이 부분 수정되어야 하는 경우를 찾아낼 수 있다.	문제를 풀이하는 과정이 여러 가지인 경우, 각각 풀이 과정상의 차이를 명확하게 설명할 수 있다.		

16	(문제 해결 능력) 문제의 핵심을 파악하여 해결의 실마리를 찾고, 다양하고 독창적인 해결방법을 제시한다.	문제에서 주어진 예제를 통해 주로 문제 해결의 실마리를 찾는다.	기본적인 문제 해결에 대한 아이디어를 가지고, 문제에 주어지지 않은 경우에 대하여 확인해 본다.	문제의 핵심을 빠르게 파악하여 수학적 증명 및 검증과정을 거쳐 해결방법을 제시한다.		
		한 번 풀어본 문제에 대한 해결방법을 가지고, 나중에 유사문제를 해결하는 데에 잘 활용한다.	문제 해결방법 전체를 외우는 것보다 문제 해결의 실마리를 정확하게 기억하려고 노력한다.	복잡한 문제 해결을 위해 가정과 조건을 완화한 단순한 문제에 대한 해결방법을 먼저 찾으려고 한다.		
17	(문제 창출 능력) 학습 결과를 개조하거나 변형시켜 새로운 문제를 잘 만들어 낸다.	이미 학습한 문제와 유사하거나 동일한 수준의 문제를 잘 만든다.	주어진 문제의 가정이나 조건을 변경하거나 확장하여 새로운 문제를 만드는 것을 좋아한다.	기존의 문제를 전혀 다른 분야에 적용하거나 새로운 문제를 제시한다.		
18	(프로그래밍 능력) 혼자 힘으로 프로그램을 작성하고 실행결과를 확인할 수 있다.	문제의 조건에 따라 예제 프로그램을 일부 변형하는 수준의 프로그램은 작성해 본 경험이 있다.	문제 풀이가 쉽고 간단한 경우에는 예제 프로그램 없이 직접 프로그램을 작성해 본 경험이 있다.	정보올림피아드 수준의 어려운 문제를 프로그램을 통해 해결해 본 경험이 있다.		
19	(학습경험) 정보과학 관련 학습경험이 있다.	방과 후 학습이나 학원에서 정보 혹은 컴퓨터 관련 학습경험이 있으며, 영재교육을 받아본 적이 있다.	영재교육 프로그램 중 일부 정보과학과 관련된 교육을 받은 경험이 있다.	정보과학 분야에 특화된 영재교육 프로그램을 1년 이상 이수한 경험이 있다.		
20	(수행실적, 산출물) 자격증, 대회입상경력 등 자신만의 독특한 학습 성과에 따른 수행실적과 연구 산출물이 있다.	개인적으로 관심이 있는 자격증을 가지고 있거나, 교내 경시대회 입상 경력이 있다.	IT 관련 자격증을 가지고 있으며, 교외 경시대회 입상 경력이 있다.	수학, 과학, 정보 분야에서 학교를 대표하여 전국대회에 참가하거나 입상한 경력이 있다.		
		특정 분야와 관계없이 자신의 연구결과에 대한 산출물이 있다.	정보 분야 혹은 정보가 포함된 다른 분야의 연구결과에 대한 산출물이 있다.	정보 분야에 특화된 연구결과와 산출물이 있다.		

※ 검사 주의사항

❶ 검사자

본 체크리스트를 제대로 작성하기 위해 교사는 추천하고자 하는 학생이 그간 보여준 행동 특성과 정보과학 학습의 결과물이나 성취 정도, 정보과학 관련 공인된 기록물 등을 알고 있어야 하며, 될 수 있으면 또래 나이의 다른 학생들과도 비교할 수 있는 안목과 실제적인 관찰 경험이 필요합니다.

❷ 준비물

추천 학생에 대한 개인 정보가 든 학생생활기록부와 학생별 자료.

❸ 표준 절차와 순서

- 문항별로 1점 항목부터 차례로 읽어가면서 해당 점수 항목에 있는 내용이 모두 맞으면 다음 점수 항목으로 넘어갑니다. 만약, 문항별 성격에 따라 검사 대상자의 학년이나 나이가 맞지 않아 평가 대상이 되지 않을 때는 제외하고 넘어갑니다.
- 해당 점수 항목의 내용에 해당하지 않는 내용이 하나라도 있으면 그보다 낮은 점수를 부여하는 것을 원칙으로 합니다(이때 0점, 2점, 4점 가능).
- 낮은 점수의 항목에 해당하지 않는 것이 예외적으로 1개 있지만, 더 높은 점수 항목에 해당하는 개수가 더 많다면 그 중간 점수(0점, 2점, 4점)를 부여할 수 있습니다.
- 비고란에 개인별 평정 근거 행동 사례를 간단히 적어 추천 학생들의 특성과 수준 이해를 위한 근거 자료로 활용할 수 있도록 합니다.

정보과학(SW, 로봇) 영재란?

이재호 교수에 따르면 정보 영재의 특성은 다음과 같다고 합니다.

세부사항		
일반적 특성	• 초기의 뛰어난 이해력과 통찰력 • 논리적이고 확산적인 사고력 • 과제에 대한 집착력 • 뛰어난 상상력과 왕성한 호기심 및 창의성 • 대담한 모험가형 • 특수 학문적성(정보과학)	
정보과학적 특성	정보과학 능력	• 소프트웨어와 멀티미디어에 관한 지식과 활용 능력 • 프로그래밍 능력 • 컴퓨터 분야의 성취 욕구와 자신감 • 새로운 알고리즘 개발 능력
	이산수학적 사고력	• 직관적 통찰력 • 공간화/시각화 능력 • 수학적 추상화 능력 • 정보의 조직화 능력 • 일반화 및 적용 능력 • 수학적 추론 능력

즉, 정보 영재는 정보과학 능력과 이산수학 능력이 우수한 학생이라고 할 수 있습니다. 다음의 간편 정보과학 영재 체크리스트를 통해 나의 정보 영재성을 파악해 보세요

간편 정보과학 영재 체크리스트			
영역	항목	지표	체크
창의성	정보 창출 능력	기존의 정보/지식을 이용하여 새로운 정보/지식을 도출한다.	
	상상력	남들보다 풍부한 상상력으로 사고한다.	
	독창성	참신하고 독특한 아이디어를 이용해 문제를 해결한다.	
	정보과학	창의적인 컴퓨터 및 데이터 활용능력이 있다.	
	정보과학	새로운 알고리즘을 개발하고 분석한다.	

리더십 능력	주도성	팀 단위의 활동에서 주도적 역할을 한다.	
	협동성	팀 단위의 활동에서 타인을 배려하며 적극적으로 참여한다.	
	존중성	팀 단위의 활동에서 주변 사람들로부터 인정을 받는다.	
표현능력	전달력	자기 생각이나 개념을 다른 사람에게 효과적으로 전달 · 주장한다.	
	명확성	자기 생각이나 개념을 다른 사람에게 명확하게 표현한다.	
	간결성	자기 생각이나 개념을 간결하게 표현한다.	
	논리성	자기 생각이나 개념을 논리적으로 표현한다.	
	다양성	다양한 표현방법을 이용하여 자기 생각이나 개념을 표현한다.	
	정보과학	자기 생각이나 개념을 알고리즘으로 설계하고 표현한다.	
학습능력	이해력	기존의 정보 및 새로운 정보를 빠르고 정확하게 이해한다.	
	관찰력	평범하고 당연해 보이는 것도 예리하게 관찰한다.	
	계획성	과제의 완수를 위해 시간과 능력을 고려하여 구체적인 계획을 수립한다.	
	해결 능력	문제의 원리를 이해하고 단순화 혹은 구체화할 수 있다.	
	정보과학	문제를 정보화하고 프로그램과 같은 정보분석 도구를 이용하여 해결한다	
	정보과학	서로 다른 알고리즘에 대한 비교와 분석에 대한 역량을 갖고 있다.	
정신력	정신력	지적 호기심 기존의 정보/지식을 이용하여 새로운 정보/지식을 도출한다.	
	선호도	남들보다 풍부한 상상력으로 사고한다.	
	집중력	참신하고 독특한 아이디어를 이용해 문제를 해결한다.	
	끈기	창의적인 컴퓨터 및 데이터 활용능력이 있다.	
	도전정신	새롭고 어려운 문제에 대한 두려움이 없으며 해결하고자 도전한다.	
	정보과학	정보과학과 관련된 문제를 선호하고 정보화 도구를 잘 이용한다.	
성품/자신감	자립성	주어진 문제는 다른 사람의 도움 없이 스스로 해결한다.	
	우월성	또래에 비해 높은 수준의 지적능력을 보인다.	
	책임감	주어진 활동을 책임감 있게 잘 수행한다.	
	정보과학	또래보다 정보통신 기기 및 새로운 기기의 사용을 좋아하며 잘 다룬다.	

총 30개 항목 검사 ▶

체크 항목 수	정보과학 영재성
27개 이상	아주 우수
24개~26개	우수
20개~23개	보통
17개~19개	노력 필요함
16개 이하	상당한 노력을 더 기울일 것

정보(SW, 로봇) 영재원 대비 방법

1. 전형 방식

1 교육청 부설 영재교육원

교육청의 경우는 지역마다 시험방식이 다소 다르지만 대체로 같은 형태의 시험방식을 따릅니다.

1단계: 관찰 추천

2단계: 창의적 문제해결 검사(혹은 영재성 검사)

3단계: 심층 면접(경우에 따라 면접 생략)

2단계 영재성 검사는 수학, 과학, 정보 분야 공통으로 치는 시험으로 주로 창의성, 언어 능력, 논리 사고, 수리 · 공간지각능력 등을 테스트합니다. 2단계 창의적 문제해결 검사에서 정보 분야는 주로 이산수학, 알고리즘 능력, 컴퓨팅 사고력을 측정하는 문항이 출제됩니다. 경우에 따라 영재성 검사 도구에 창의적 문제해결이 포함될 수 있고, 교육청에 따라 당일에 영재성 검사와 창의적 문제해결 검사를 동시에 치를 수 있습니다.
면접은 코로나 상황 등에 따라 온라인으로 진행될 수 있습니다.

2 대학 부설 정보 영재교육원

정보영재원 혹은 S/W 영재교육원의 시험 출제 경향은 다음과 같은 유형이 있습니다.
대학 부설 정보 영재교육원은 1단계로 서류 평가, 2단계로 심층 면접을 보는 곳이 대부분입니다. 1단계 서류 평가에서는 자기소개서와 활동경력 보고서를 작성해서 서류에 통과한 지원자들을 대상으로 심층 면접을 합니다. 물론, 자기소개서와 활동경력 보고서를 다른 지원자들과 차별성이 있게 기재하는 것이 유리합니다.
일부 대학은 심층 면접 전 단계에서 영재성 검사, 창의적 문제해결검사 형태의 지필 시험을 칩니다. 대학에서 치르는 이런 지필 시험은 교육청에서 하는 검사와 비슷하지만, 대학마다 문제 형태가 다소 다르므로 이에 맞게 대비해 주어야 합니다.
서류 평가 후 심층 면접으로 선발하는 대학의 경우 심층 면접은 자기소개서와 관련된 질문, 인성 및 창의성 질문, 지원 분야의 학문적성과 관련된 질문으로 이루어집니다. 또한, 대학에서 지필로 치를 때 영재성 검사, 창의적 문제해결 검사는 교육청에서 실시하는 '영재성 검사' 및 '창의적 문제해결 검사'와 50~60% 정도 비슷한 유형이 나옵니다. 다만, 교육청은 지역별로 같은 문제가 나오지만, 대학은 자율적으로 문제를 출제하므로 대학별로 출제 경향에 맞게 대비해야 합니다.

2. 정보영재원 대비 방법

정보영재원을 대비하려면 크게 4가지 영역에서 능력을 키워야 합니다

▶ 정보과학 영재성

▶ 컴퓨팅 사고력

▶ 알고리즘적 사고능력

▶ 이산수학 능력

이러한 능력은 단시간에 길러지지 않습니다. 여기서는 시험이 얼마 남지 않는 수험생을 대상으로 효과적으로 대비하는 방법을 소개합니다.

▶ 정보과학 영재성

현재 교육청에서 정보과학 영재를 위한 영재성 검사는 수학/과학/정보 분야가 거의 공통된 문제가 나오며 주로 '수리 · 공간 지각능력/창의성/논리 사고력/언어 능력'을 기본으로 대비하면 됩니다.

▶ 컴퓨팅 사고력

컴퓨팅 사고력은 정보과학 문제해결에서 컴퓨터처럼 논리적으로 사고하는 능력을 알아보는 것입니다. 컴퓨팅 사고력은 아래와 그림과 같이 크게 9가지 구성요소로 되어 있습니다.

■ 컴퓨팅 사고력의 구성요소

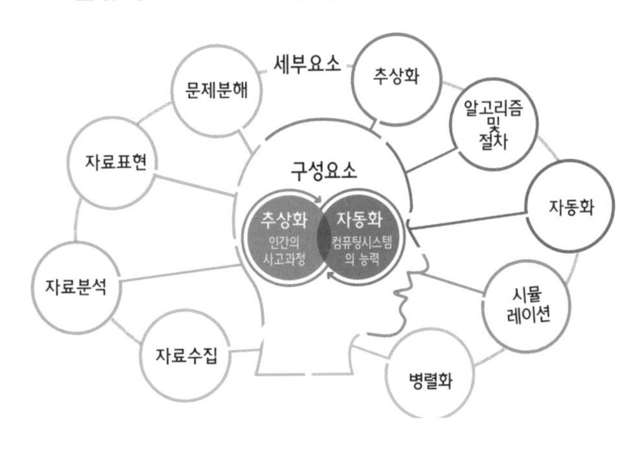

지필고사를 통해서 컴퓨팅 사고력을 측정한다면 학생의 '추상화' 능력을 알아보겠다는 것이고, 실기 시험을 치른다면 학생의 '자동화' 능력을 알아보는 것입니다.

자료 분석과 표현, 문제 분해와 추상화, 알고리즘과 절차화 등과 관련한 문제를 '창의적 문제해결 검사'에서 정보과학 문제나 현상과 연관 지어 출제할 수 있으며 이산수학과 연계할 수도 있습니다.

▶ 알고리즘적 사고능력

알고리즘적 능력은 컴퓨팅 사고의 핵심 요소입니다. 컴퓨터 시스템이나 로봇 시스템 혹은 인공지능 시스템이 문제를 해결할 수 있게 지시하려면 소스 코드를 작성해 입력해 주어야 합니다. 즉, 자동화 프로그램의 논리를 개발하려면 효과적인 알고리즘을 구성해야 합니다. 알고리즘은 문제해결을 위한 절차적 사고로서 이런 능력이 있는지 다양한 문제를 통해 파악합니다.

▶ 이산수학 능력

정보 영재란 이산수학적 사고가 뛰어난 학생입니다. 이산(discrete)이란 서로 다르던가 또는 연결되지 않은 원소들로 구성된 것을 말합니다. 이산적인 내용을 다루는 것을 이산수학 또는 전산수학이라고 하며, 현재 우리가 다루는 프로그래밍 언어, 소프트웨어 공학, 자료구조 및 데이터베이스, 알고리즘, 컴퓨터 통신, 암호이론 등의 컴퓨터 응용 분야 등에서 이산수학적 내용이 적용되고 있습니다. 즉, 정보과학을 심도 있게 공부하려면 이산수학을 잘할 수 있어야 하고, 이런 까닭으로 정보영재교육원에서는 이산수학과 관련된 내용으로 정보 영재를 판별하고 있으므로 이산수학에 대한 학습을 합니다.
이산수학 분야의 출제 영역을 정리하면 다음과 같습니다.

이산수학 영역	이산수학 세분화	이산수학적 사고 능력
• 선택과 배열 • 그래프 • 알고리즘 • 의사결정과 최적화	선택과 배열 • 순열과 조합 • 포함과 배제(집합) 그래프 • 수형도 • 그래프, 트리 • 여러 가지 회로 알고리즘 • 그래프 활용 • 수와 알고리즘 • 순서도 • 점화 관계 의사결정과 최적화 • 의사결정 과정 • 최적화 알고리즘	• 직관적 통찰 능력 • 수학적 추론 능력 • 정보의 조직화 능력 • 정보의 일반화 및 적용 능력 • 논리적인 문제 해결 능력 • 해결방법의 다양성 추구 능력

정보영재교육원 시험에서의 수학 출제 범위는 반드시 이산수학만 나오는 것이 아니므로 평소 창의사고력 수학을 공부해 놓아야 합니다.

정보(SW, 로봇) 영재원, 자기소개서 쓰는 법

※ 자기소개서와 관련된 내용은 SECTION 15에서 더 구체적으로 다루었으니 참고하세요.

1. 자기소개서 다가가기

정보영재원 서류전형에서 자기소개서는 중요한 비중을 차지합니다. 지원할 정보영재원을 결정했어도 가장 먼저 '자기소개서' 작성 부분에서 어떻게 접근해야 할지 몰라 힘이 들 수 있습니다.
일단, 주어진 가이드라인 대로 학생 자신이 스스로 작성하게 하세요. 그런 다음 초안을 바탕으로 좀 더 어필할 수 있게 다음을 참고해서 살을 붙이세요.

- 코딩 경험과 피지컬 컴퓨팅 경험
- 관련 IT 및 SW 분야 독서 경험
- IT 분야에서 존경하는 사람과 닮고 싶은 점
- IT 분야에서 학생이 가진 주특기
- IT 분야 다방면으로 체험했던 경험(올림피아드 출전 혹은 경진대회, 전시회)
- SW를 통해 세상을 변화시키고 싶은 분야 등

IT 중심으로 기술하되, IT의 기초가 되는 컴퓨팅 사고력과 논리적 사고 능력(수리 능력) 그리고 융합사고력 등이 있음을 어필하면 좋습니다. 다양한 분야의 폭넓은 독서를 통해 아이가 인문학적 소양이 있고 이것을 IT와 접목하는 형식이어도 좋습니다.
핵심은 아이 자체가 IT 분야를 즐겨한다는 것과 과제 집착적으로 그 분야의 문제해결을 위해 노력하는 모습이 자기소개서에 드러나야 합니다. 자기소개서에는 모든 것을 다 잘하는 것보다는 하나의 목표가 있고, 이 목표를 이루기 위해 그런 경험과 능력을 키웠고 입학하고 싶은 정보영재교육원에서 실력을 키워 꿈을 이루고 싶다는 형식으로 흐름을 잡아야 합니다

2. 자기소개서 질문 유형

정보영재원 서류전형에서 자기소개서는 중요한 비중을 차지합니다.

1. 정보(또는 소프트웨어) 영재교육원에 지원하는 동기에 관해 기술하세요.
2. 자신이 잘하는 것(강점)과 못하는 것(약점)에 관해 기술하세요.

3. 컴퓨터 과학과 관련된 본인의 경험, 그리고 평소 흥미 있는 분야나 문제에 관해 기술하세요.

4. 앞으로 하고 싶은 일, 혹은 해결해 보고 싶은 일에 대해 구체적으로 기술하세요.

5. 자신이 반드시 선발되어야 하는 이유가 있다면 무엇인지 3가지만 서술하세요.

3. 자기소개서 작성 요령

1 자기소개서란?

자기보고서라고 하기도 하며, 자기 자신을 소개하는 글입니다. 자기소개서에 자신은 누구이며 미래의 목표를 위해 지금 무엇을 하고 있으며, 앞으로의 계획은 무엇인지 등을 꾸밈없이 진솔하게 작성해야 합니다.

2 자기소개서가 중요한 이유

대학 부설 영재교육원 중 다수가 1차는 서류 평가를 하므로 자기소개서의 효과적인 작성은 아주 중요합니다.

3 자기소개서 기본 평가

- 자신의 특별한 능력과 재능이 정보 분야 영재성을 알 수 있도록 작성되었으면 점수를 부여합니다.
- 영재교육에 대한 성실성 및 참여하고자 하는 의지가 보인다면 점수를 부여합니다.

4 부적절한 자기소개서와 돋보이는 자기소개서

부적절한 예	돋보이는 예
• 해당 학년 이상 수준의 어휘 사용 • 학생이 직접 작성하지 않은 경우 • 질문의 요점을 파악하지 못함 • 불성실하게 작성 • 자기소개서와 교사추천서의 내용이 일치하지 않는 경우 • 문제 해결방법을 기술할 때 적절하지 않은 문제를 선정하여 기술하고 해결방법 또한 구체적이지 않은 경우	• 영재교육원에 들어가야 하는 구체적인 이유를 기술한 것 • 자신의 능력에 맞는 어휘를 사용하여 충분히 자신을 표현한 것 • 사례 중심의 차별화된 표현, 솔직하고 간결한 표현 • 질문지의 내용을 정확히 파악하여 기술한 것 • 자신이 관심 있는 분야, 현재 노력 상황, 꿈에 관한 기술에 일관성이 있는 것 • 문제 상황 설정이 구체적이고 그 문제해결 방법이 구체적이고 창의적인 경우 • 다른 학생과 차별화된 점이 보일 경우

5 일관성 있게 서술하기

평소 프로그래밍을 좋아하고, 꿈이 프로그래머 혹은 IT 과학자로서 컴퓨터 분야 책을 탐독하고 다양한 소프트웨어를 통해 문제해결을 즐겨 하는 학생으로 어필합니다.

6 정보과학 또는 S/W와 H/W 문제해결을 구체적으로 제시

– 앱인벤터를 이용해 애플리케이션을 만든 다음 원격으로 로봇을 제어해 보았습니다.
– C언어의 구조체와 배열을 이용해 성적처리 프로그램을 작성해 보았습니다.

7 산출물 준비

대학 부설 영재교육원의 경우, 연구활동 보고서(or 탐구활동 보고서)를 서류로 제출하거나 산출물 평가가 있을 수 있습니다.

- 산출물이란?

  산출물은 학생의 영재성을 입증할 수 있는 자료로서 자신이 궁금한 내용을 찾아 스스로 해결하는 과정이 담긴 자료를 말합니다.

- 산출물 종류

  영재성 입증자료, 연구 활동 보고서, 활동경력 보고서, 포트폴리오, 산출물 실적 목록, 산출물 증빙 서류, 산출물 요약서

- 효과적인 산출물

  국가 영재교육원(영재학급), 학교 대회 또는 국가기관이 시행한 대회 등에서 작성한 탐구보고서나 포트폴리오를 제출해야 효과적입니다. (사설 학원이나 사설 대회는 될 수 있으면 피하는 것이 좋습니다.)

정보(SW, 로봇) 영재원, 수행관찰평가 대비법

■ 수행관찰 영역 길잡이

정보(SW, 로봇) 영재교육원 전형 시 실기 시험을 치르는 곳은 극히 드뭅니다. 다만, 학교 자체평가를 통해 영재원 추천을 진행할 때 학생들의 실기 능력을 교사들이 파악해 보는 평가를 할 수 있습니다.

학교 자체평가에서도 실기를 보지 않고 필기시험으로 선발하는 곳이 대부분이며, 이 경우 이 책의 영재성 검사 및 창의적 문제해결 검사를 풀어보는 것으로 대비할 수 있습니다.

학교에서는 담당 교사가 영재 체크리스트를 통해 관찰 평가를 하므로 소프트웨어 및 로봇 분야에서 다음과 같은 능력을 길러 주세요.

1 소프트웨어 분야 능력 함양

1. 초등 3, 4학년 기준

- 엔트리나 스크래치 등 블록 코딩(변수, 제어문, 함수 등 사용 가능)으로 게임을 창의적으로 만들 수 있고, 수학 문제를 계산할 수 있다.
- 앱인벤터로 애플리케이션을 제작할 수 있다.
- 컴퓨터로 문서 편집(엑셀, 파워포인트)에 능하다.
- 인터넷으로 자료 검색에 능하다.
- 틴커캐드 등의 도구를 이용해 3D 디자인을 할 수 있다.

2. 초등 5학년 기준

- 텍스트 기반 프로그램 언어(C, C++, Python)를 사용할 수 있다.
- 앱인벤터로 애플리케이션을 제작할 수 있다.
- 컴퓨터로 문서 편집(엑셀, 파워포인트)에 능하다.
- 인터넷으로 자료 검색에 능하다.
- 틴커캐드 등의 도구를 이용해 3D 디자인을 할 수 있다.
- 3D 프린팅에 대한 체험이 있다.
- 정보올림피아드 출전 경험이 있다.
- 컴퓨터 관련 자격증이 있다.

2 로봇 분야 능력 함양

1. 초등 3, 4학년 기준

- 블록 코딩(변수, 제어문, 함수 등 사용 가능)을 통해 로봇을 제어할 수 있다.
- 스마트폰 애플리케이션으로 로봇을 원격제어할 수 있다.
- 레고 등 로봇 조립을 잘한다.
- 틴커캐드 등의 도구를 이용해 3D 디자인을 할 수 있다.

2. 초등 5학년 기준

- 텍스트 기반 프로그램 언어(C, C++, Python)를 이용해 로봇을 제어할 수 있다.
- 스마트폰 애플리케이션으로 로봇을 원격제어할 수 있다.
- 레고 등 로봇 조립을 잘한다.
- 틴커캐드 등의 도구를 이용해 3D 디자인을 할 수 있다.
- 아두이노로 사물인터넷 장치 등을 구성해 작동시킬 수 있다.
- 로봇 경진, 올림피아드 출전 경험이 있다.
- 로봇 관련 자격증이 있다.

4차 산업혁명 유망 IT 직업

출처: 4차 산업혁명과 유망직업 10가지(한국고용정보원, www.dream.go.kr)

1. 사물인터넷 전문가

사물과 사물의 대화를 위해 센싱할 수 있는 기기를 통해 자료를 수집하고, 이 자료를 데이터베이스에 저장하며 저장된 정보를 불러내 서로 통신할 수 있게 하는 사물인터넷 전문가의 수요가 증가할 것입니다.

관련 기술: 무선통신, 프로그램개발 등

2. 인공지능 전문가

인간의 인지·학습·감성 방식을 모방하는 컴퓨터 구현 프로그램과 알고리즘을 개발하는 사람의 수요가 증가하고 있습니다.

관련 기술: 인공지능, 딥러닝 등

3. 3D 프린팅 전문가

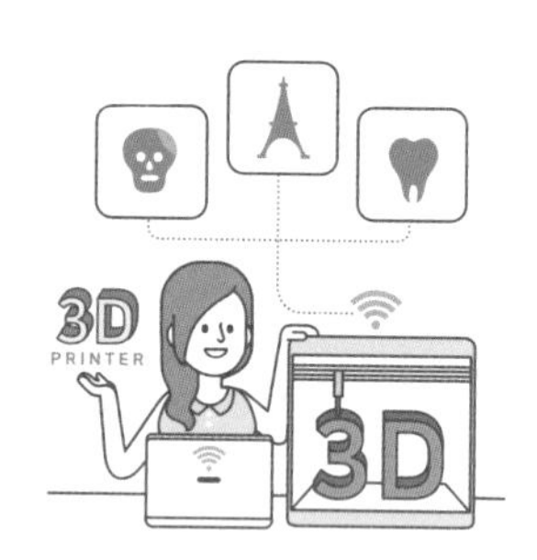

3D 프린터의 속도와 재료 문제가 해결되면 제조업의 혁신을 유도할 것으로 기대됩니다. 다양한 영역(의료·제조·공학·건축·스타트업 등)에서 3D 프린팅을 위한 모델링 수요 증가가 기대됩니다.

관련 기술: 3D 프린팅

4. 드론 전문가

드론의 적용 분야(농약 살포, 재난구조, 산불감시, 드라마·영화 촬영, 기상관측, 항공촬영, 건축물 안전진단, 생활 스포츠 기록 등)가 다양해지고 있습니다.

관련 기술: 드론

5. 생명 공학자

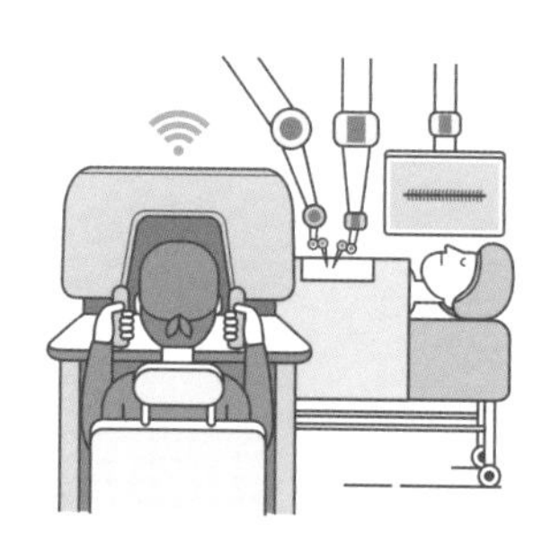

생명 공학이 IT와 NT가 융합되어 새로운 기술로 탄생하고 있습니다. 생명 정보학, 유전자 가위 등을 활용하여 질병 치료와 인간의 건강 증진을 위한 신약·의료기술이 개발되고 있습니다.

관련 기술: 생명 공학, IT 등

6. 정보보호 전문가

사물인터넷과 모바일 그리고 클라우드 시스템의 확산으로 정보보호의 중요성과 역할이 더욱 중요해지고 있습니다.

관련 기술: 보안

7. 응용소프트웨어 개발자

온라인과 오프라인 연계, 다양한 산업과 ICT의 융합 그리고 공유 경제 등의 새로운 사업 분야에서 소프트웨어의 개발 필요성이 더욱 증가하고 있습니다.

관련 기술: ICT

8. 로봇 공학자

스마트 공장의 확대를 위해 산업용 로봇이 더 필요하며 인공지능을 적용한 로봇이 교육·판매·엔터테인먼트·개인 서비스에 더 많이 이용될 것입니다.

관련 기술: 기계공학, 재료공학, 컴퓨터공학 등

9. 빅데이터 전문가

비정형 및 정형 데이터 분석을 통한 패턴 확인과 미래 예측에 빅데이터 전문가가 금융·의료·공공·제조 등에서 많이 필요합니다. 인공지능이 구현되기 위해서도 빅데이터 분석은 필수적입니다.

관련 기술: 빅데이터

10. 가상 현실 전문가

가상(증강) 현실은 게임·교육·마케팅 등에서 널리 사용하고 있으며, 가상 현실 콘텐츠 기획과 개발·운영 등에 많은 일자리 생길 것으로 예상합니다.

관련 기술: 가상(증강) 현실

LEARNING

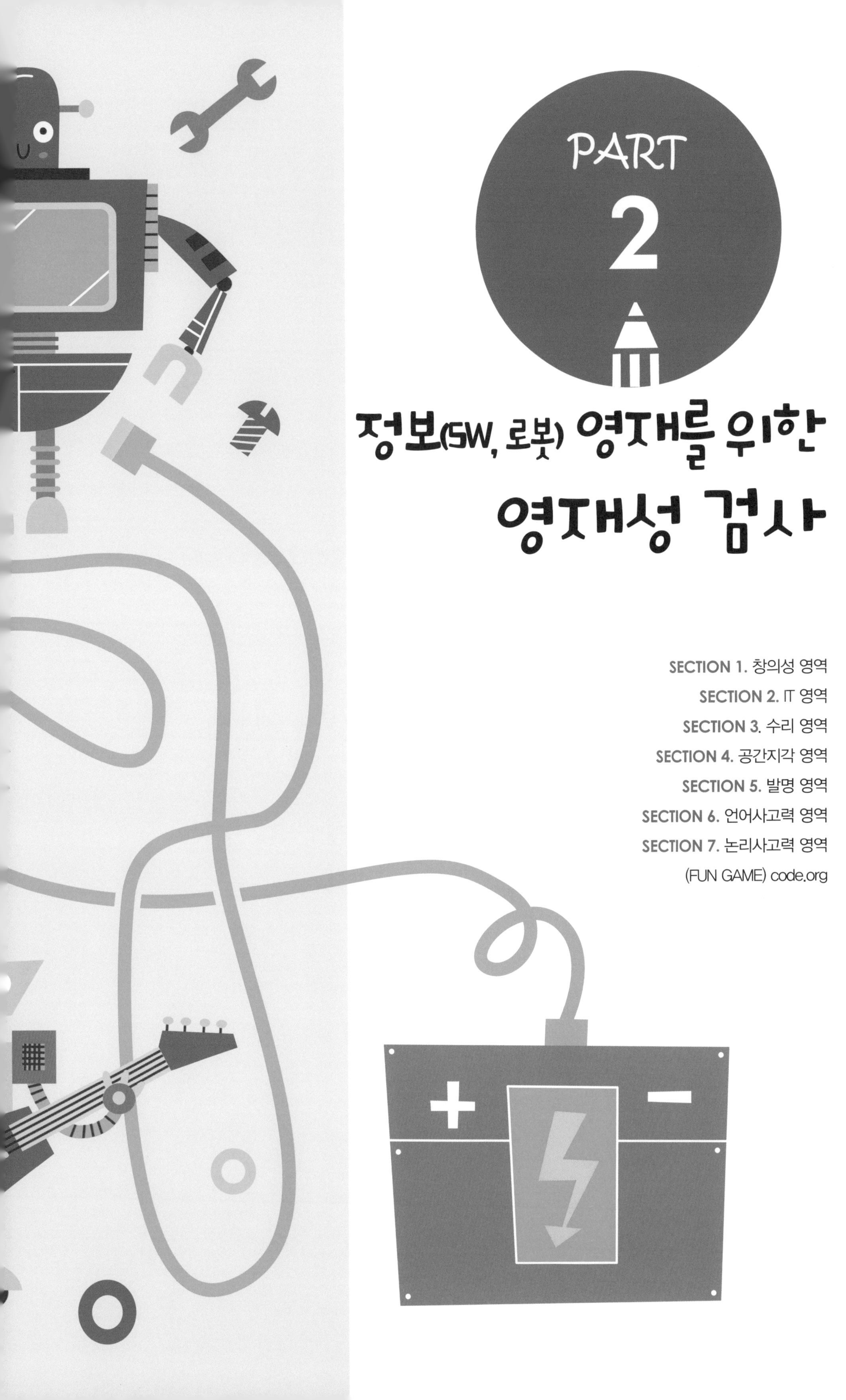
PART
2
정보(SW, 로봇) 영재를 위한
영재성 검사
SECTION 1. 창의성 영역
SECTION 2. IT 영역
SECTION 3. 수리 영역
SECTION 4. 공간지각 영역
SECTION 5. 발명 영역
SECTION 6. 언어사고력 영역
SECTION 7. 논리사고력 영역
(FUN GAME) code.org

SECTION 1 영재성 검사

창의성 영역

창의성은 영재성 검사의 중요한 요소입니다. 창의성 문항은 '창의적 사고 방법'으로 훈련하고 창의성 구성요소에 근거해서 서술하면 좋습니다.

창의성 영역 길잡이

창의성 영역의 영재성을 테스트할 때 다음 4가지 관점에서 관련된 능력을 길러 주세요.

- **유창성:** 가능한 한 많은 아이디어를 제시하는 능력
- **융통성:** 가능한 한 다양한 아이디어를 제시하는 능력
- **정교성:** 아이디어를 구체적으로 표현하는 능력
- **독창성:** 아이디어를 개성적으로 표현하는 능력

창의성 사고 기법의 예

창의성 기법으로 많이 사용되는 예로는 아래와 같은 것이 있습니다.

- **강제 결합법:** 서로 관련이 없는 사물을 강제로 연결해 새로운 아이디어를 얻는 방법
- **마인드맵 기법:** 이미지와 핵심이 되는 단어들, 부호와 색을 이용해 지도를 그려나가듯이 생각을 표현하는 방법
- **PMI 기법:** 어떤 아이디어를 긍정적인 면, 부정적인 면, 재미있는 면, 세 가지로 나누어 의도적으로 표현하는 방법
- **육색 사고 모자:** 여섯 가지 색깔의 모자를 바꾸어 쓰면서 자신이 쓴 모자 색깔에 해당하는 관점으로 사고해 보는 방법

  빨간 모자: 분노와 격정 등과 같은 감정

  노란 모자: 긍정적이고 낙관적인 사고

  검은 모자: 논리적이며 부정적인 사고

  하얀 모자: 중립을 지키거나 객관적인 사실을 표현하는 사고

  녹색 모자: 창의적인 아이디어를 생성하거나 대안을 탐색하는 사고

  파란 모자: 전체적인 통제나 결론을 내리는 사고

공통점 찾기

컴퓨터와 책의 공통점을 아는 대로 써보시오.

(기출)

에스컬레이터와 엘리베이터의 공통점과 차이점을 아는 대로 써보시오.

서로 다른 용도 찾기

(기출)

선풍기로 할 수 있는 일을 5가지 이상 써보시오.

1. 책상으로 할 수 있는 일을 5가지 이상 적어보세요.

2. 종이로 할 수 있는 일을 5가지 이상 적어보세요.

도구의 활용

(기출)

외계에 사는 생명체에게 지구를 알리기 위해서 우주로 물건을 보낸다면 무엇을 보내고 싶은지 도구를 3가지 이상 쓰고, 그 이유도 함께 쓰시오.

(기출)

우주로 여행 갈 때 반드시 가지고 가야 할 물건 5가지를 정하고 그 이유를 설명하시오.

그림 그리기

(기출)

다음의 〈보기〉와 같이 모양이 일부분이 되는 어떤 그림이나 물건을 생각해서 그려 보시오. 가능한 한 독창적이고 정교하게 그린 다음 알맞은 제목을 생각해 적으시오.

보기

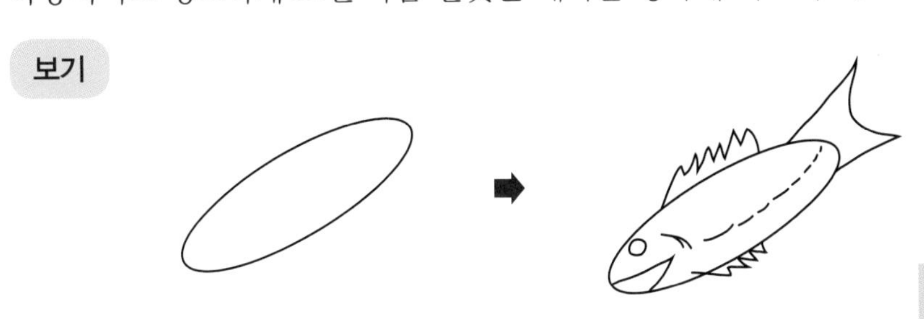

해보기

1. 아래 그림의 주어진 선을 이용하여 그림을 완성해 보시오.

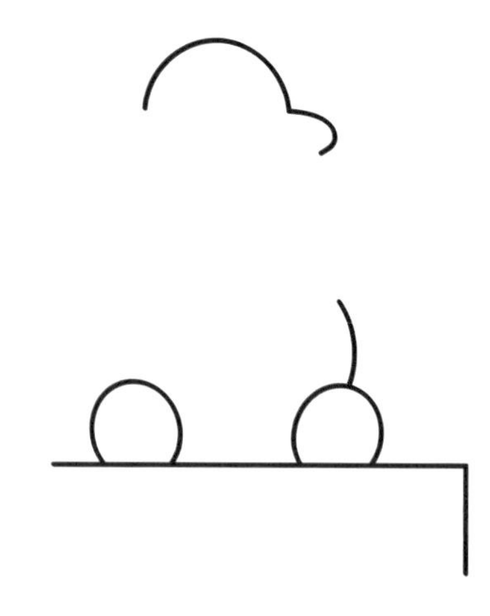

2. 로봇 공학자가 로봇을 스케치하려다가 그만 잠이 들어버렸습니다. 나머지 그림을 완성해 보세요.

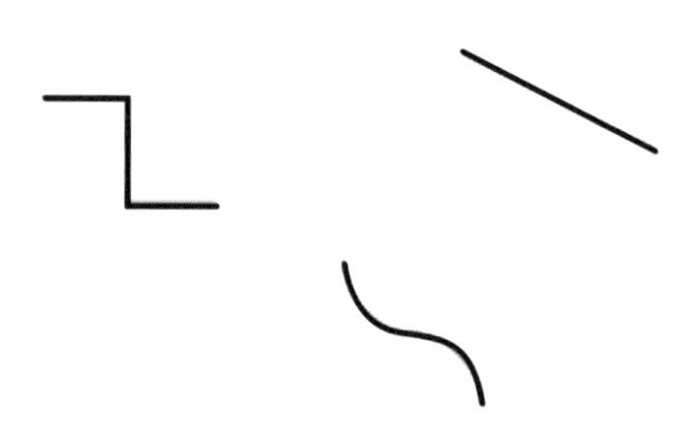

05 서로 반대되는 성질 나열하기

(기출)

찬 것과 뜨거운 것의 관계와 같이 되도록 열 가지 이상 생각하여 적어보세요.

거인과 난쟁이의 관계와 같이 되게 열 가지 이상 생각하여 적어보세요.

창의성 영역

06

창의적 그림 그리기

나란히 서 있는 긴 두 막대를 바탕으로 재미있고 창의적인 그림을 그리고 제목을 적어보세요.

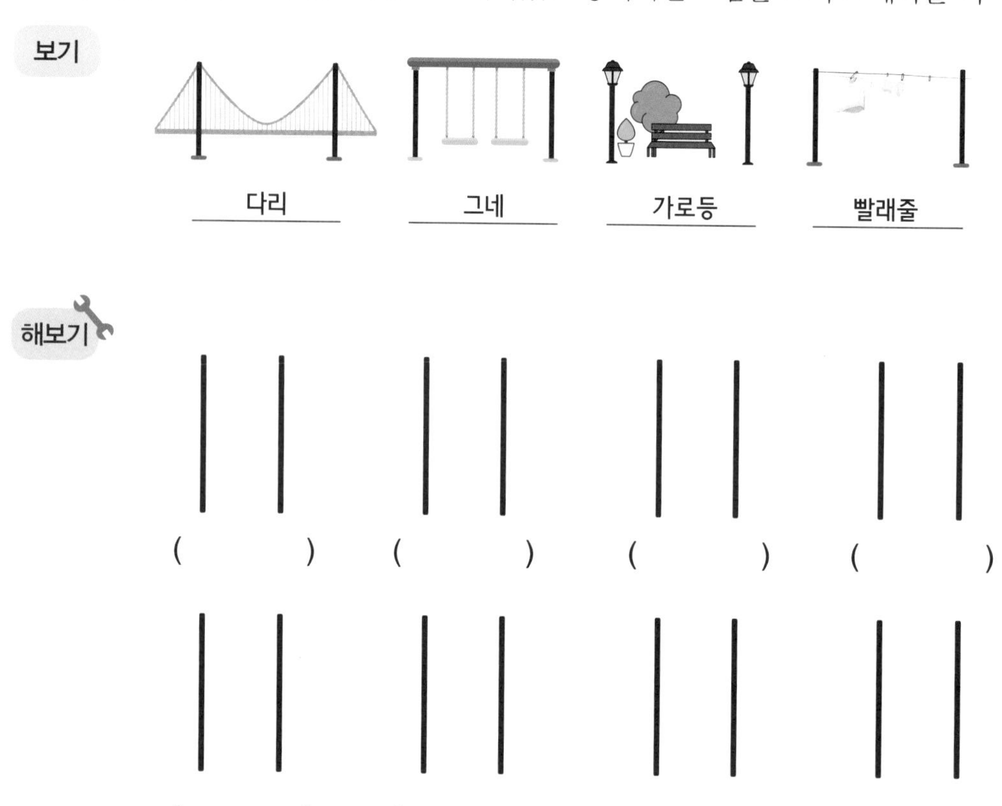

아래 원을 바탕으로 재미있고 창의적인 그림을 그리고 제목을 적어보세요.

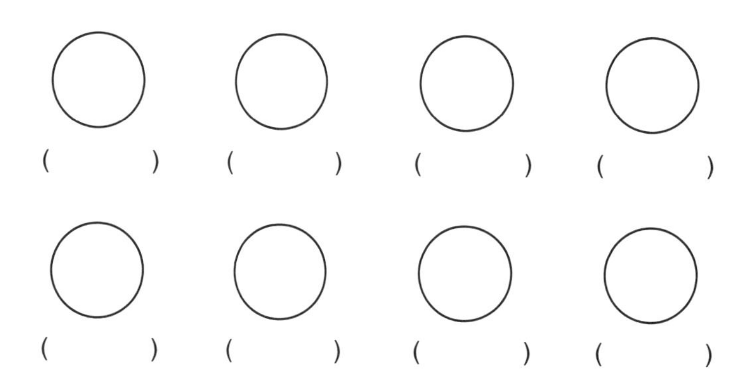

07 그림 기호

표준 문제

아래 〈보기〉와 같이 낱말을 표현할 수 있는 그림 기호를 만들어 보세요.

보기 친하다

안쪽

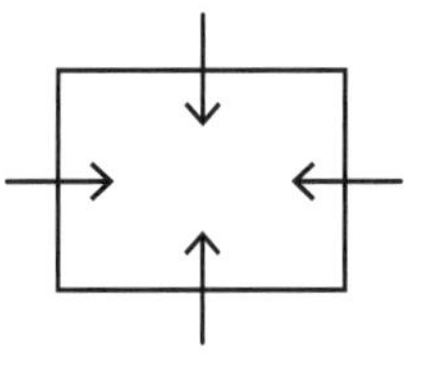

해보기 기분 나쁘다

승리

연습 문제

아래 〈보기〉와 같이 낱말을 표현할 수 있는 그림 기호를 만들어 보세요.

보기 바깥쪽

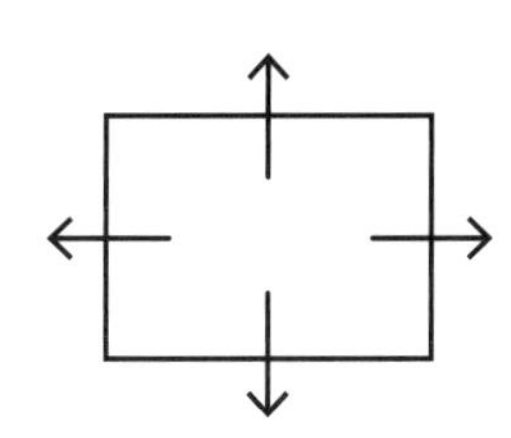

위험

해보기 수영

번개

만화 그리기

나는 웹툰 작가입니다. 아래 주어진 선과 도형을 바탕으로 그림을 그리고 제목을 정해 보세요. 그림은 하나의 스토리가 되게 상황을 간략히 설명해 보세요.

보기 **제목:** 코로나

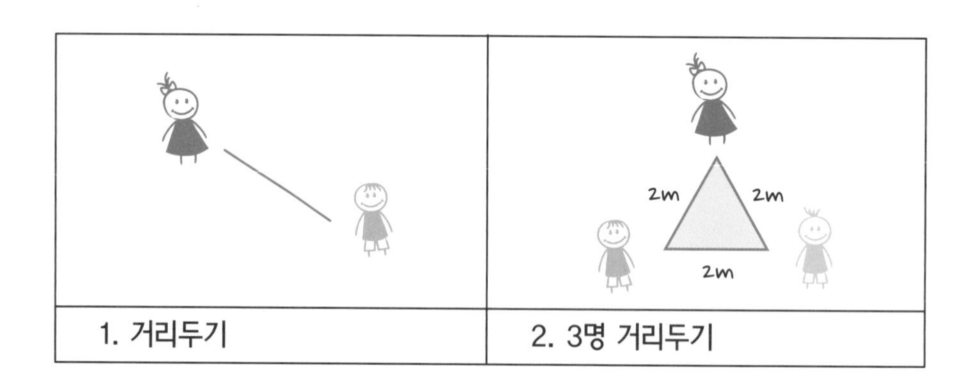

해보기 **제목:**

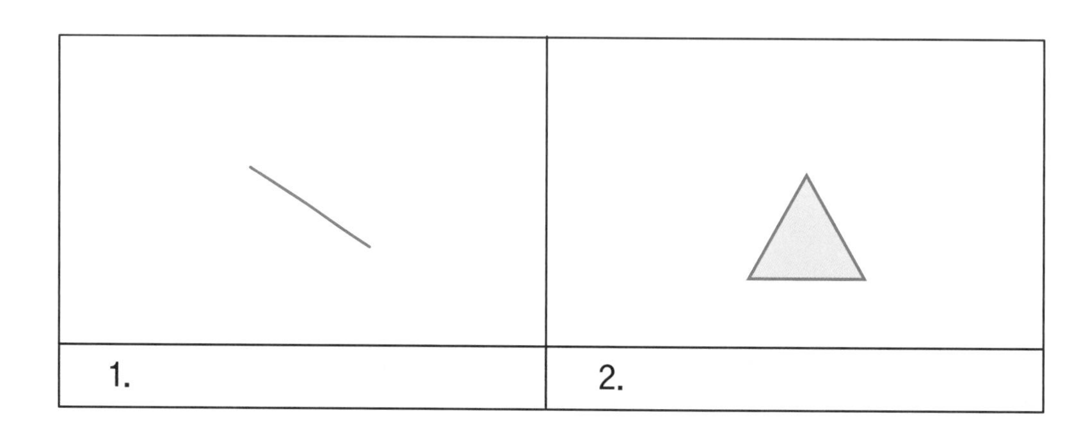

연습 문제

1. 코로나와 관련된 3단짜리 웹툰을 만들고, 각 칸에는 스토리를 간단히 적어 보시오. 주어진 선과 도형을 바탕으로 그림을 완성해 만화를 만드시오.

제목:

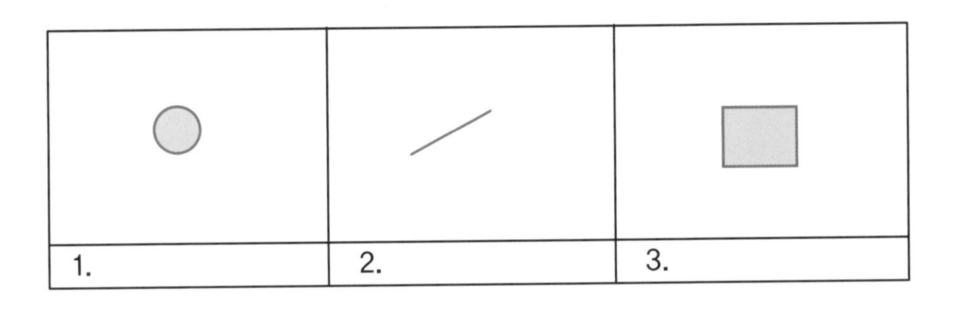

2. 나는 로봇 웹툰 작가입니다. 4단짜리 로봇 만화를 만들고, 제목을 적은 다음 각 칸에는 스토리를 간단히 적어 보시오. 주어진 선과 도형을 바탕으로 그림을 완성해 만화를 만드시오.

제목:

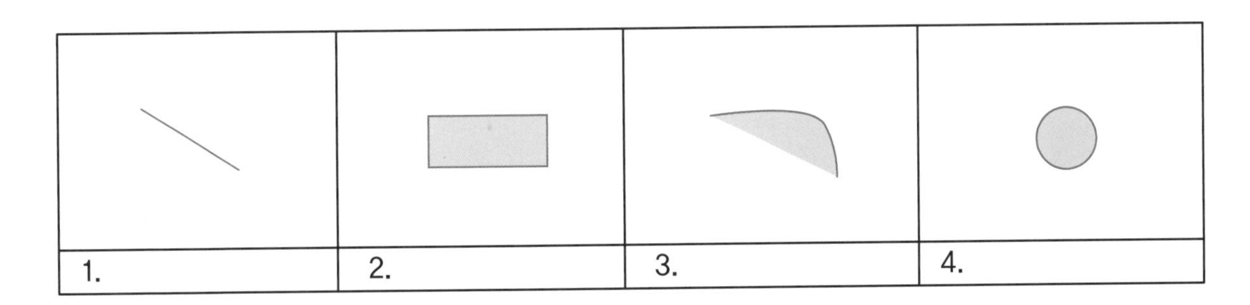

창의성 기법 이용

사람의 감정을 읽는 애플리케이션이 만들어졌습니다. PMI 기법으로 설명해 보시오.

P: 좋은 점, M: 나쁜 점, I: 재미있는 점

P:

M:

I:

1. 소프트웨어를 중심 키워드로 해서 마인드맵을 작성해 보고, 자신이 작성한 내용을 설명해 보시오.

소프트웨어

2. 로봇을 중심 키워드로 해서 마인드맵을 작성해 보고, 자신이 작성한 내용을 설명해 보시오.

로봇

3. 우리나라는 아이를 적게 낳는 저출산 문제로 심각한 상황에 있습니다. SW 영재 6명이 힘을 모아 이 문제를 해결하기 위한 회의를 하게 되었습니다. 이들은 아래와 같은 색이 있는 모자를 쓰고 회의를 했습니다. 모자의 색깔에 따라 다음과 같이 생각하는 규칙을 따릅니다.

빨간 모자: 분노와 격정 등과 같은 감정

노란 모자: 긍정적이고 낙관적인 사고

하얀 모자: 중립을 지키거나 객관적인 사실을 표현하는 사고

검은 모자: 논리적이며 부정적인 사고

녹색 모자: 창의적인 아이디어를 생성하거나 대안을 탐색하는 사고

파란 모자: 전체적인 통제나 결론을 내리는 사고

우리나라의 저출산 문제에 대해 빨간 모자, 노란 모자, 흰색 모자, 검은 모자, 녹색 모자, 파란 모자를 쓴 친구는 어떤 말을 할지 설명해 보시오.

부양할 사람들이 부족해지면 우리 사회는 붕괴할지도 몰라!

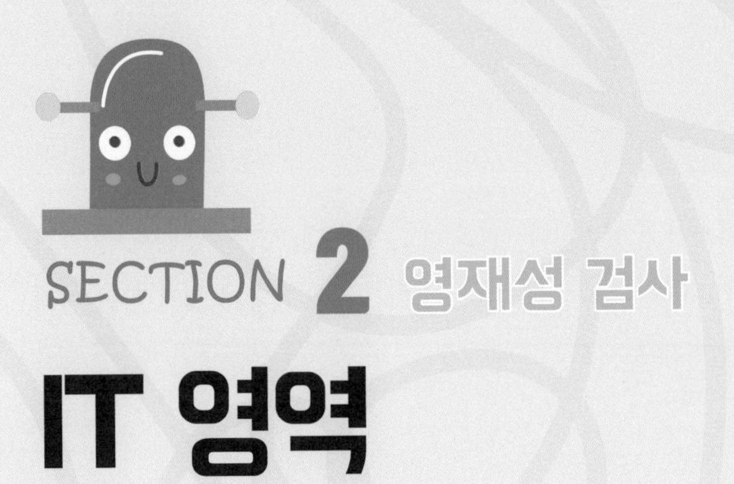

SECTION 2 영재성 검사

IT 영역

IT 영역 길잡이

정보 영재 분야는 최신 IT 상식을 테스트함으로써 정보과학의 특성 중 소프트웨어 활용능력, IT 기기 접근 능력 등을 확인할 수 있습니다. 특히, 4차 산업혁명의 핵심 기술에 대한 상식이 있으면 좋습니다.

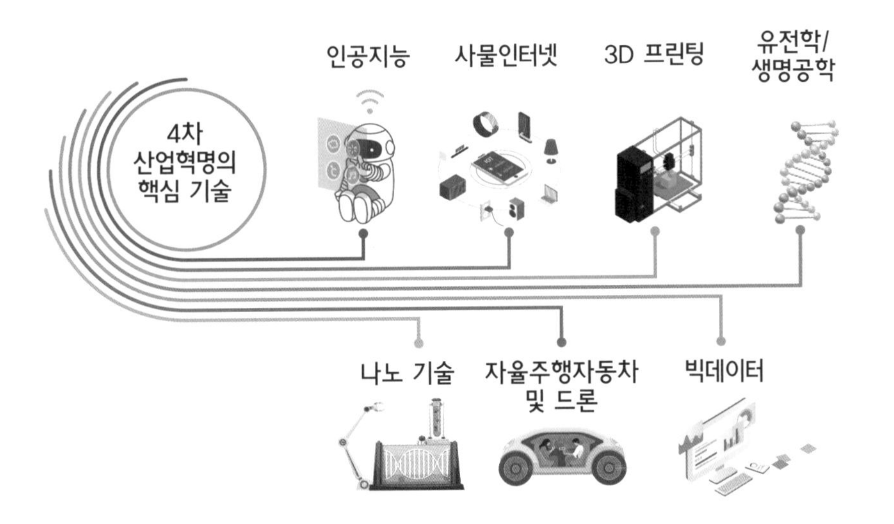

IT 영역

01 스마트폰

스마트폰은 다양한 기능이 융합된 첨단 IT 기기가 되었습니다. 전화, TV, 인터넷, MP3, 플래시 등 과거에 별도로 사용했던 기기들을 스마트폰 하나로 구현할 수 있습니다. 스마트폰은 어떻게 해서 이런 여러 기기의 기능을 구현할 수 있는지 그 이유를 설명해 보시오.

1. 스마트폰에는 메모리에 저장하는 기능이 있고 애플리케이션 프로그램(어플)이 있습니다. 애플리케이션의 종류는 아주 다양하고 많습니다. 아직 그 누구도 생각하지 못한 나만의 애플리케이션을 만들려고 합니다. 그 아이디어를 제시해 보시오.

2. 스마트폰을 보면서 차를 운전하거나, 스마트폰을 보면서 길을 걸으면 사고가 날 가능성이 큽니다. 사고가 나지 않도록 스마트폰을 절제할 방법을 고안해 보시오.

※ 스몸비(smombi)는 '스마트폰(smartphone)'과 '좀비(zombie)'를 합성한 것으로 스마트폰 화면에 눈길을 빼앗겨 길거리에서 고개를 숙이고 걷는 사람을 좀비에 빗대어 일컫는 말입니다.

02 인공지능

표준 문제 (기출)

인공지능 기술이 발달해 많은 부분에서 이전에 하던 일자리가 사라질 것으로 예상하고 있습니다. 반면 새로운 일자리도 생길 수도 있는 것입니다.

1. 사라질 것으로 예상되는 일자리를 3가지 적어 보시오.

2. 새로 생길 것으로 예상되는 일자리를 3가지 적어 보시오.

연습 문제

1. 우리가 사용하는 선풍기는 버튼을 누르면 풍속이 조절되고, 타이머 설정, 회전 기능이 있습니다.

❶ 선풍기에 인공지능 기능을 접목하려고 합니다. 인공지능 선풍기는 어떤 기능을 할지 예를 들어 보시오.

❷ 인공지능 선풍기에 이동 로봇 기능을 넣으려고 합니다. 어떤 점이 좋을까요?

2. 인공지능이 우리 생활을 앞으로 어떻게 변화시킬지 구체적 사례를 들어 3가지 이상 예측해 보시오.

드론

표준 문제 (기출)

드론을 활용해 일상생활에 도움이 되도록 하는 상황을 3가지 이상 서술하시오.

연습 문제

드론 자가용(또는 드론 택시)은 수직이착륙하면서 지상에서는 자가용, 공중에서는 비행기의 역할을 하면서 공간의 제약 없이 빠르게 이동하는 운송수단입니다. 드론 자가용은 2025~2030년경 상용화를 목표로 각국에서 활발히 기술개발을 하고 있습니다. 드론 자가용은 우리의 교통문화를 어떻게 바꿀까요?

04 자율주행차

표준 문제 (기출)

사람의 조작 없이 스스로 움직이면서 목적지까지 이동하는 자율주행차가 현실화되고 있습니다. 자율주행차는 어떤 기능과 구조가 있어야 스스로 장애물을 피하며 교통표지판을 파악하면서 도로를 이동할 수 있는 걸까요?

연습 문제

1. 사람이 직접 손으로 운전하지 않고도 움직이는 자율주행차의 장점에 대해 최대한 많이 제시하시오.

2. 자율주행차는 개발되면 아주 편리하지만 위험성도 있습니다. 자율주행차는 어떤 점이 위험할 수 있는지 최대한 많이 제시하시오.

SECTION 3 영재성 검사

수리 영역

수리 영역 길잡이

정보과학(SW) 및 로봇 분야의 탐구 기초에는 수리적 사고가 필요합니다. 수리 영역은 사고력 수학 등의 형태로 출제됩니다.

숫자 만들기

(기출)

숫자 4, 네 개로 0부터 9까지 나올 수 있는 계산 방법을 생각해 보시오. +, −, ×, ÷ 사칙 연산을 이용하세요.

4　4　4　4 = 0
4　4　4　4 = 1
4　4　4　4 = 2
4　4　4　4 = 3
4　4　4　4 = 4
4　4　4　4 = 5
4　4　4　4 = 6
4　4　4　4 = 7
4　4　4　4 = 8
4　4　4　4 = 9

연습 문제

1. 숫자 7을 나란히 다섯 개 놓고 그 사이에 계산에 쓰이는 여러 가지 부호(+, −, ×, ÷)를 넣어 답이 7이 되도록 만들어 보시오.

7　7　7　7　7 = 7
7　7　7　7　7 = 7
7　7　7　7　7 = 7
7　7　7　7　7 = 7

2. 0~9까지의 수를 이용하여 '두 자리 수÷두 자리 수' 나눗셈식을 조건에 맞게 최대한 많이 만들어 보시오.(기출)

> 조건 1: 한 나눗셈식에서 같은 수를 중복하여 사용할 수 없다.
>
> 조건 2: 나머지가 없는 나눗셈식을 만든다. 단, 틀리거나 중복된 나눗셈식을 만들 경우 감점

예시

나눗셈식	나눗셈식
90 ÷ 45 = 2	68 ÷ 34 = 2

3. 아래 6개의 숫자 카드가 있습니다.(기출)

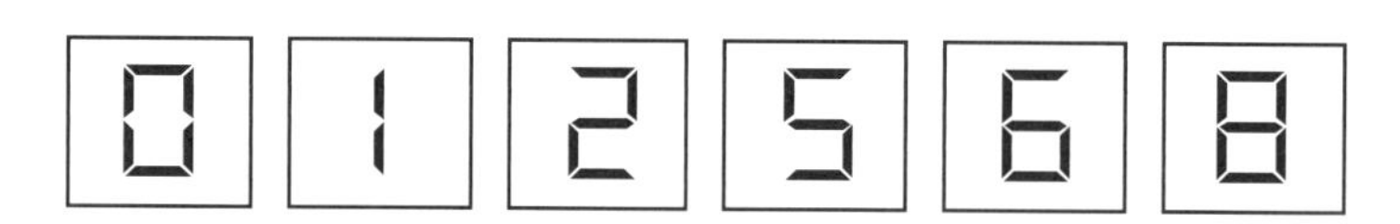

이 숫자 카드를 이용하여 다음 식을 완성하시오. 각 문제당 숫자 카드는 한 번씩만 사용할 수 있으며 돌리거나 뒤집지 못합니다.

❶ □ + □ = □□

❷ □ + □ + □ = □

❸ □ + □ − □ = □

❹ □ × □ = □□

02 도형 분할

(기출)

아래 〈보기〉의 도형을 면적과 모양이 같도록 똑같이 사등분하는 방법을 찾아보시오.

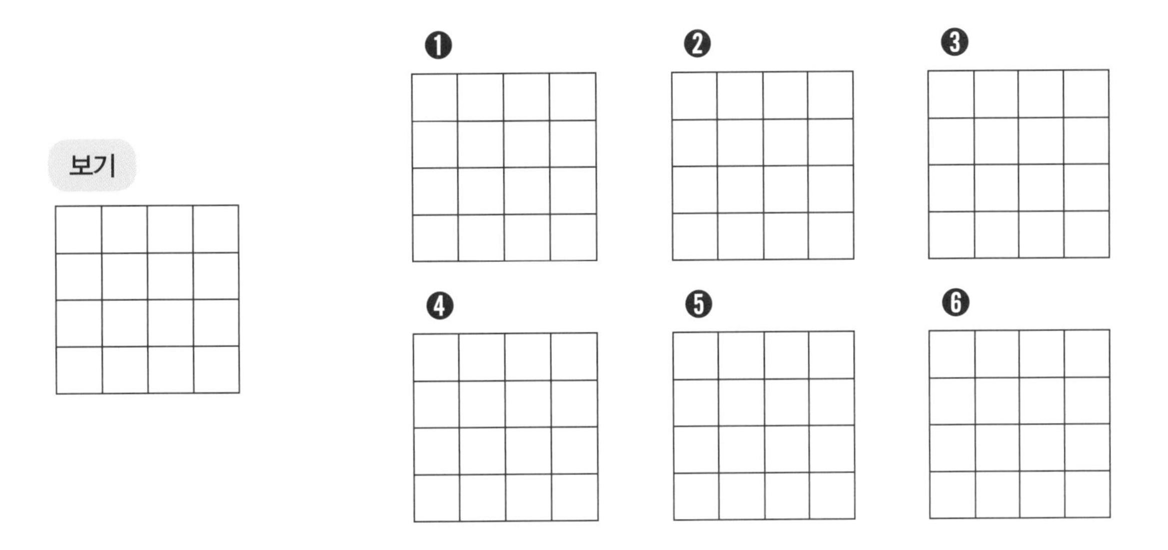

(기출)

1. 다음 〈보기〉와 같이 36개의 정삼각형으로 이루어진 삼각형이 있습니다. 이것을 모양과 크기가 같도록 3조각으로 나누는 방법을 3가지 찾으시오. 단, 돌리거나 뒤집어서 같은 것은 하나로 봅니다.

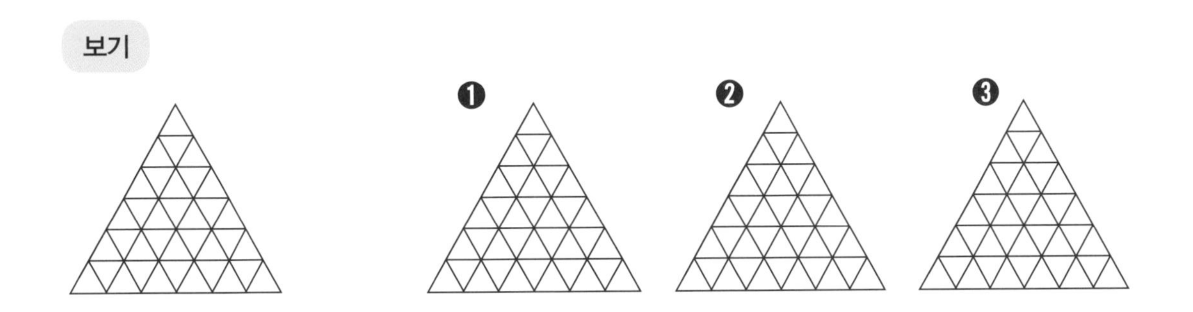

2. 아래 〈보기〉와 같은 격자형태로 이루어진 직사각형이 있습니다. 직사각형 안의 점선 위에 선을 3번 그어 크기가 모두 다른 5개의 직사각형을 만드시오. 단, 돌리거나 뒤집어서 모양이 같으면 같은 모양으로 인정합니다.

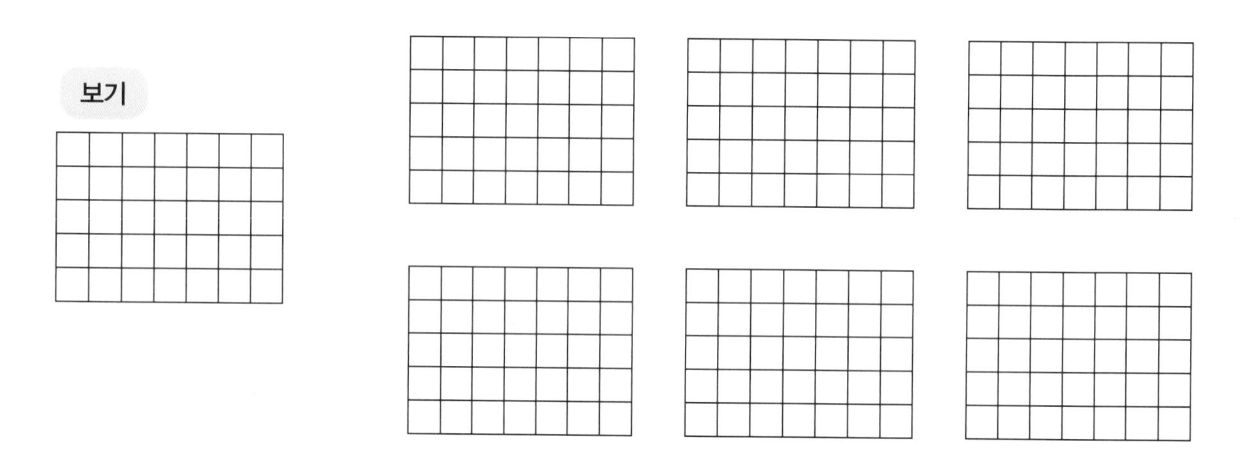

3. 아래 〈보기〉의 모양을 주어진 선을 따라서 같은 모양과 크기를 갖는 도형 4개로 나누려고 합니다. 나누는 방법을 최대한 많이 만들어 보시오. 단, 뒤집거나 돌려서 같게 되는 방법은 한 가지로 생각합니다.

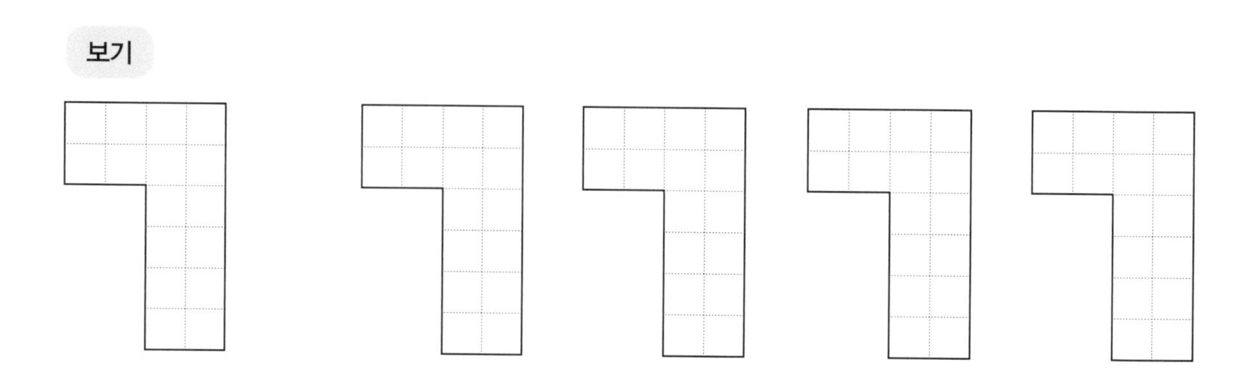

03 암호

(기출)

영희는 비밀금고를 갖고 있는데 오래전에 연 탓에 비밀번호를 잊어버렸습니다. 비밀번호를 찾기 위해 금고의 보안장치에 특수한 물질을 묻혔더니 그림과 같은 지문 자국이 나타났습니다. 비밀번호가 4자리의 숫자로 되어 있다고 할 때, 가능한 비밀번호를 모두 구하시오.

1. 어느 날 철수는 등교해 보니 단짝 친구가 유괴되어 학교에 오지 못했다는 얘기를 선생님께 들었습니다. 얼마 후 유괴된 친구 번호로 철수 스마트폰에 다음과 같은 문자 메시지가 도착했습니다.

도대체 이것은 무슨 뜻이지 하며 골똘히 생각하다가 암호표를 만들어 해독하기로 했습니다.
올바르고 빠르게 해독해 친구를 구해주세요.

ㄱ	1	ㅏ	a
ㄴ	2	ㅑ	b
ㄷ	3	ㅓ	c
ㄹ	4	ㅕ	d
ㅁ	5	ㅗ	e
ㅂ	6	ㅛ	f
ㅅ	7	ㅜ	g
ㅇ	8	ㅠ	j
ㅈ	9	ㅡ	i
ㅊ	10	ㅣ	j
ㅋ	11		
ㅌ	12		
ㅍ	13		
ㅎ	14		

해독문

2. 숫자와 문자를 서로 대비해서 바꾸는 치환형 암호문은 알파벳 문자의 사용 빈도 패턴을 이용하므로 관찰력이 뛰어난 암호 해독가에 의해 해독되기 쉬운 문제점이 있습니다. 이러한 문제점을 해결하고자 하는 암호화 기법이 폴리비오스 암호입니다. 폴리비오스(Polybius) 암호는 고대 그리스 시민인 폴리비오스가 만든 문자를 숫자로 바꾸어 표현하는 암호화 기법입니다.

	1	2	3	4	5
1	a	b	c	d	e
2	f	g	h	i/j	k
3	i	m	n	o	p
4	q	r	s	t	u
5	v	w	x	y	z

폴리비오스 암호문

위의 폴리비오스 암호문을 이용해 아래 숫자 메시지는 무엇을 뜻하는지 해독해 보시오.

24 33 21 34 42 32 11 44 24 34 33

04 숫자 규칙

(기출)

다음은 일정한 규칙을 가지고 있는 숫자들의 배열입니다. A, B에 들어갈 숫자를 차례대로 써 보시오.

000011, 000110, 001100, 011000, 110000, 000101
001010, 010100, 101000, 001001, 010010, A

[1157, 1158, 1159, 1200]
[0930, 1000, 1030, 1100]
[1200, 1220, 1240, B]

A: ....

B: ....

(기출)

1. 다음 나열된 수들의 규칙을 찾아보고, 25번째에 나올 숫자를 구하시오.

1212321234321234543 2 …

2. 다음 그림을 보고 규칙을 찾아보시오.

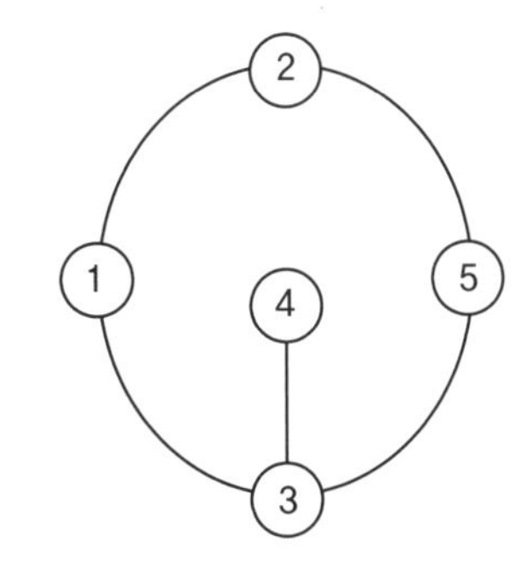

1 – 5
2 – 6
3 – 10
4 – 3
5 – 5

수리 영역

05 계산식 만들기

표준 문제 (기출)

다음은 네모 칸에 5개의 수를 넣고 덧셈, 뺄셈, 곱셈을 이용하여 가운데에 있는 수를 만든 것입니다.

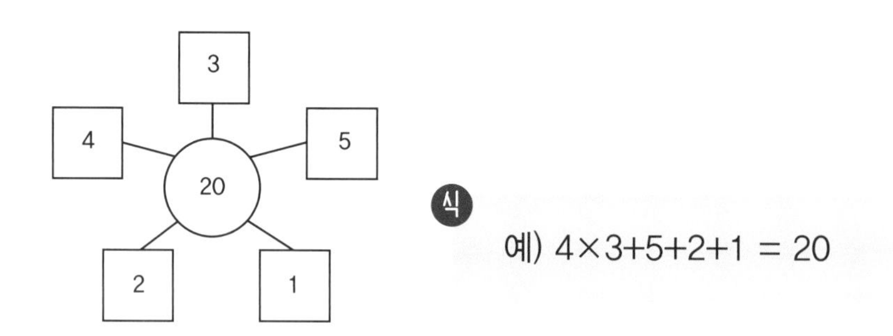

아래의 조건을 참고하여 가운데에 있는 수가 35가 되도록 네모 칸을 채우고 계산식을 만드시오.

조건 1: 네모 칸에는 1~9까지의 숫자만 적는다.

조건 2: 하나의 그림에 같은 숫자를 여러 번 적을 수 없다.

조건 3: 곱셈을 사용할 경우 곱셈 계산을 가장 먼저 해야 한다.

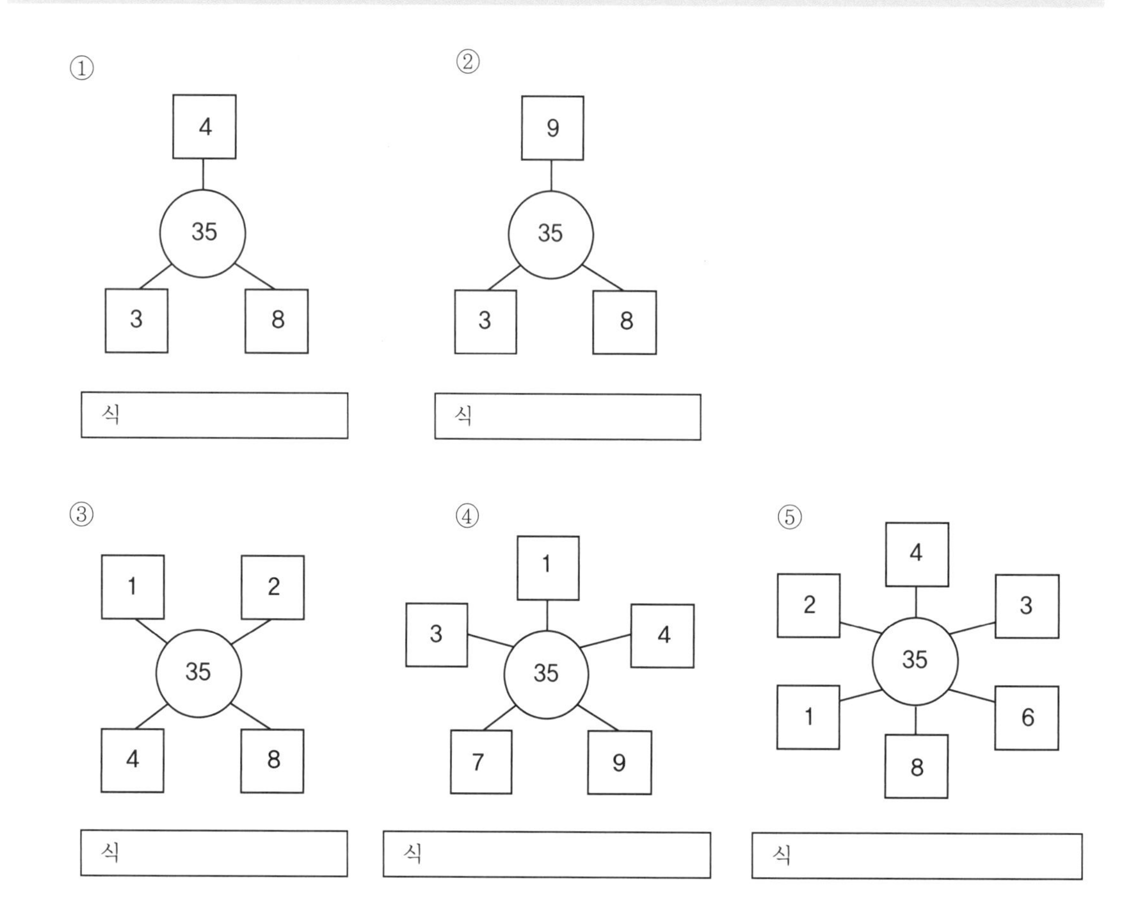

연습 문제 (기출)

1. 다음 그림의 삼각형 안과 밖의 수는 일정한 규칙으로 이루어져 있습니다.

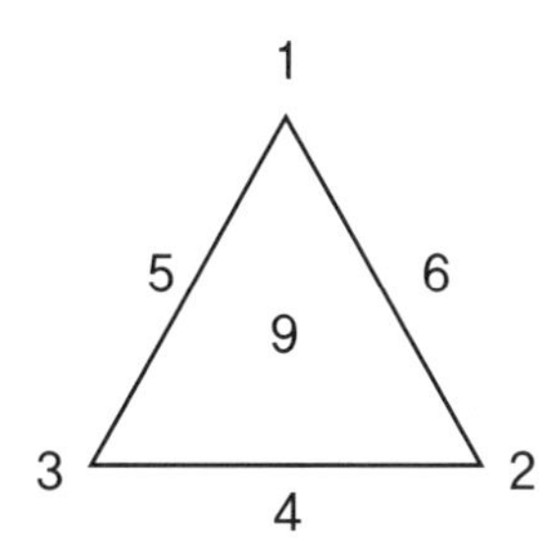

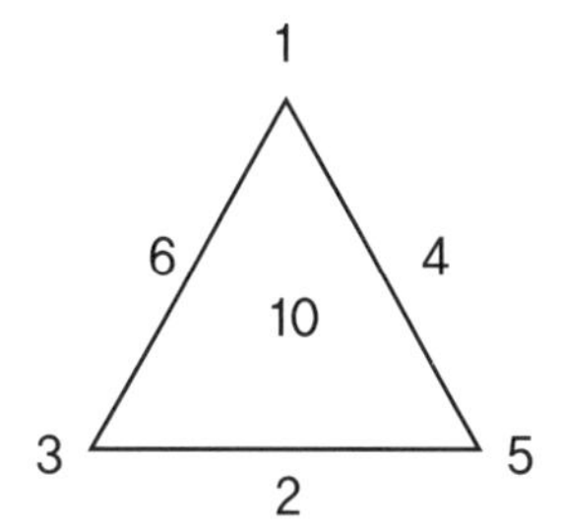

❶ 삼각형 안의 숫자와 다른 숫자들은 어떤 규칙인지 설명하시오.

❷ 위와 같은 규칙을 갖도록 1~6의 숫자를 빈칸에 각각 한 번씩 써 넣어보시오.

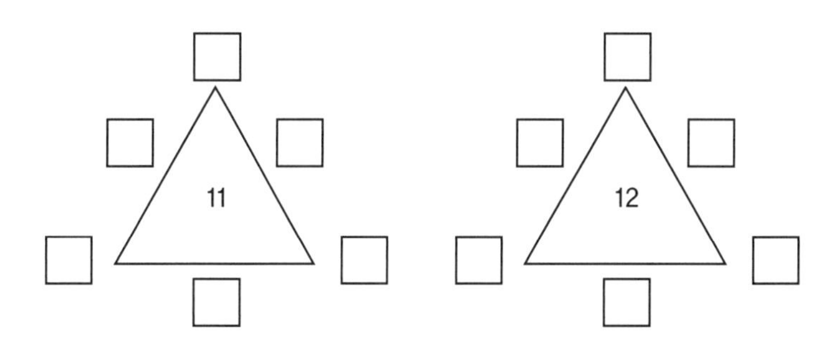

2. 네모 안에 1부터 9까지의 숫자를 한 번씩 모두 사용하여 다음과 같은 등식이 성립하도록 하려고 합니다. 가능한 경우를 찾아보고 그 과정을 설명하시오. (심화)

□ x □□ = 1□□ = □□ x □

대칭 문자

(기출)

그림과 같이 하나의 선을 중심으로 접었을 경우 완벽하게 포개어지는 것을 선대칭이라고 하고 그때의 선을 대칭축이라고 합니다. 이러한 대칭축은 주어진 모양에 따라 없을 수도 있고 여러 개가 나타날 수도 있습니다.

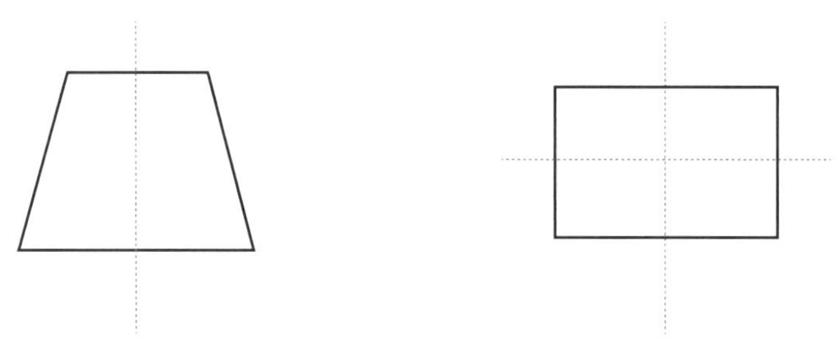

아래 알파벳 대문자를 다음 기준에 맞도록 분류하시오. 단, 알파벳 모양은 글씨체에 따라 달라질 수 있으므로 아래의 모양으로 한정합니다.

A C D G H I J L
M N O P R S T

대칭축의 개수	해당하는 알파벳
0	
1	
2개 이상	

한글에서 위아래로 뒤집어도 같은 글자를 3가지 이상 찾아 보세요.

믐

도형의 둘레 길이 계산

아래 도형은 같은 크기의 정사각형 타일 800개를 빈틈없이 이어 붙여서 만든 것으로 긴 변의 길이는 짧은 변의 길이의 2배입니다. 아래 도형의 바깥 테두리(진한 선 전체)의 길이는 정사각형 타일의 한 변의 몇 배가 될까요?

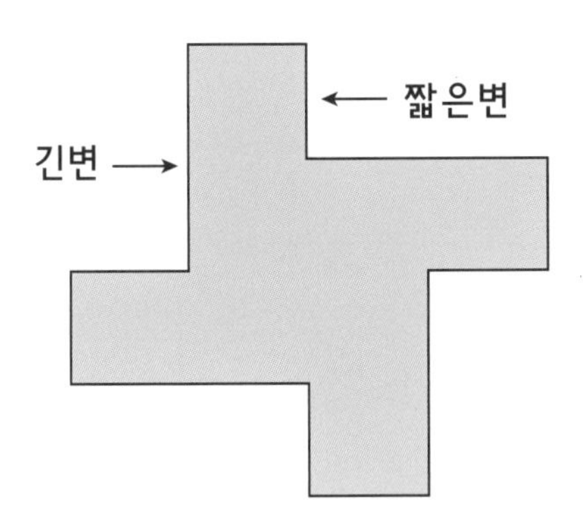

아래 그림은 둘레가 수평 혹은 수직인 선분으로 이루어진 도형에서 몇 개의 변의 길이를 표시한 것입니다.

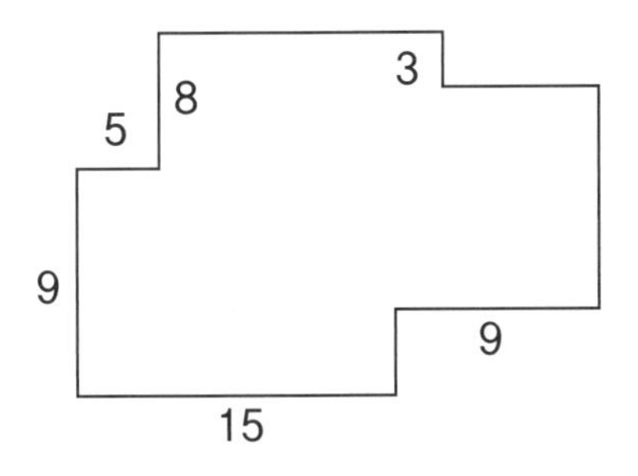

이 도형의 둘레 길이는 얼마일까요?

① 80 ② 82 ③ 84 ④ 86 ⑤ 88

SECTION 4 영재성 검사

공간지각 영역

공간지각 영역 길잡이

공간지각은 3차원 공간에 대해서 입체적으로 파악할 수 있는 능력으로 정보과학 분야는 3D 시뮬레이션 등으로 소프트웨어를 설계하는 능력이 필요합니다. 로봇과학 분야는 로봇이 3차원 실세계에서의 동작을 다루므로 공간지각 능력이 필수적으로 요구되기에 관련 문제가 출제되고 있습니다.

도형 회전

아래 그림은 일정한 규칙에 따라 배열되어 있습니다. ?에 들어갈 알맞은 도형을 찾으시오.

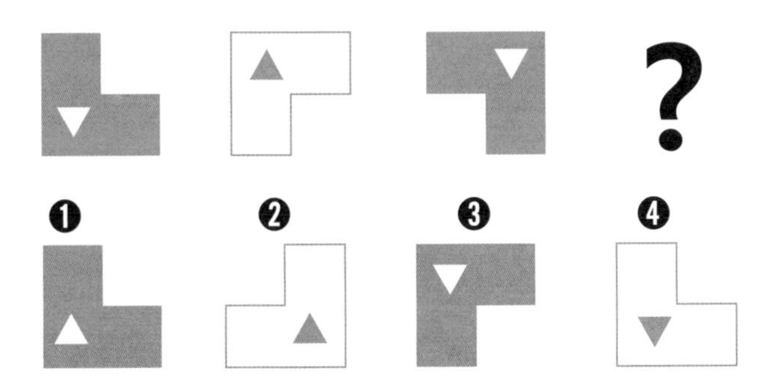

1. 다음은 꼬리가 달린 화살표를 어떤 규칙에 따라 나열해 놓은 것입니다. 빈칸에 들어갈 알맞은 모양을 고르시오.

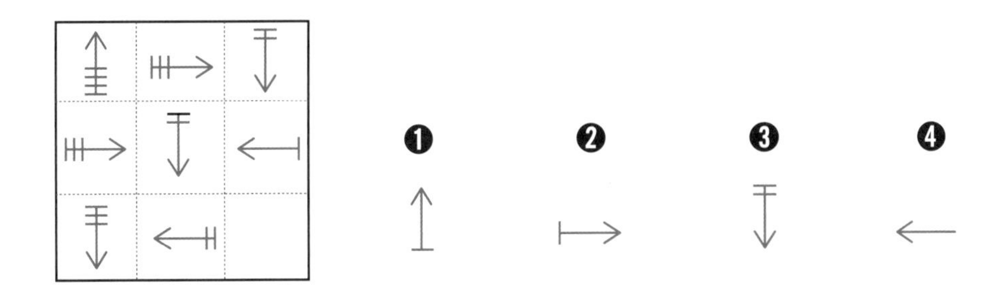

2. 아래 도형을 오른쪽으로 뒤집고 시계방향으로 90° 회전 후 위로 뒤집은 도형을 고르시오.

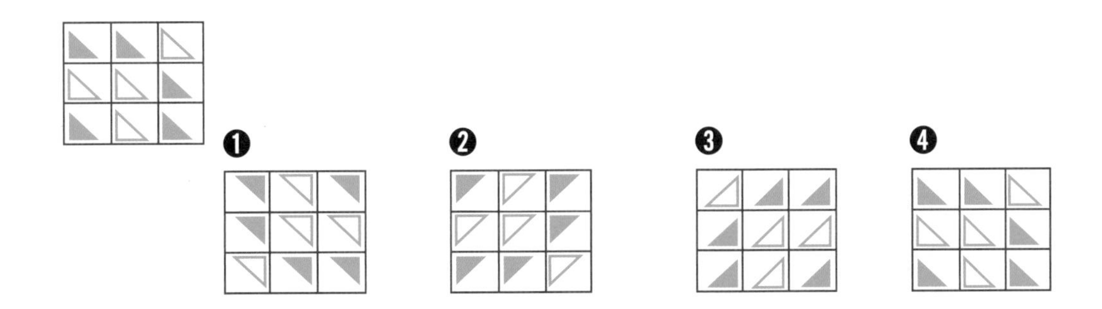

도형 뒤집기

오른쪽 그림은 도형을 오른쪽으로 뒤집은 후, 아래로 뒤집었을 때의 모양을 나타냅니다.

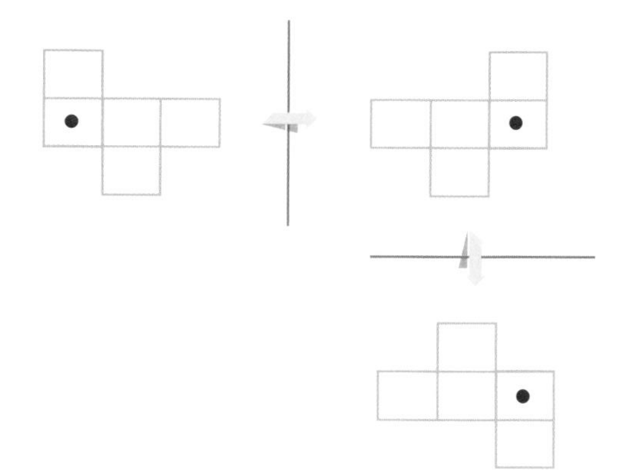

아래 그림의 왼쪽 도형을 오른쪽으로 뒤집은 후, 아래로 뒤집었을 때의 모양을 각각 그려 보시오.

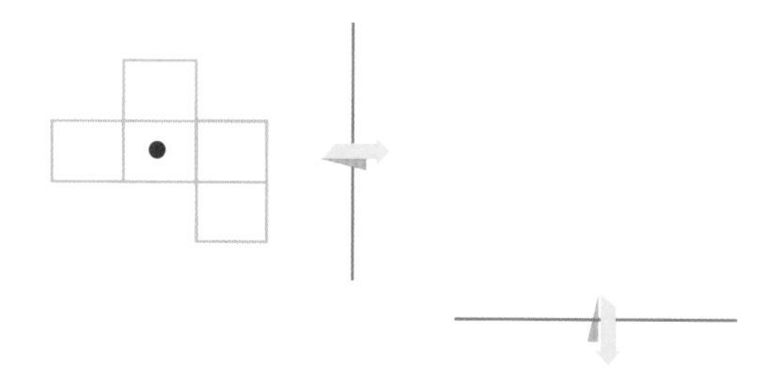

연습 문제

아래 그림의 도형을 오른쪽으로 뒤집은 모양과 아래로 뒤집은 모양을 각각 그려 보시오.

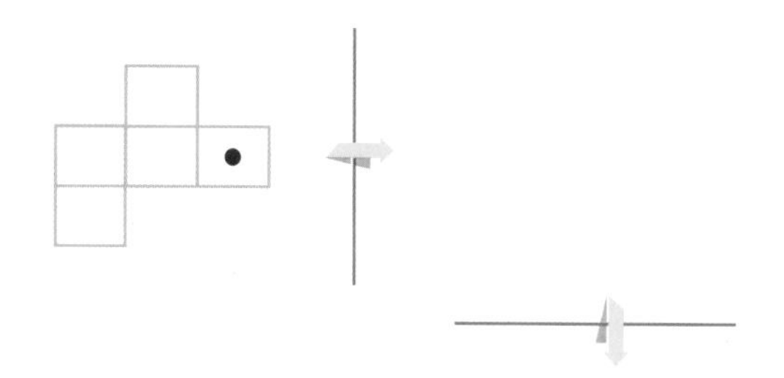

03 새로운 도형 만들기

(기출)

아래 그림과 같이 크기가 같은 정사각형 2개와 직각삼각형 2개가 있습니다. 이 도형들을 모두 이용하여 각 도형의 변끼리 붙여서 만들 수 있는 새로운 도형을 5개 이상 그리시오. 단, 돌리거나 뒤집어서 모양이 같으면 같은 도형으로 인정합니다.

(기출)

1. 아래 〈보기〉의 정삼각형 2개와 정사각형 2개의 전부 또는 일부를 사용하여 도형을 만들어 보고, 모두 몇 가지를 만들 수 있는지 오른쪽 표를 완성하시오.(단, 돌리거나 뒤집었을 때 같은 모양은 같은 도형입니다)

보기

도형	새로운 도형 모양	개수
사각형		
오각형		
육각형		

2. 다음 그림은 왼쪽의 도형에서 크기가 다른 정삼각형이 몇 개 있는지 찾기 위해 영재가 사용한 방법입니다. 같은 방법으로 크기가 다른 평행사변형이 몇 개 있는지 표를 그려서 나타내시오.

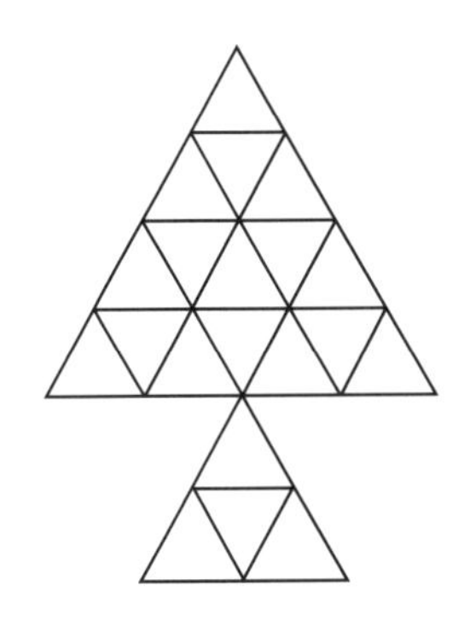

유형	삼각형 개수	종류	합계
1	1	20개	20
2	4	7개 1개	8
3	9	3개	3
4	16	1개	1
총			32개

유형	평행사변형 개수	종류	합계
총			

종이접기

(기출)

오른쪽은 한 변의 길이가 8㎝인 직각이등변삼각형의 가운데를 계속 접는 과정을 설명하는 그림입니다. 물음에 답하시오.

1. 3단계를 진행했을 경우 삼각형은 총 몇 개 나올까요?

2. 3단계를 진행했을 경우 작은 삼각형 하나의 넓이는 몇 ㎠일까요?

	1단계	2단계
8㎝		

(기출)

오른쪽의 종이 위에는 글자 하나가 적혀 있습니다.
종이를 정확히 반으로 한 번 접었을 때 글자는 완전히 겹쳐집니다.

위와 같은 예를 보이는 글자를 아래 〈보기〉에서 모두 찾아 보세요.

보기

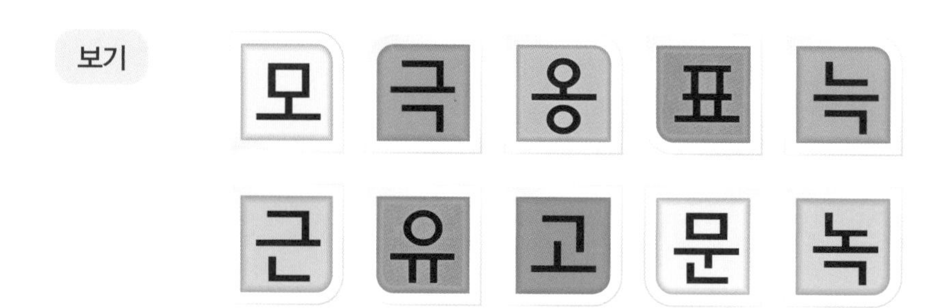

05 쌓기나무

(기출)

영재는 집으로 오는 길에 빗물이 고여 생긴 웅덩이에 비친 건물의 모습을 보았습니다. 웅덩이에 비친 건물은 위, 아래가 바뀐 모습이었습니다.

집으로 돌아온 영재는 동생이 쌓기나무로 블록쌓기 놀이를 하는 것을 보고 쌓기나무로 만든 블록의 앞과 오른쪽 옆 바닥에 거울을 두고 위 모양과 거울에 비친 앞 모양, 오른쪽 옆 모양을 관찰하였더니 다음과 같았습니다.

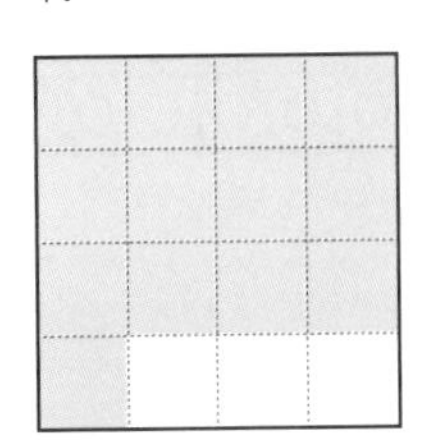
[도형의 위 모양]

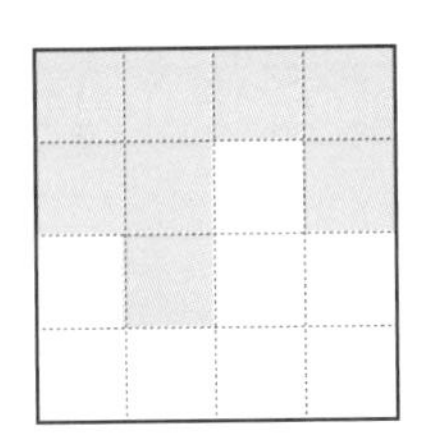
[거울에 비친 앞 모양]

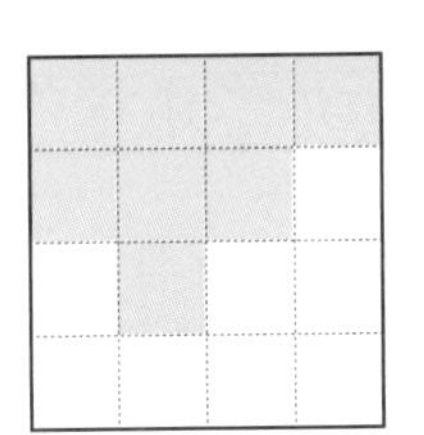
[거울에 비친 오른쪽 옆 모양]

위의 모양을 만들기 위해 동생이 사용한 블록의 최소 개수와 최대 개수를 구하시오.

최소 개수	최대 개수

연습 문제

오른쪽 그림은 150개의 쌓기나무를 쌓아놓은 것입니다. 검은색 블록은 표면에 보이는 면에서 반대 면까지 한 줄로 이어져 있습니다. 이때, 검은색 블록의 개수는 얼마나 될까요?

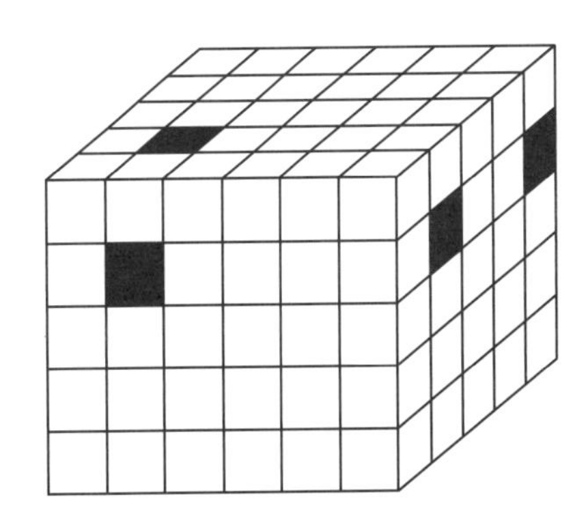

기하 패턴

(기출)

오른쪽 그림과 같은 정사각형 모양의 타일이 30개 있습니다. 이 타일들을 적당히 배열하여 하나의 직사각형을 만들었을 때, 다음 조건을 만족하는 표를 완성하시오.

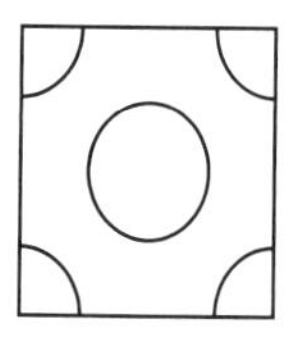

조건 1: 타일의 모퉁이에 있는 사분원은 모두 같은 크기이다.

조건 2: 타일을 배열하여 직사각형을 만들 때 남는 타일이 없어야 한다.

조건 3: 배열상태가 달라도 만들어지는 원의 개수가 같으면 같은 것으로 인정한다.

예

배열상태	타일 중앙에 있는 원의 개수	모퉁이에서 만들어지는 원의 개수	원의 개수
1×30	30	0	30

배열상태가 2×15인 경우에 대해 아래의 표를 채우시오.

경우	배열상태	타일 중앙에 있는 원의 개수	모퉁이에서 만들어지는 원의 개수	원의 개수
1	2X15			

위 표준문제에서 배열상태가 3×10인 경우와 5×6인 경우에 대해 다음의 표를 채우시오.

경우	배열상태	타일 중앙에 있는 원의 개수	모퉁이에서 만들어지는 원의 개수	원의 개수
1	3X10			
2	5X6			

PART 2 영재성 검사

SECTION 5 영재성 검사

발명 영역

발명 영역 길잡이

발명 분야의 능력은 새로운 것을 개발한다는 의미에서 정보 영재에게 필요한 능력입니다. 이런 까닭에 정보영재원에서는 영재성 검사, 창의적 문제해결 검사에서 발명과 관련된 문제가 출제될 수 있습니다.

발명 기법의 예

1. 더하기 발명
2. 빼기 발명
3. 크게 혹은 작게 발명
4. 아이디어 차용 발명
5. 모양 바꾸기 발명
6. 용도 바꾸기 발명
7. 반대로 생각하기 발명
8. 나누고 쪼개기 발명
9. 재료 바꾸기 발명
10. 하나를 다용도로 사용하는 발명

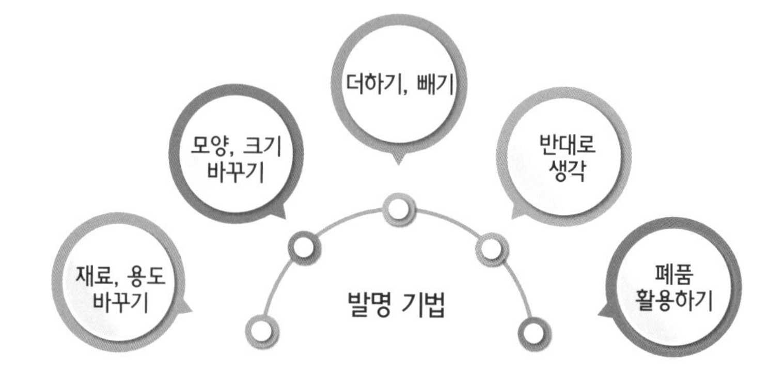

더하기 발명

(기출)

연필과 지우개는 서로 독립적인 두 물건입니다.

[연필+지우개]

이렇게 합쳐보면 지우개가 있는 연필이라는 새로운 물건이 만들어져서 아주 쓸모 있게 됩니다. 서로 독립적인 물건을 조합해서 새롭고 창의적인 물건을 만들어 보시오.

물건 1	물건 2	발명품 이름	발명품 용도

(기출)

제시된 사물 중 2가지 이상을 결합하여 새로운 사물 5가지를 만들고 기능을 설명하시오.

모양 바꾸기 발명

스마트폰의 모양을 바꾸려고 합니다. 새로운 모양의 스마트폰을 만들어 보세요.

1. 새로운 형태의 컴퓨터 모양을 만들어 보세요.

2. 나만의 창의적인 자동차 모양을 디자인해 보세요.

발명 영역

03 반대로 생각하기 발명

벙어리장갑은 양말에서, 다섯 발가락을 분리한 양말은 장갑에서 비롯되었습니다. 이처럼 반대로 생각하여 오히려 더 큰 발명을 한 것들이 무수히 많습니다(예: 거꾸로 세우는 화장품 용기 등). 벙어리장갑과 거꾸로 세우는 화장품 용기가 '반대로 생각하기 발명'인 이유를 설명해 보시오.

PART 2 영재성 검사

반대로 생각하기 기법으로 전자 제품 중 하나를 새롭게 고안해 보세요.

하나를 다용도로 하는 발명

한 가지 물건이 여러 가지 기능을 하도록 개선하면 편리하게 쓸 수 있습니다. 공간도 절약되고, 비용도 저렴해지는 장점이 있지요. 아래 그림은 만능 볼펜으로 여러 색깔의 심이 사용되었어요. 이 펜의 그림 설계도와 기능에 대해 글로 설명해 보세요.

설계도 스케치	기능을 구체적으로 설명

공부방에서 사용할 수 있는 여러 가지 기능이 있는 다용도 스탠드에 대해 발명구상을 해보시오.

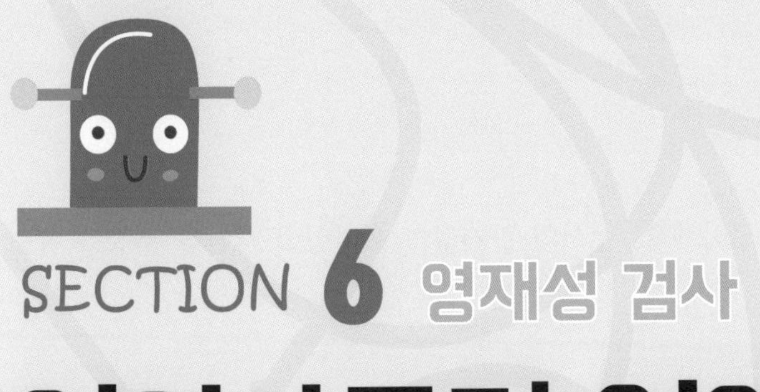

SECTION 6 영재성 검사

언어사고력 영역

언어사고력 길잡이

영재는 언어적 상상력과 어휘력이 풍부합니다. 언어사고력 영역을 통해 영재성을 파악하는 문제가 출제되고 있습니다. 평소 다방면의 풍부한 독서를 통해 스토리텔링 능력을 길러 주세요.

언어사고력 영역

01 새로운 문장 만들기

세 낱말을 이용하여 〈보기〉와 같이 문장을 완성하세요. 순서와 관계없이 재미있고 기발한 문장을 만드세요.

보기

▶ 스마트폰, 개미, 화성

스마트폰 애플리케이션으로 개미가 화성을 탐사하는 게임을 개발했습니다.

▶ 로봇, 원숭이, 태평양

〈보기〉와 같이 주어진 낱말들을 이용해 재미있는 이야기를 꾸며 보세요. 낱말을 모두 사용하지 않아도 됩니다.

보기

▶ 토끼, 경주, 도미, 약속, 거북이, 산, 깃발

옛날 토끼와 거북이가 경주를 하기로 했습니다. 저 산 너머에 있는 깃발을 먼저 빼 오는 쪽이 이기는 것으로 약속하고 도미가 심판을 보기로 했습니다.

▶ 인공지능, 컴퓨터, 로봇, 인간, 호랑이, 학교, 낙하산, 태평양

02 말 이어가기

앞뒤 양쪽의 두 낱말 사이에 있는 빈칸에 각각 앞뒤의 말과 관계가 있도록 낱말을 넣으세요.

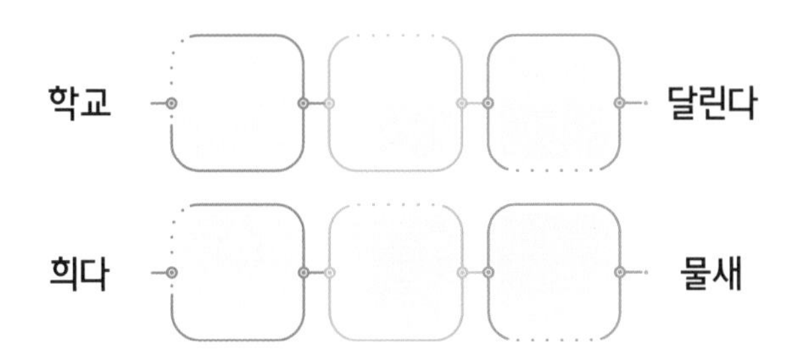

앞뒤 양쪽의 두 낱말 사이에 있는 빈칸에 각각 앞뒤의 말과 관계가 있도록 낱말을 넣으세요.

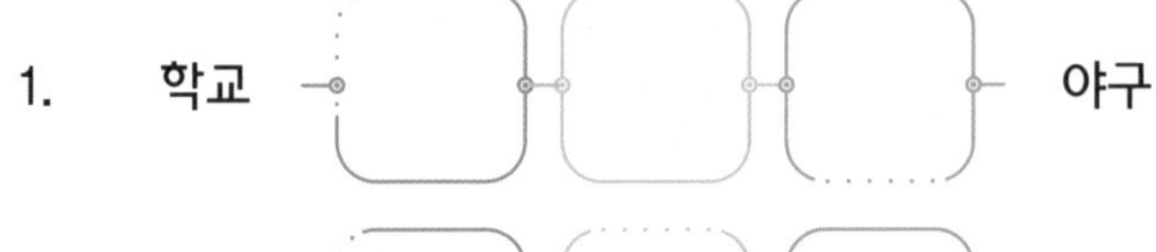

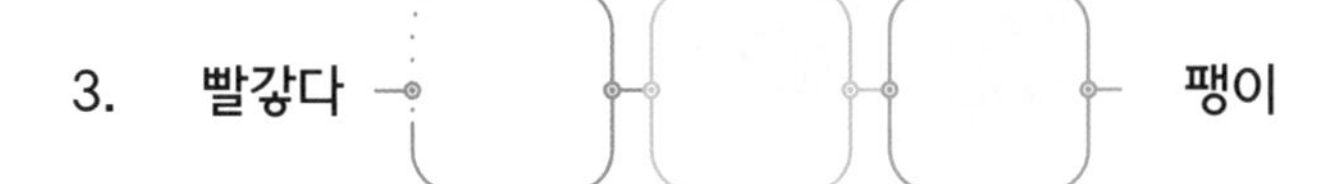

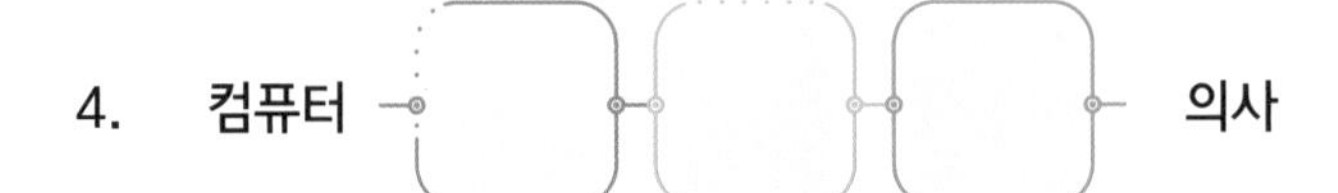

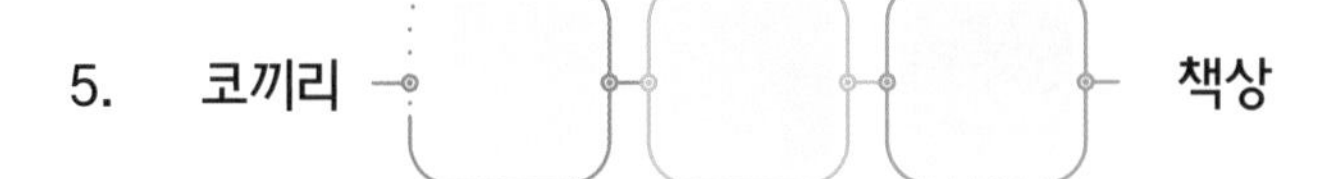

광고 문구 만들기

다음은 한국방송광고진흥공사 공익광고협의회의 광고입니다. '접속이 많아지면 접촉은 줄어듭니다'라는 광고 문구를 보고 어떤 방식이 사용되었는지 생각해봅시다.

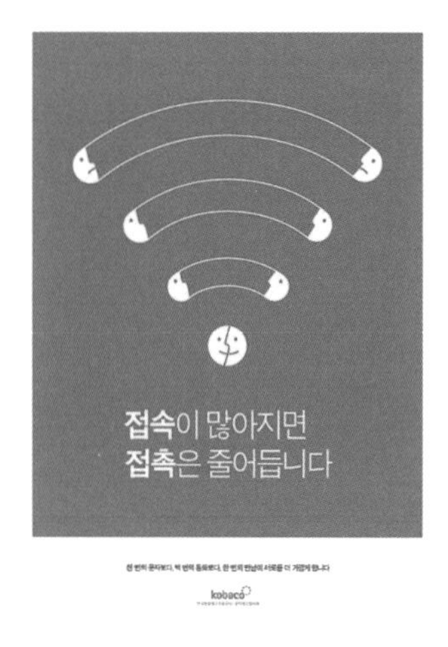

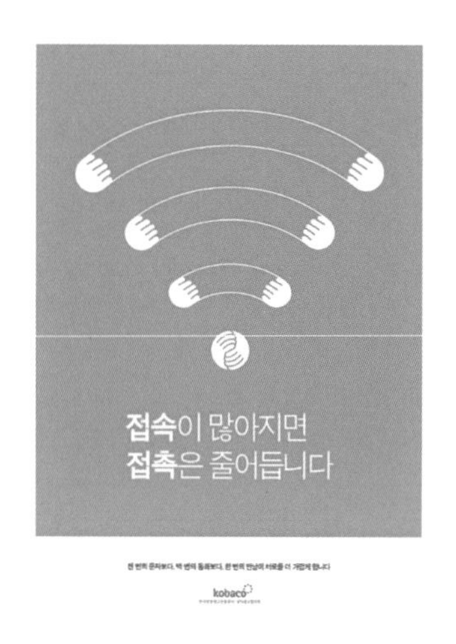

코로나 19는 우리 생활을 심각하게 위협했습니다. 다음 그림은 코로나19 확산 방지를 위한 서울특별시의 공익광고입니다. 이와 같은 코로나 확산 방지를 위한 광고 문구를 만들고 설명해 보세요.

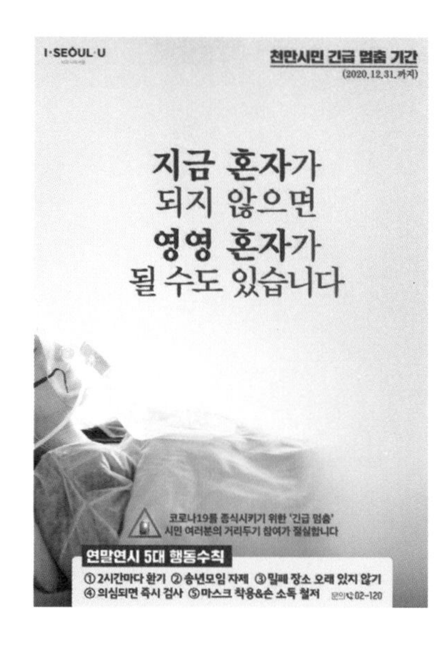

04 규칙 찾아 단어 잇기

〈보기〉에 나열된 단어들의 규칙을 찾고 같은 방식으로 단어를 나열하시오.

보기

노트북 → 트로트 → 로그인 → 그림책 → 림프구 → 프랑스

자동차 → ....

휴대폰 → ....

〈보기〉 나열된 단어들의 규칙을 찾고 같은 방식으로 단어를 나열하시오.

보기

책상 → 동화책 → 운동 → 행운 → 해외여행 → 지중해 → 아버지

소나무 → ....

가방 → ....

언어 논리 1

(기출)

5단으로 된 책장에 〈보기〉의 규칙대로 책을 넣으려고 합니다. 규칙대로 책을 다 넣었을 때의 색깔을 모두 적으시오.

보기

a. 한 단에는 같은 색의 책들만 넣어야 한다.

b. 빨간색 책들은 파란색 책들 위에 넣는다.

c. 노란색 책들은 두 번째 단에 넣는다.

d. 주황색 책들은 빨간색 책들과 파란색 책들 사이에 넣는다.

e. 노란색 책들은 초록색 책들 아래에 넣는다.

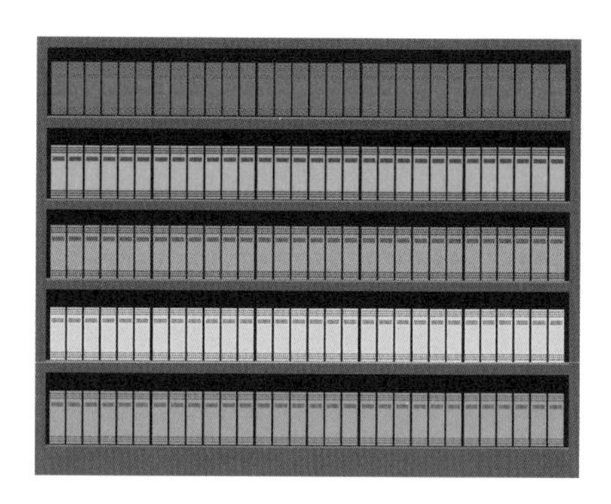

1단 색깔:

2단 색깔:

3단 색깔:

4단 색깔:

5단 색깔:

연습 문제 (기출)

㉠~㉤ 5대의 차가 경주하고 있습니다. 5대의 차 중 ㉠, ㉢, ㉤은 빨간색이고 ㉡, ㉣은 파란색입니다. 처음 5대의 순위는 ㉠-㉡-㉢-㉣-㉤이고, [가]부터 [마]까지 변화가 차례로 일어났습니다. 단계별로 차량의 순위를 써보시오. 단, 추월은 바로 앞에 달리고 있는 차 1대만 할 수 있습니다.

보기

[가] ㉡이 ㉠을 추월했다.

[나] 파란 차가 빨간 차 1대를 추월했다.

[다] 파란 차가 빨간 차 1대를 추월했다.

[라] 빨간 차가 다른 빨간 차 2대를 추월했다.

[마] 빨간 차가 파란 차 2대를 추월했다.

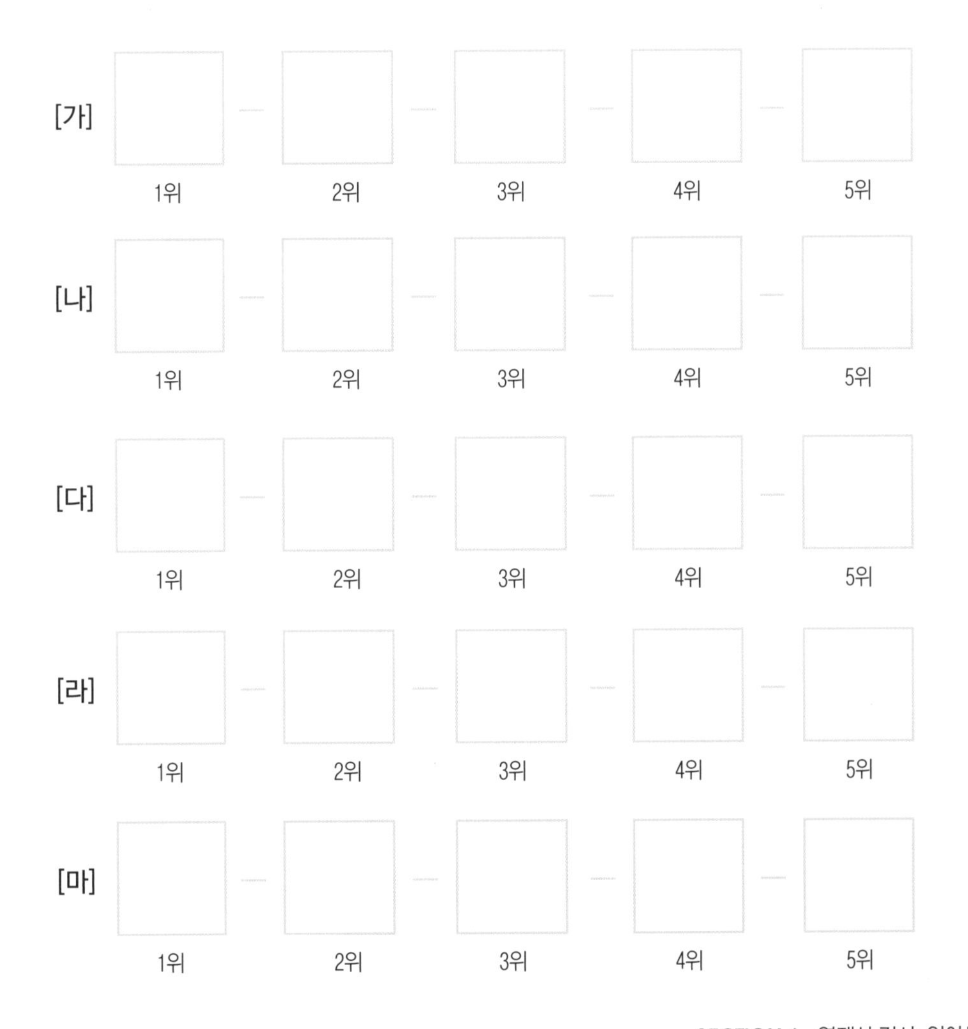

언어 논리 2

(기출)

어느 집에 4명의 여자와 2명의 남자가 살고 있는데 그들의 나이는 모두 다릅니다. 다음의 〈보기〉를 판단할 때, 제일 나이 많은 남자는 몇 살일까요?

보기

- 제일 나이 많은 사람은 열 살입니다.
- 제일 어린 사람은 네 살입니다.
- 제일 나이 많은 남자는 제일 어린 여자보다 네 살 많습니다.
- 제일 나이 많은 여자는 제일 어린 남자보다 네 살 많습니다.

에이미(Amy), 비비(Beavy), 커트리(Cuttree), 디기(Diggy), 그리고 에리(Eary)는 당신과 게임을 하고 싶어 합니다. 그들은 모두 선 위에 서 있습니다. 그때, 그들은 각각 앞에 서 있는 아이들과 뒤에 서 있는 아이 중 본인보다 키가 큰 아이들의 숫자를 셉니다. 그러고 난 뒤, 아이들은 종이 한 장에 결과를 적어 당신에게 건넸습니다. 어떤 순서대로 아이들이 서 있을까요?

	키가 큰 아이들의 수	
이름	앞	뒤
에이미	1	2
비비	3	1
커트리	1	0
디기	0	0
에리	2	0

① 에이미, 커트리, 디기, 에리, 비비
② 디기, 커트리, 에이미, 비비, 에리
③ 디기, 에이미, 커트리, 비비, 에리
④ 디기, 에이미, 에리, 비비, 커트리

SECTION 7 영재성 검사

논리사고력 영역

논리사고력 길잡이

정보영재 선발 문항을 크게 2가지로 나누어 보면 창의적 문제해결 문항과 논리적 문제해결 문항으로 나눌 수 있습니다.

논리적인 사고는 정보과학의 문제를 해결하는 데 필수적이므로 정보영재교육원 선발 문항으로 논리 사고력을 측정하는 문항이 갈수록 늘고 있습니다.

■ 논리적 사고능력 영역

논리적 사고 영역은 다음과 같은 영역이 있습니다.
컴퓨터 과학을 탐구하면서 다양한 문제를 풀 때 논리적 사고에 의한 접근이 필요합니다.

하위요소	내용
계열화 논리	일련의 요소들을 규칙에 따라 배열하는 능력
비례논리	비례관계의 규칙과 관계를 이해하는 능력
확률논리	우연한 사건 중 특정 사건이 일어날 확률을 계산하는 능력
변인통제논리	문제에 직면하면 한 변인 효과의 가설을 입증하기 위해 다른 변인을 통제하여 변인과의 관계를 도출하는 능력
조합논리	문제를 해결하는 과정에서 모든 경우를 중복되지 않도록 빠짐없이 추려내는 능력
명제논리	참인지 거짓인지 판별하고 둘 이상 명제의 관계를 분석하는 능력

01 계열화 논리

표준 문제

수가 나열되는 규칙에 따라 마지막 칸에 올 숫자를 쓰세요.

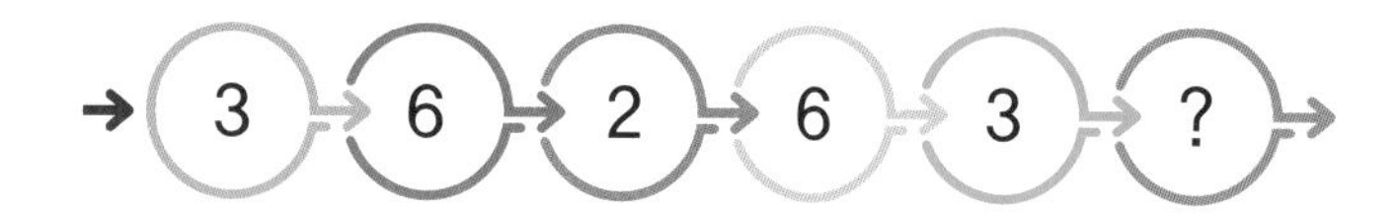

연습 문제

1. 글자가 나열되는 규칙에 따라 마지막 칸에 올 글자를 쓰세요.

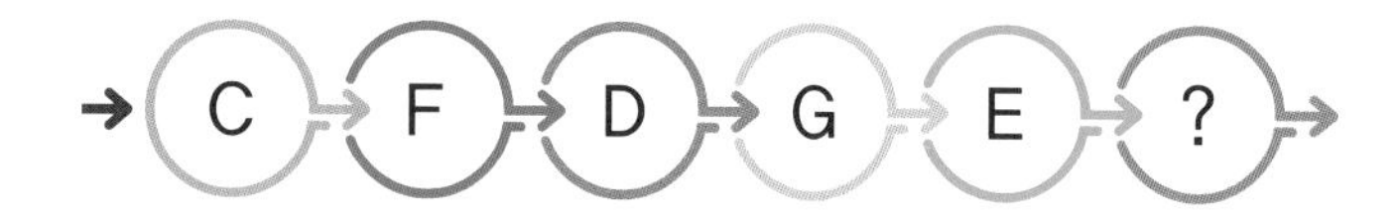

2. 아래 〈보기〉의 처리 조건에 따라 숫자가 규칙적으로 배열될 때 11번 자료와 12번 자료에 저장된 숫자는 무엇일까요?

보기

처리순서	내 용
1.	‘1번자료’안의 숫자에 2를 곱해서, ‘3번 자료’안에 넣는다.
2.	‘2번자료’안의 숫자에 3를 빼서, ‘4번 자료’안에 넣는다.
3.	처리순서 1과 2의 규칙에 따라 숫자는 연속적으로 배열된다.

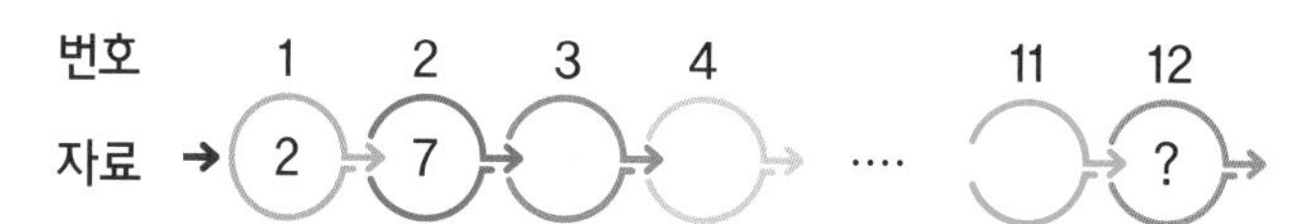

① 11번 자료: 64, 12번 자료: −8　　② 11번 자료: 32, 12번 자료: −8

③ 11번 자료: 32, 12번 자료: −5　　④ 11번 자료: 64, 12번 자료: −5

02 비례 논리

톱니 수가 100인 큰 기어가 1분당 40번 회전한다면, 톱니 수가 25인 작은 기어는 10분에 몇 바퀴 회전할까요?(그림의 실제 톱니수는 무시하고 문제의 톱니수로 계산해 문제를 푸세요.)

① 1200　② 1400　③ 1600　④ 1800

연결된 기어 중에서 처음 기어와 마지막 기어의 회전수가 같은 것을 골라 보세요. 각각의 그림에서 처음 기어는 제일 좌측에 있고, 마지막 기어는 제일 우측에 있습니다. 단, 모든 기어의 톱니는 같은 크기, 같은 간격으로 배열되어 있습니다.

①

②

③

④

확률 논리

주머니 속에 크기와 모양이 같은 빨간 구슬 2개, 파란 구슬 3개, 초록 구슬 2개가 속이 보이지 않는 주머니 속에 섞여 있습니다. 이 중에서 구슬 한 개를 꺼낼 때 초록 구슬이 나올 확률을 구하시오.

① $\frac{2}{6}$ ② $\frac{3}{6}$

③ $\frac{3}{7}$ ④ $\frac{2}{7}$

ABC 공장의 기계는 과일 바구니를 생산합니다. 그런데 생각보다 불량품이 많아서 바구니 2,400개를 생산하면 검사에 합격한 제품은 400개밖에 안 된다고 합니다. 이 공장에서 30개의 과일 바구니를 만들었을 때 검사에 합격할 제품의 수는 얼마일까요?

① 5 ② 6

③ 10 ④ 20

변인통제 논리

다음 중 작은 바퀴가 달린 자동차를 큰 바퀴로 교체하면 이때 자동차의 주행 속도의 변화는 어떻게 될까요? 단, 교체 전 바퀴와 교체 후 바퀴의 회전속도는 같습니다.

① 속도가 증가한다. ② 속도가 감소한다.
③ 속도가 일정하다. ④ 속도가 증가하다가 감소한다.

1. 가장 작은 힘으로 물건을 쉽게 들어 올릴 수 있는 지렛대는 어느 것일까요?

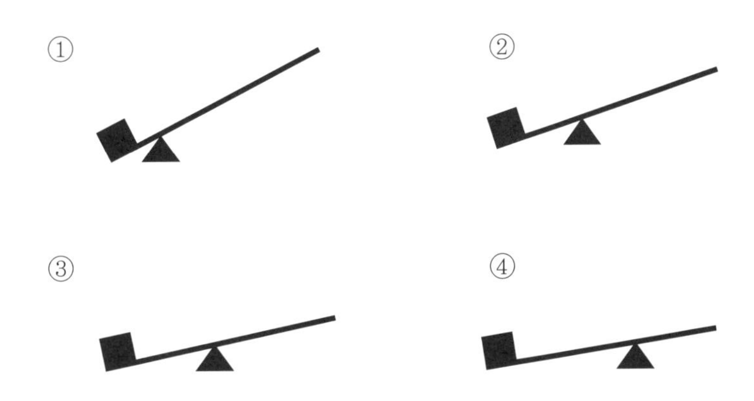

2. 구동축이 앞바퀴인 자동차가 오른쪽으로 회전할 때 가장 작은 회전 반경을 그리며 돌아가는 것은 어느 것일까요? 단, 축의 길이는 같다고 가정합니다.

① 왼쪽 바퀴 역회전, 오른쪽 바퀴 정회전 ② 왼쪽 바퀴 정회전, 오른쪽 바퀴 역회전
③ 왼쪽 바퀴 정지, 오른쪽 바퀴 정회전 ④ 왼쪽 바퀴 정회전, 오른쪽 바퀴 정지

용어해설

구동축: 다른 기계장치를 회전시키기 위해 최초로 동작하는 축

조합 논리

표준 문제

다음 그림은 한 수송 차량의 물건 운반 경로를 나타낸 것입니다. 수송차량은 이 경로들로만 물건을 운반할 수 있습니다. 이 수송 차량이 A 지점에서 B 지점을 지나 C 지점으로 물건을 운반하는 경로는 모두 몇 가지일까요?

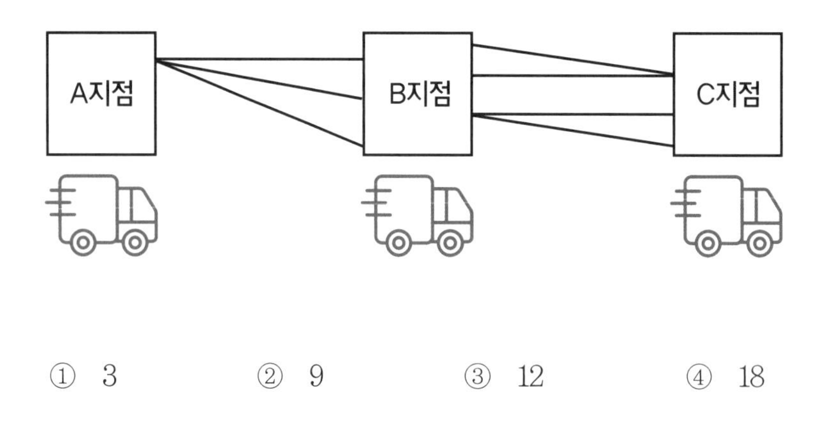

① 3 ② 9 ③ 12 ④ 18

연습 문제

봉화대의 굴뚝은 3개로 이루어져 있습니다. 각각의 굴뚝은 연기가 있고 없음에 따라 정보를 전달할 수 있습니다. 세 개의 굴뚝을 이용하여 정보를 전달할 수 있는 경우의 수는 모두 몇 가지일까요?

① 2가지 ② 4가지 ③ 6가지 ④ 8가지

06 명제 논리

아래 그림은 X, Y, Z의 값에 따라 6가지의 가능한 경로를 나타내고 있습니다. 만약 X가 Y보다 작다면 선택되는 경로는 직선 아래 방향을, X가 Y보다 크다면 오른쪽 방향을 선택합니다. 여기서 X, Y, Z는 모두 서로 같지 않습니다.

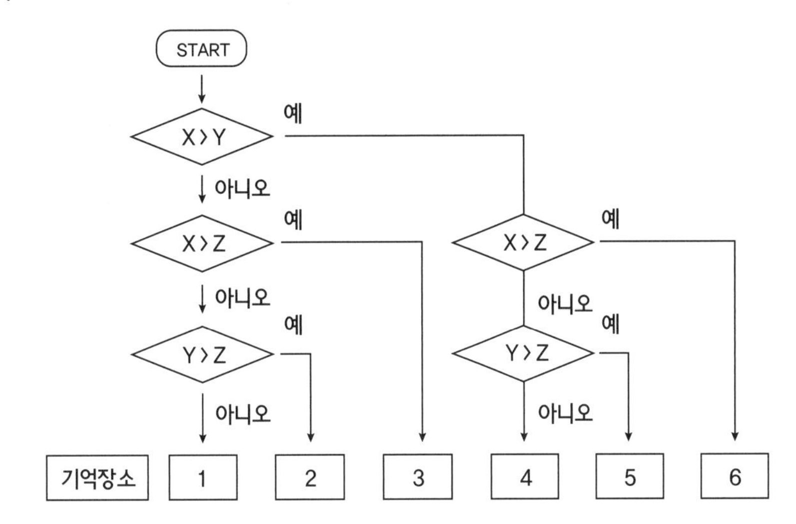

1. 기억장소 1번에 어떤 숫자가 기억되어 있을 때 X, Y, Z의 관계를 부등호로 올바르게 나타낸 것은 어느 것일까요?

① Z〉X〉Y　　② Z〉X〉X

③ X〈Y〈Z　　④ X〉Z〉Y

2. 기억장소 3번에 어떤 숫자가 기억되어 있을 때 X, Y, Z의 관계를 부등호로 올바르게 나타낸 것은 어느 것일까요?

① Y〉X〉Z　　② Y〈Z〈X

③ X〉Y〈Z　　④ Z〉X〉Y

3. 기억장소 4번에 어떤 숫자가 기억되어 있을 때 X, Y, Z의 관계를 부등호로 올바르게 나타낸 것은 어느 것일까요?

① Y〈Z〈X　　② Z〉Y〉X

③ X〈Z〈Y　　④ Z〉X〉Y

code.org

출처: code.org

Code.org®는 2013년 하디 파르토비(Hadi Partovi), 알리 파르토비(Ali Partovi) 쌍둥이 형제에 의해 설립된 비영리 단체입니다. Code.org®의 목표는 모든 학교의 학생들에게 과학, 생물학, 화학처럼 컴퓨터 과학을 배울 기회를 주는 것입니다.

code.org의 접속주소는 이름 그대로 code.org입니다. 한 번 같이 접속해 볼까요?

위의 code.org 과정 카탈로그 탭은 컴퓨터 교육과정을 보여줍니다. 4세부터 성인까지 무료로 교육과정을 지원합니다. 비디오와 튜토리얼, 프로젝트를 통해 컴퓨터 과학에 대해서 배울 수 있습니다!

code.org 프로젝트는 내 프로젝트, 내 라이브러리, 공개 프로젝트로 나누어져 있습니다. 현재까지 약 1억 6천 만개의 프로젝트가 제작되었으며 누구나 프로젝트를 만들고 올릴 수 있습니다. 여러분들도 프로젝트를 만들고 올려보는 재미를 느껴보아요!

먼저, 사이트의 왼쪽 아래로 가서 언어를 한국어로 바꾸세요.

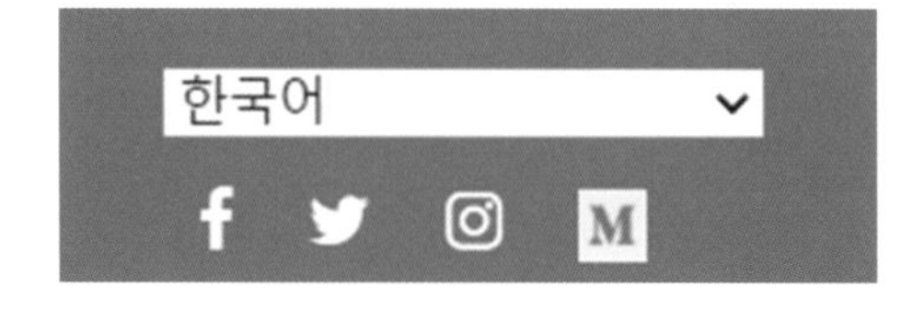

가운데 배너에서 '학생들'이라고 되어 있는 것을 클릭합니다.

아래 〈Hour of Code〉가 나타나면 '마인크래프트'나 '겨울왕국'을 선택해 게임을 즐겨 보세요. '더 보기'를 누르면 더 많은 게임을 만날 수 있어요.

우리는 얼음의 마술과 아름다움을 탐구하는 안나, 엘사와 함께 겨울왕국을 코드로 탐험해 볼 거에요. 겨울왕국을 클릭했을 때 나타나는 안내 동영상을 시청해 주세요.

왼쪽 무대의 겨울왕국의 주인공이 움직일 수 있도록 블록 코드를 만들어 보세요.

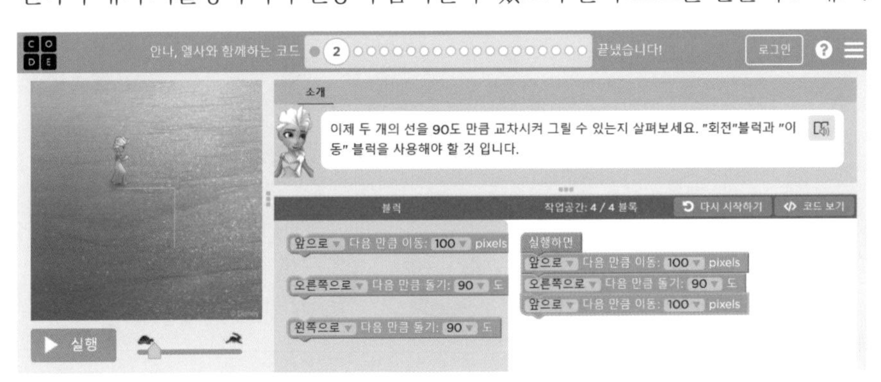

코드를 만들어 〈실행〉 버튼을 눌러 미션을 성공시키세요. 이어서 자바스크립트 코드를 확인 후 계속해서 다음 단계를 성공시켜 보세요.

LEARNING

정보(SW, 로봇) 영재를 위한 창의적 문제해결 검사

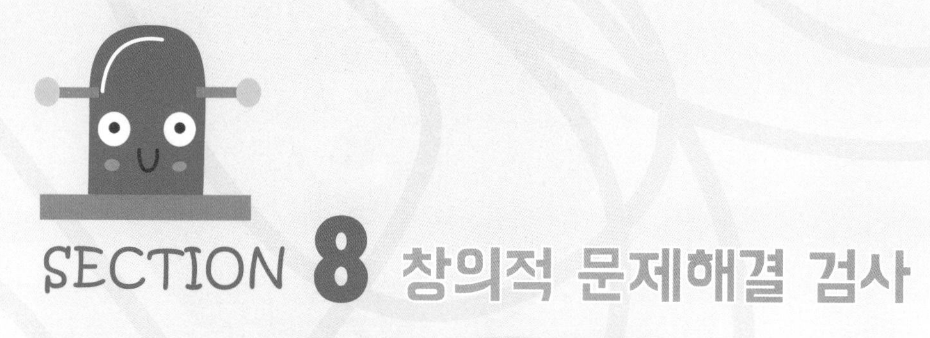

SECTION 8 창의적 문제해결 검사

자료구조 영역

자료구조 영역 길잡이

자료구조는 컴퓨터에서 자료를 효율적으로 관리하고 구조화하는 방법을 말합니다. 대부분의 컴퓨터 프로그램은 '알고리즘+자료구조' 형태로 이루어지며, 알고리즘이 특정한 목적을 달성하기 위한 절차라고 한다면 자료구조는 알고리즘 구현에 필요한 데이터의 집합입니다. 같은 알고리즘이라도 자료구조가 달라지면 전혀 다른 프로그램이 될 수 있으므로 알맞은 자료구조를 만드는 것이 매우 중요합니다.

여기에서는 트리, 그래프, 정렬 등의 자료구조에 대해 다룹니다. 자료구조는 이산수학이나 알고리즘 등과 연계되므로 핵심 개념과 원리를 잘 파악해 두어야 합니다.

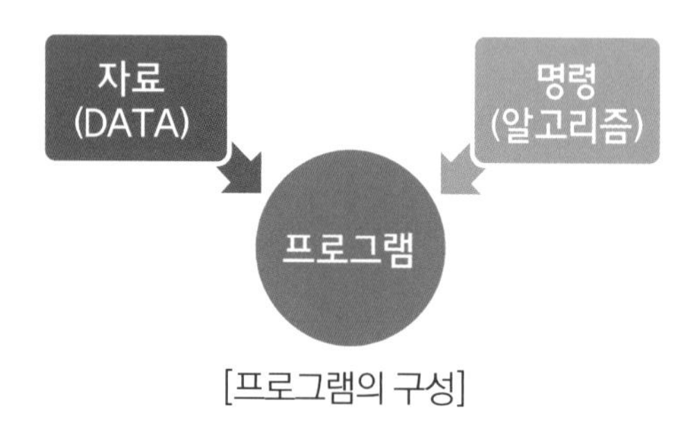

[프로그램의 구성]

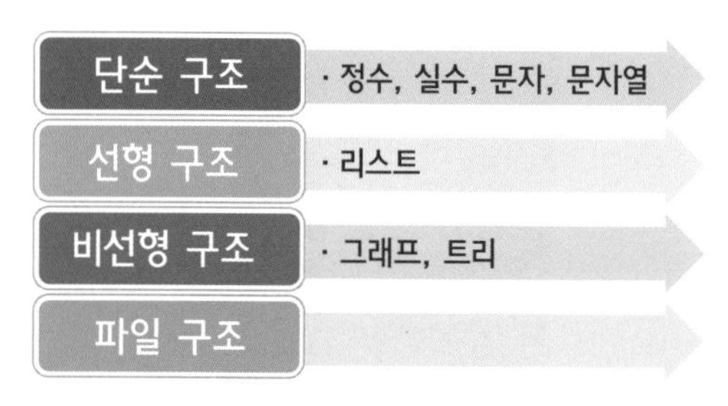

[자료구조 영역]

01 트리(Tree)

아래 그림과 같이 알파벳 A로부터 시작해서 2갈래씩 뻗어 나가는 구조가 있습니다. 첫 번째 줄은 레벨 1, 두 번째 줄은 레벨 2, 세 번째 줄은 레벨 3이라고 합니다.(단, 한 노드에서 다른 노드로 이동하는 것을 한 단계로 한다)

1. 알파벳 Z는 몇 번째 레벨에 있을까요?

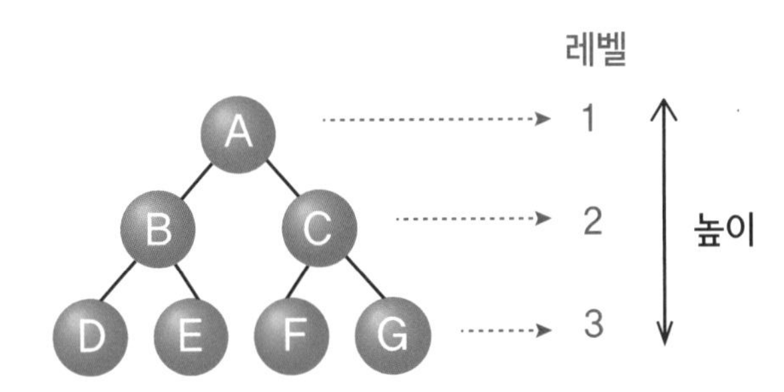

2. 알파벳 A로부터 시작해서 세 갈래로 뻗어 나가면 알파벳 Z는 몇 번째 레벨에 있을까요?

연습 문제 (기출)

오른쪽 그림은 가장 간단한 형태의 이진 트리입니다. 루트 A에서 출발해 B, C를 검색한 후 원래 루트 A로 돌아오는 과정은 A → B → A → C → A 총 4단계입니다.

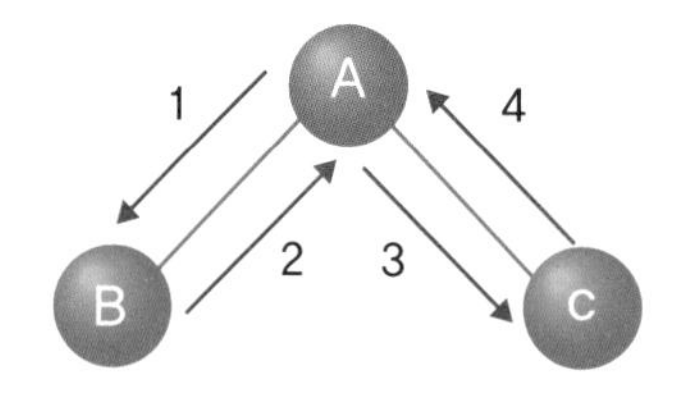

1. 아래 3레벨의 이진 트리에서 A에서 출발해 모든 노드를 검색 후 루트 A로 돌아오게 할 때 총 단계를 구하시오.(단, 한 노드에서 다른 노드로 이동하는 것을 한 단계로 한다.)

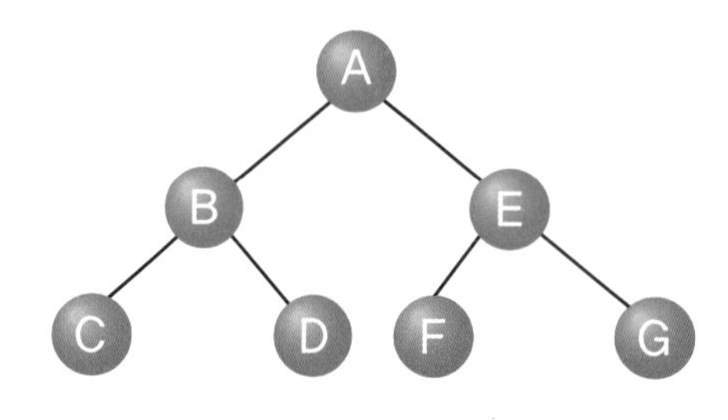

2. 아래 4레벨의 이진 트리에서 A에서 출발해 모든 노드를 검색 후 루트 A로 돌아오게 할 때 총 단계를 구하시오.

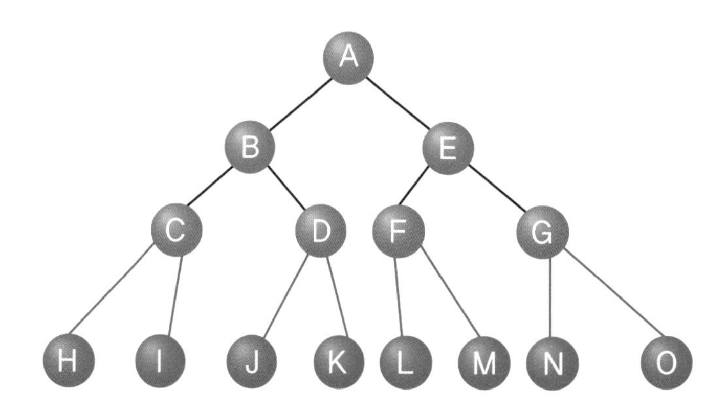

※ 위와 같이 모든 노드가 채워진 이진 트리를 '포화 이진 트리(full binary tree)'라 합니다.

자료구조 개념 Plus

트리란 무엇일까요?

트리(tree)는 비선형(non-linear) 자료구조를 말합니다. 컴퓨터의 기억장소 할당, 자료의 정렬(sorting), 자료의 저장과 검색(retrieval), 그리고 언어의 번역 등에 효과적으로 이용될 수 있는 자료구조입니다.

트리 자료구조는 예를 들어 사장을 정점으로 하여, 이사, 부장, 과장, 계장, 계원 등과 같은 회사의 조직표나 조상과 자손들 간의 관계를 표기해 놓은 족보와 같은 것입니다. 이런 이유로 나무가 뿌리에서 가지로, 가지에서 잎으로 구성된 것을 비유하여 자료 간에 계층적 구조를 가질 때 이를 트리라고 합니다.

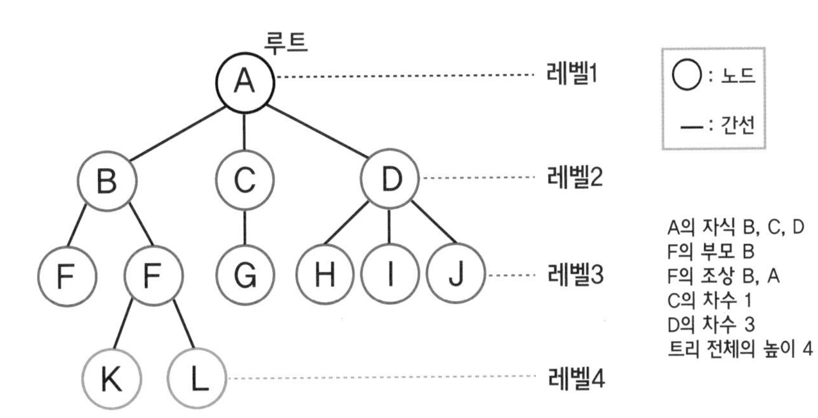

※ 차수(degree) : 노드가 가지고 있는 자식 노드의 개수

※ 레벨(level): 각 층에 번호를 매기는 것으로, 루트의 레벨은 1이며 내려갈 때마다 레벨이 증가한다.

※ 트리의 높이(height): 트리가 가지고 있는 최대 레벨

그래프

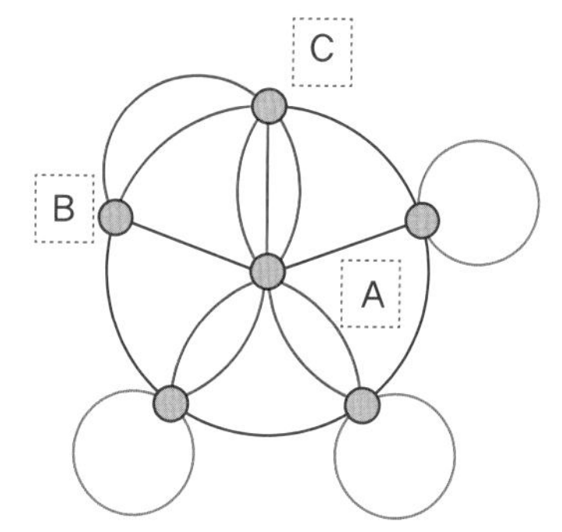

오른쪽 그래프에서 차수가 가장 높은 꼭짓점을 A, 차수가 가장 낮은 꼭짓점을 B라고 합시다.

1. A의 차수에서 B의 차수를 뺀 값을 구하시오.

   A의 차수 – B의 차수 =

2. 꼭짓점 A에서 출발해 C를 거쳐 B에 도달할 수 있는 경우의 수를 구하시오.

(기출)

쾨니히스베르크는 지금은 러시아 영토이지만 2차 세계대전 전까지는 독일의 영토였습니다. 이 도시 한가운데 프레겔이라는 강이 흐르고 여기에는 섬들과 연결된 일곱 개의 다리가 있습니다.

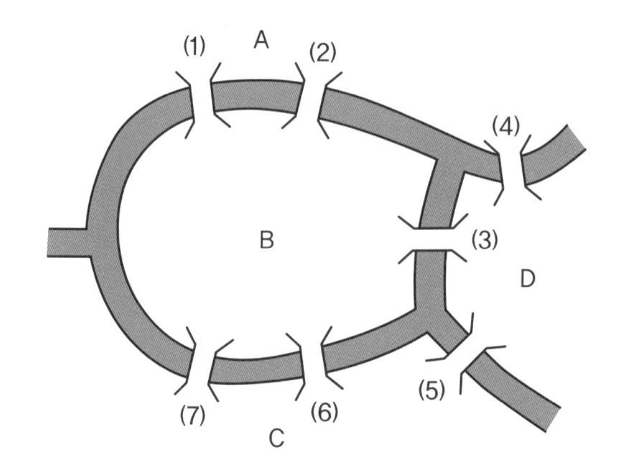

어느 일요일, 한 시민이 도시를 다니다가 문득 다음과 같은 호기심이 생겼습니다. '같은 다리를 두 번 이상 건너지 않고, 일곱 개의 다리를 건너 원래의 자리로 돌아올 수 있을까?' 그는 이 문제를 스위스의 수학자 오일러에게 물었습니다. 오일러는 '건널 수 없다.'라고 결론지었습니다. 그렇다면 오일러가 이렇게 대답한 이유가 무엇인지 써 보시오.

자료구조 개념 Plus

그래프란?

컴퓨터 과학에서의 그래프란, '연결된 정점(node or vertex)과 그 정점을 연결하는 선인 간선(edge)으로 이루어진 자료구조(data structure)'를 말합니다.

정점(vertex)

간선(edge)

그래프의 차수란?

그래프의 차수란 한 정점에 연결된 간선의 수를 말합니다.

- 홀수 점: 차수가 홀수인 정점
- 짝수 점: 차수가 짝수인 정점

그래프의 종류

1. 방향에 따른 분류
   - 단방향 그래프(directed graph): 정점과 정점 사이 방향성이 있는 간선으로 이루어진 그래프를 말합니다.
   - 양방향 그래프(무방향 그래프, undirected graph): 정점과 정점 사이 방향성이 없는 간선으로 이루어진 그래프를 말합니다. 보통 그래프라고 하면, 이 양방향 그래프를 말하는 것입니다.

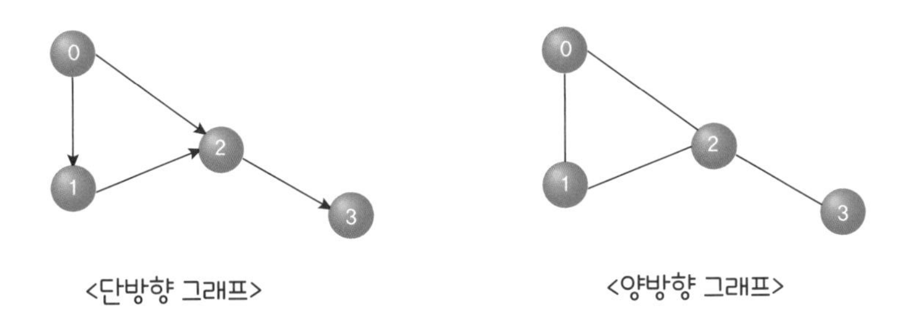

<단방향 그래프> <양방향 그래프>

2. 구조적 특징에 따른 분류
   - 단순 그래프(simple graph): 두 정점 사이에 오직 한 개의 간선만 존재하는 그래프입니다.
   - 다중 그래프(multiple graph): 두 정점 사이에 두 개 이상의 간선이 존재하는 그래프입니다.
   - 의사 그래프(pseudo graph): 다중 간선과 루프(loop)를 허용하는 그래프입니다.
   - 완전 그래프(complete graph): 모든 정점이 연결된 그래프입니다. 두 정점 간에 최소한 한 개, 또는 그 이상의 경로가 반드시 있게 됩니다. 즉, 모든 정점의 쌍 사이에는 간선이 반드시 존재합니다.

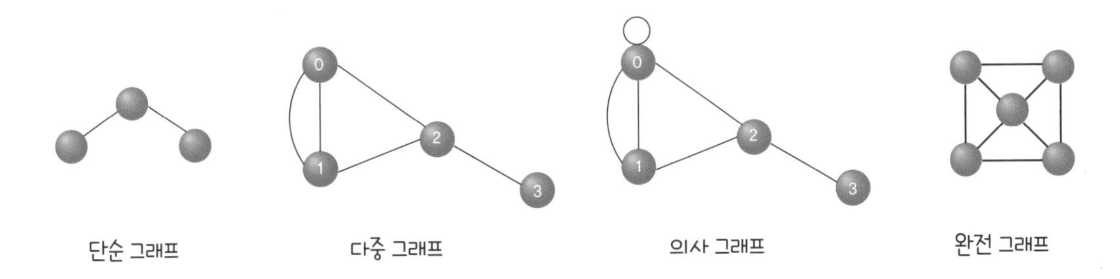

단순 그래프 다중 그래프 의사 그래프 완전 그래프

정렬

표준 문제

오른쪽 그림과 같이 크기가 서로 다른 막대가 섞여 있습니다.

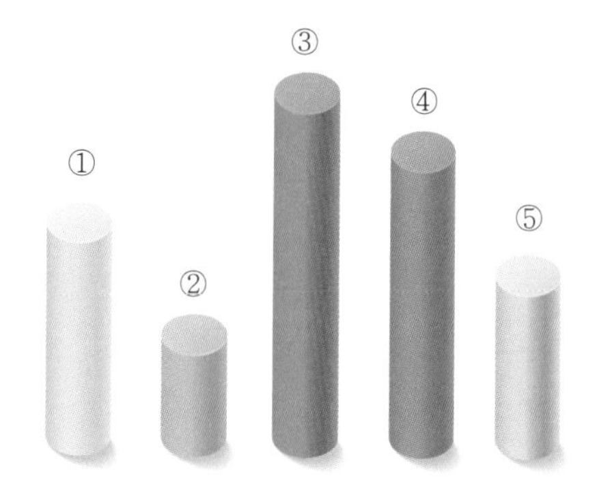

1. 정렬은 무질서한 데이터를 크기에 따라 가지런히 줄 세우는 것입니다. 오른쪽 막대들을 가지런히 줄 세우는 기준은 몇 가지일까요?

2. 키 작은 막대를 앞쪽에 세우고 뒤로 갈수록 키 큰 막대를 세우는 방법을 '오름차순', 그와 반대로 세우는 방법을 '내림차순'이라 합니다.
정렬 규칙에 따라 막대들을 오름차순으로 세워보시오.

3. 오름차순으로 줄 세우는 과정에서 알게 된 규칙성을 설명해 보시오.

연습 문제 (기출)

다음과 같이 〈처음 상태〉의 표에 1부터 7까지의 수가 한 칸에 하나씩 들어 있고 한 칸은 비어 있습니다. 하나의 수를 골라 빈칸으로 옮길 수 있는데 수를 옮겨 〈목표 상태〉와 같이 왼쪽에서부터 순서대로 1, 2, 3, 4, 5, 6, 7이 되게 하려고 합니다. 목표하는 배열로 만들려면 최소한 몇 번 이동해야 하는지 설명하시오.

5	7	1	2	6	3		4

〈처음 상태〉

⬇

1	2	3	4	5	6	7	

〈목표 상태〉

04 해밀턴 경로

표준 문제

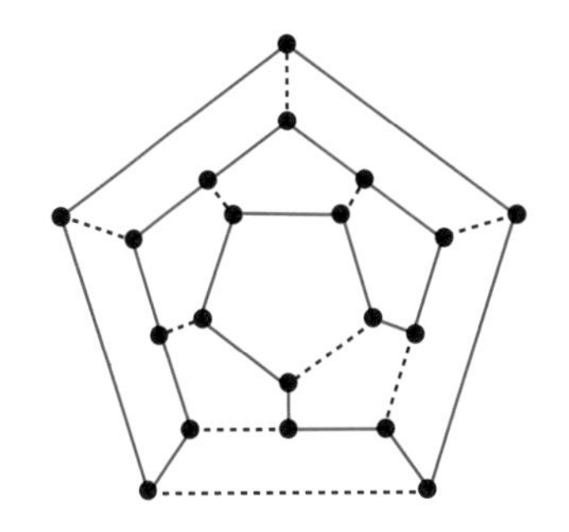

해밀턴 경로란 오른쪽 그림처럼 모든 꼭짓점을 한 번씩 지나는 경로를 말합니다. 또한, 해밀턴 순환(회로)이란 한 꼭짓점에서 시작해서 모든 꼭짓점을 단 한 번씩만 지나 원래 꼭짓점으로 다시 돌아오는 경로를 말하며, 해밀턴 그래프란 해밀턴 순환을 갖는 그래프를 말합니다.
아래 그래프에서 해밀턴 경로를 그려보시오.

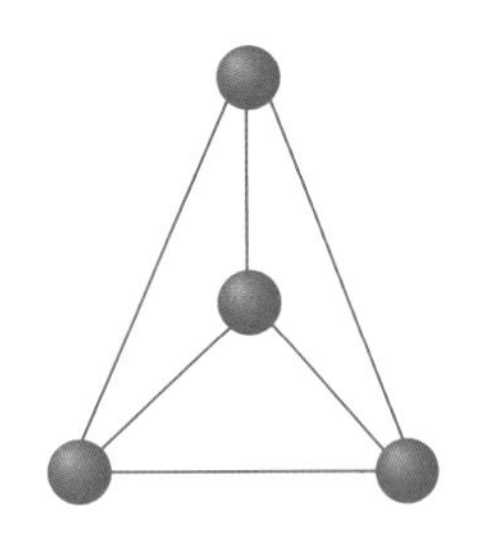

연습 문제

1. 오른쪽 그림과 같이 회사에서 출발해 다섯 군데의 집을 한 번씩 모두 들러 물건을 배달하고 다시 회사로 돌아오는 배달차가 있습니다. 경로 위의 숫자가 그 길을 지나는데 내야 하는 통행료라고 할 때, 가장 적은 비용으로 이동할 수 있는 경로를 찾아보고 그 때의 통행료를 구하시오.

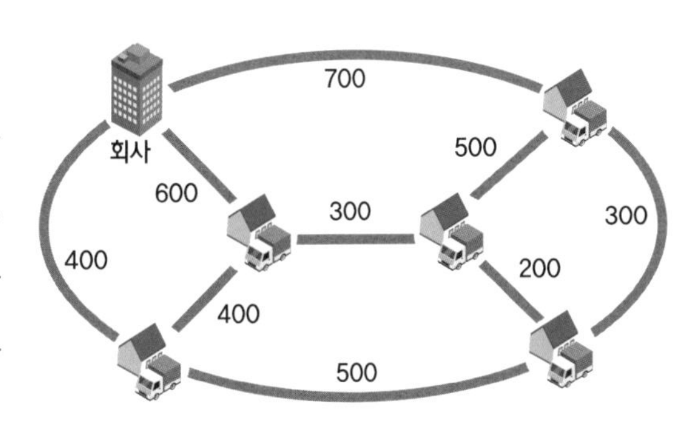

2. 오른쪽 그림은 정사면체에서의 해밀턴 경로를 나타낸 것입니다. 정육면체와 정팔면체의 해밀턴 경로를 그려 보시오.

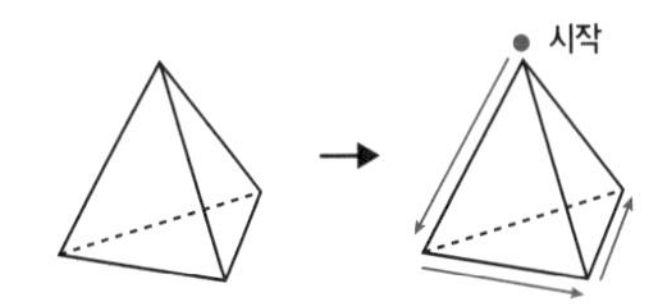

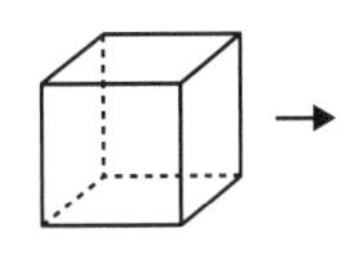

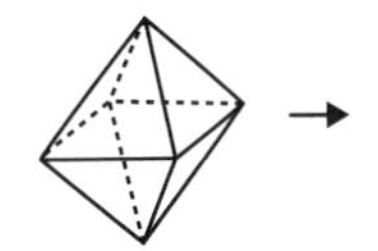

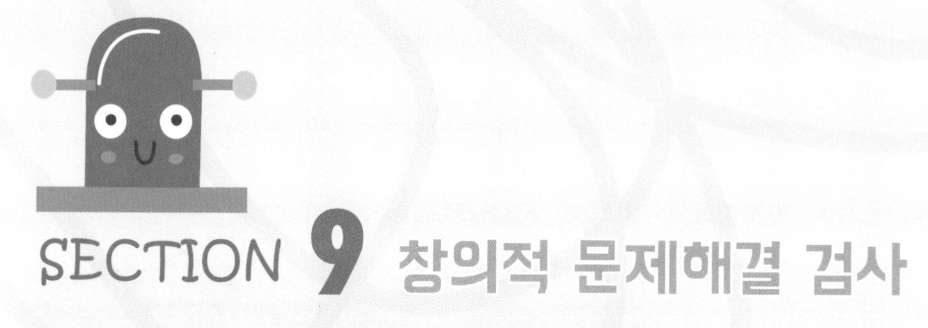

SECTION 9 창의적 문제해결 검사

이산수학 영역

이산수학 영역 길잡이

정보영재란 이산수학적 사고가 뛰어난 학생입니다. 이산(discrete)이란 서로 다르던가 혹은 연결되어 있지 않은 원소들로 구성되었다는 말입니다. 이산적인 내용을 다루는 것을 이산수학 혹은 전산수학이라고 하며, 이산수학은 현재 우리가 다루는 프로그래밍 언어, 소프트웨어 공학, 자료구조 및 데이터베이스, 알고리즘, 컴퓨터 통신, 암호 이론 등의 컴퓨터 응용 분야에 적용되고 있습니다. 즉, 정보과학을 심도 있게 공부하려면 이산수학을 잘할 수 있어야 합니다. 이런 까닭으로 정보영재교육원에서는 이산수학 관련 내용으로 정보영재를 판별하므로 이 책에서는 이산수학에 대해 학습합니다. 아래 표는 이산수학의 영역을 나타낸 것입니다

이산수학 영역	이산수학 세분화	이산수학적 사고 능력
• 선택과 배열 • 그래프 • 알고리즘 • 의사결정과 최적화	선택과 배열 • 순열과 조합 • 포함과 배제(집합) 그래프 • 수형도 • 그래프, 트리 • 여러 가지 회로 알고리즘 • 그래프 활용 • 수와 알고리즘 • 순서도 • 점화 관계 의사결정과 최적화 • 의사결정 과정 • 최적화 알고리즘	• 직관적 통찰 능력 • 수학적 추론 능력 • 정보의 조직화 능력 • 정보의 일반화 및 적용 능력 • 논리적인 문제 해결 능력 • 해결방법의 다양성 추구 능력

01 한붓그리기

표준 문제 (기출)

다음 도형에서 임의의 점에서 출발하여 붓을 떼지 않고, 지나갔던 길을 다시 가지 않는 조건으로 모든 점을 지날 수 있는지 결정하고, 홀수점의 개수, 출발점, 도착점 및 경로를 표시하여 봅시다.

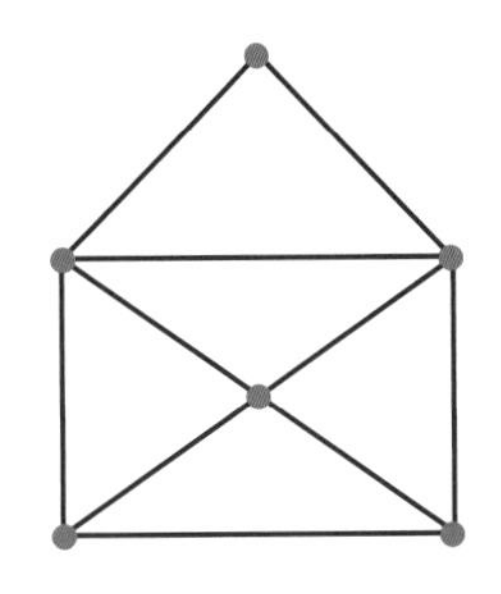

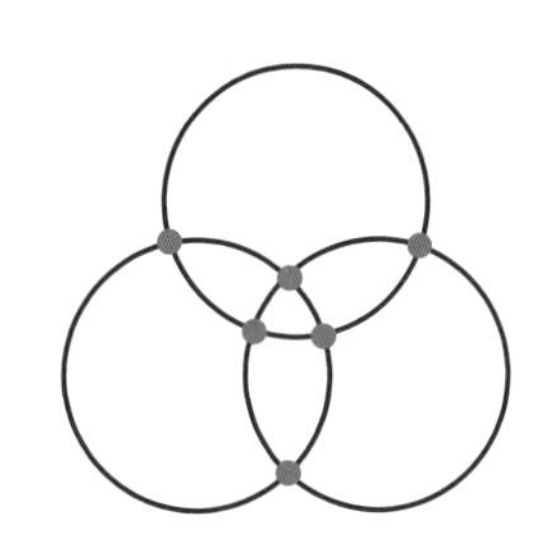

연습 문제 (정보올림피아드 기출)

1. 다음 도형에서 작은 사각형은 모두 가로 길이와 세로 길이가 1인 정사각형입니다. 이 도형의 한 점 A에서 출발하여 선분을 따라 움직이면서, 도형의 모든 선분을 지나 A로 다시 돌아오고자 합니다. 같은 선분을 두 번 이상 지날 수 있다고 할 때 이동거리의 최솟값은 얼마일까요?

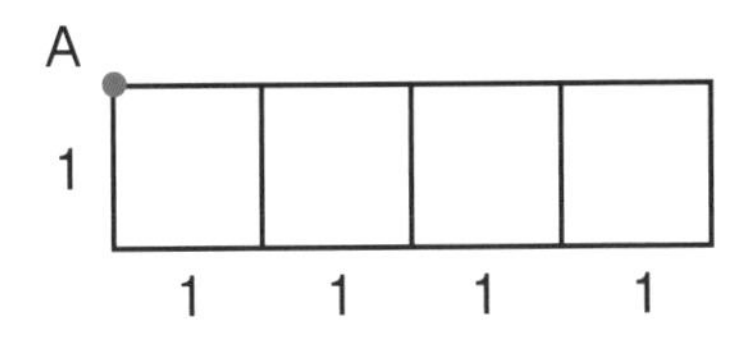

2. 아래 도형은 한붓그리기가 불가능합니다. 즉, 종이에서 연필을 떼지 않고 모든 선분을 한 번씩만 지나도록 그리는 것은 불가능한 도형입니다. 만약 같은 선분을 두 번 이상 지나는 것을 허용하여 연필을 종이에서 떼지 않고 한 번에 그린다면 두 번 이상 그려야 하는 선분의 최소 개수는 몇 개일까요?

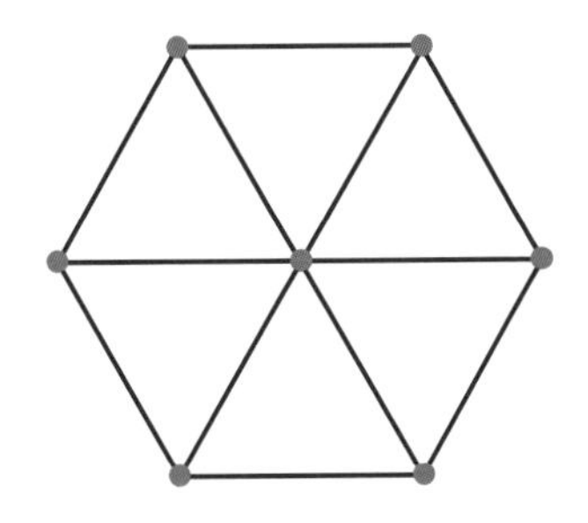

비둘기집의 원리

오른쪽 〈보기〉 그림과 같이 주머니 속에 빨간 구슬 2개, 녹색 구슬 2개, 파란색 구슬 2개, 주황색 구슬 2개 이렇게 4종류의 구슬이 모두 8개 있습니다. 이 주머니 속의 구슬을 한 번에 하나씩 꺼낸다면, 똑같은 종류의 구슬이 반드시 나오려면 적어도 몇 번이나 구슬을 꺼내야 할까요? 반드시 풀이 과정을 써 주세요.

연습 문제

1. 서랍 안에 아빠 양말, 엄마 양말, 동생 양말이 각각 20개씩 있습니다. 서랍 안을 보지 않고 양말을 꺼낼 때, 같은 사람의 양말이 항상 2개가 나오려면 적어도 몇 개의 양말을 꺼내면 될까요?

2. 영희는 생일 선물로 작은 박스를 친구에게 받았습니다. 박스를 열어 보니 7가지 색깔의 구슬이 20개씩 들어 있었습니다. 영희는 눈을 감고 상자에 손을 넣어 같은 색의 구슬 4개를 꺼내려고 합니다. 영희는 최소한 몇 개의 구슬을 꺼내야 할까요?

이산수학 개념 Plus

비둘기집의 원리

N+1마리의 비둘기가 N개의 비둘기집에 들어간다고 할 때 어떤 비둘기집에는 적어도 2마리의 비둘기가 들어가야 한다. 비둘기의 수가 비둘기집 수의 N배보다 많으면 어떤 비둘기집에는 적어도 N+1마리의 비둘기가 들어간다. → 비둘기의 수보다 비둘기집의 수가 적을 때 비둘기를 어떻게 비둘기집에 넣는가 하는 문제에서 출발

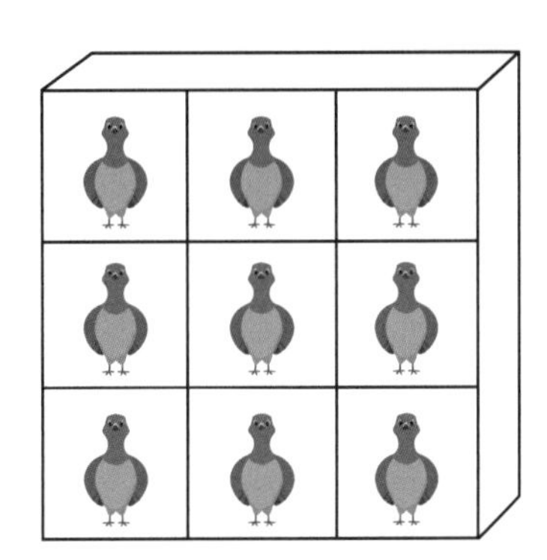

4마리의 비둘기가 3개의 비둘기집에 들어간다고 할 때 적어도 하나의 비둘기집에는 2마리의 비둘기가 들어간다.

10마리의 비둘기가 3개의 비둘기집에 들어간다고 할 때, 하나의 비둘기집에는 적어도 4마리의 비둘기가 들어간다.

이산수학 영역

03 규칙적 배열

(기출)

〈보기〉의 숫자와 도형으로 볼 때, A, B에 각각 들어갈 숫자를 쓰시오.

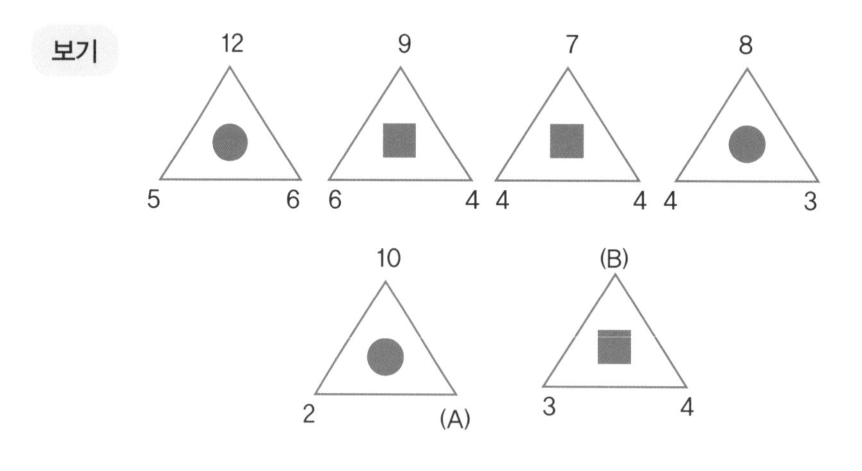

A:

B:

(기출)

아래 표안의 숫자들은 일정한 규칙에 의해 배열되어 있습니다. 규칙을 3가지 이상 찾아 설명해 보세요.

1	1	1	1	1
1	2	3	4	5
1	3	6	10	15
1	4	10	20	35
1	5	15	35	70

색칠하기

다음 그림의 동그라미를 색칠하려고 합니다. 단, 선으로 연결된 동그라미들은 같은 색으로 색칠해서는 안 됩니다. 그림안에 있는 동그라미를 색칠하려면 최소한 몇 가지 색이 필요할까요?

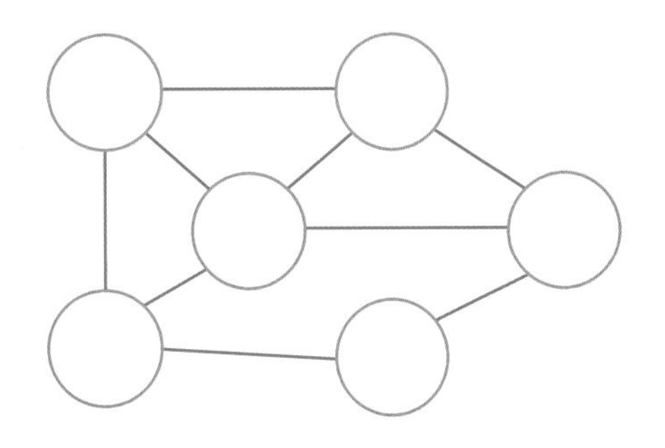

오른쪽 그림을 인접한 영역이 서로 다른 색이 되게 색칠하려고 합니다. 이 도형을 색칠하려면 최소한 몇 가지 색이 필요할까요?

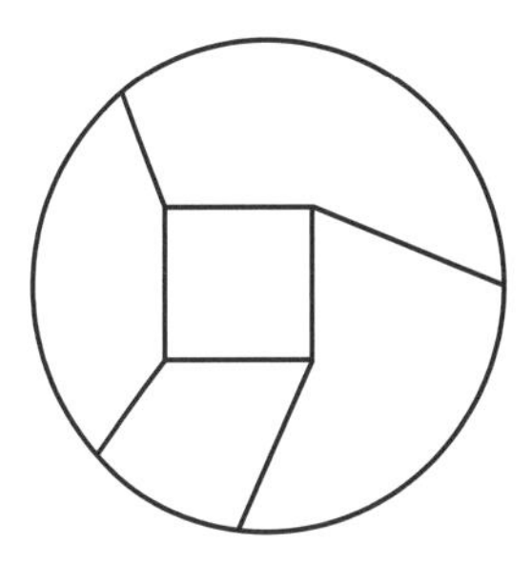

이산수학 영역

05 함수 규칙

(기출)

동전을 1개 넣으면 사탕이 1개 나오고, 동전을 2개 넣으면 사탕이 3개, 동전을 3개를 넣으면 사탕이 7개 나오는 기계가 있습니다.

1. 다음은 넣은 동전의 수와 나온 사탕의 수를 표로 정리한 것입니다. 빈칸에 알맞은 수를 써넣고, 어떤 규칙인지 설명해 보시오.

넣은 동전의 수	1	2	3	4	5	6
나온 사탕의 수	1	3	7			

2. 또 다른 규칙을 찾아 표를 완성하고, 설명해 보시오.

넣은 동전의 수	1	2	3	4	5	6
나온 사탕의 수	1	3	7			

그림과 같이 특정한 연산을 나타내는 연산기호와 어떤 값을 입력하면 연산규칙에 따라 출력하는 기능 상자가 있습니다.

오른쪽 그림과 같이 두 개의 값이 입력되면 기능 상자 안과 같은 연산을 한 후 출력한다고 했을 때, 출력값을 구해보시오. x=2, y=3으로 놓고 계산하세요.

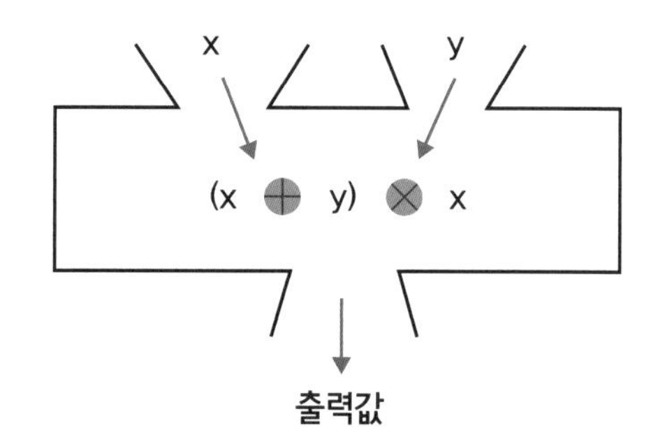

ON, OFF

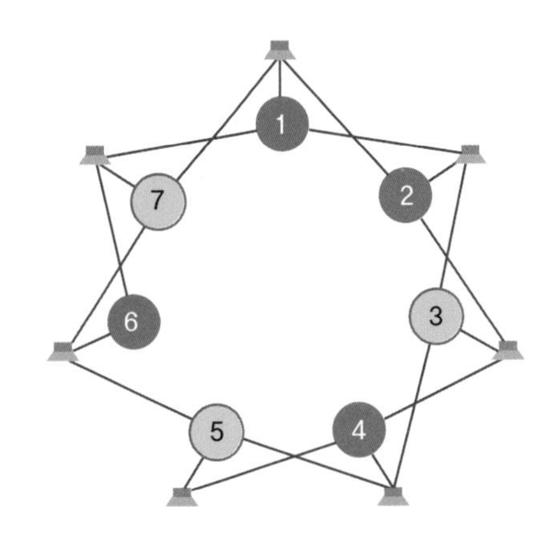

오른쪽 그림처럼 전구와 스위치들이 연결된 네트워크가 있습니다. 어떤 스위치를 누르면, 그 스위치에 연결된 전구는 켜지고, 켜져 있던 전구는 꺼집니다.

스위치들을 눌러 모든 전구의 불을 켜보려고 합니다. 스위치들을 누를 때마다 전구들의 상태가 바뀌게 되고, 모든 전구가 켜지지 않은 때는 경고 메시지가 출력됩니다. 스위치를 누르는 순서를 적어보세요.(초기 상태: 1, 2, 4, 7번 스위치는 꺼져있고 3, 5, 7번 스위치는 켜져 있어요)

오른쪽 그림의 화살표 모양은 컴퓨터를 이용해 구현한 것입니다. 컴퓨터는 픽셀 방식으로 그림을 저장하며 픽셀은 그림을 여러 개의 칸으로 나눈 후 각각의 칸을 0과 1로 쪼개어 나타냅니다(검은색은 1, 흰색은 0).

오른쪽 화살표의 픽셀을 위에서부터 아래로 0과 1 숫자를 이용해 나타내면 다음과 같습니다.

0100　　0010　　1111　　0010　　0100

아래 빈칸에 왼쪽 화살표를 검은색으로 표시하고, 픽셀 단위를 위의 예와 같이 0과 1로 표시해 보시오.

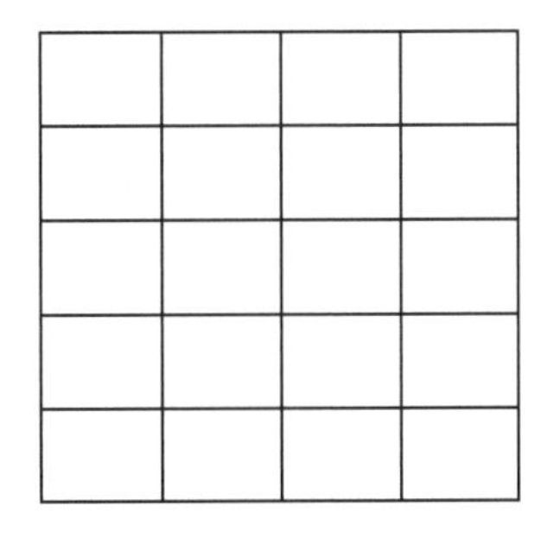

이진법 체계

작은 도시에 10,000명이 살고 있습니다. 2020년 12월 1일에 코로나 확진자가 1명이 발생했고, 이후 하루가 지나 그 다음날이 되면 1명의 확진자는 반드시 2명에게 바이러스를 감염시킨다고 합니다. 일단 바이러스를 한 번 퍼뜨린 사람은 자가격리가 이루어져 바이러스를 더는 퍼뜨리지 못합니다.

바이러스가 확산해서 10,000명의 시민이 모두 감염되는 날짜는 몇 월 며칠일까요? (단, 감염된 후 자가격리를 통해 치료받은 사람도 감염된 숫자에 포함시킵니다. 이미 감염된 사람은 더 이상 감염이 되지 않는다고 가정합니다.)

아래 5개로 이루어진 칸은 일정한 규칙에 따라 오른쪽부터 색이 칠해지고 있습니다. 마지막에는 어떤 색이 칠해질까요?

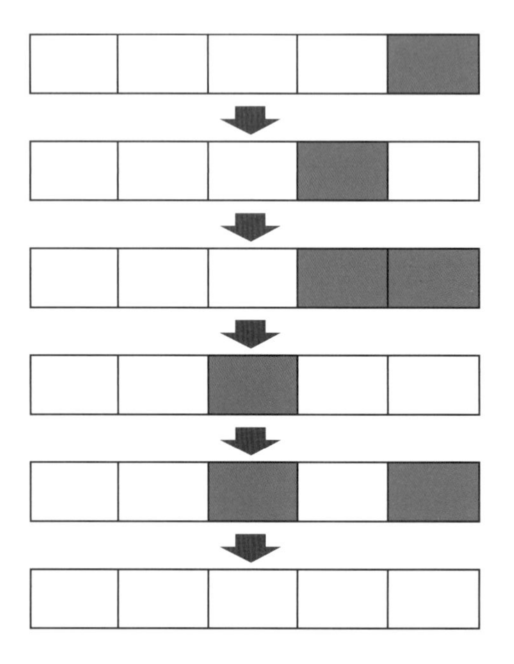

08 격자에서 정사각형의 개수 구하기

표준 문제

아래 도형에서 하나의 격자는 정사각형입니다. 크기가 서로 다른 정사각형의 개수를 모두 구하시오.

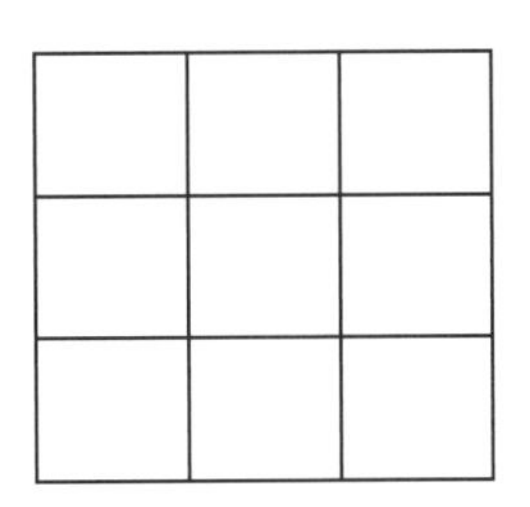

연습 문제 (정보올림피아드 기출)

25개의 점이 아래 그림과 같이 놓여 있습니다. 점선으로 이은 두 점 사이의 거리가 모두 같다고 할 때, 서로 다른 네 개의 점으로 만들 수 있는 정사각형의 개수는 모두 몇 개일까요? 단, 대각선으로 만드는 정사각형은 생각하지 않습니다.

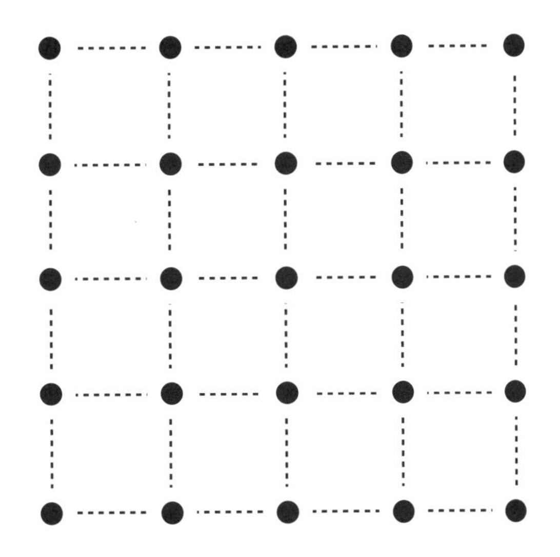

이산수학 영역

09 리그와 토너먼트

(기출)

운동경기에서 경기를 진행하는 방식 중 토너먼트는 2팀씩 서로 경기를 하여, 이긴 팀이 상위 단계로 올라가는 방식입니다. 〈보기〉는 4개 반일 때의 토너먼트 예입니다.

보기

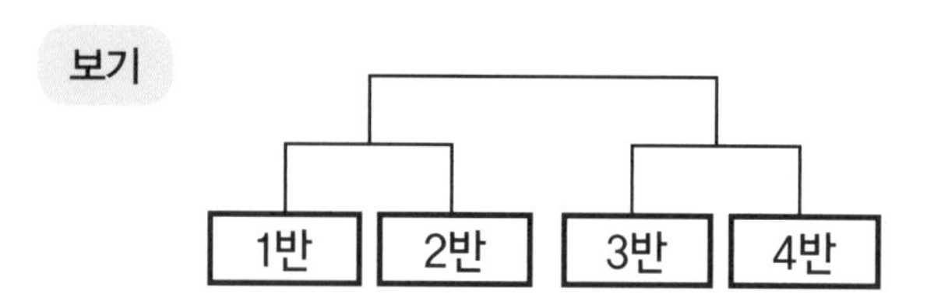

※ 우승팀을 결정하기 위해서는 모두 3번의 경기를 해야하고, 순위(1~4등)를 매기기 위해서는 총 4번의 경기가 필요합니다.

철수네 초등학교 5학년 8개 반이 토너먼트 방식으로 축구 경기를 하여 우승팀을 정하려고 합니다. 우승팀을 결정하려면 모두 몇 번의 경기를 해야 하는지 쓰시오.(순위를 정하기 위해 진 팀끼리도 경기를 해서 모든 팀의 순위가 나와야 합니다.)

연습 문제

운동경기에서 경기를 진행하는 방식 중 리그방식은 모든 팀이 서로 경기를 해서 순위를 정하는 방식입니다.

아래 〈보기〉는 철수네 4개 반이 서로 경기를 하는 모든 경우의 수를 연결한 것으로, 리그방식일 경우 총 6번 경기를 하면 순위를 매길 수 있습니다. 철수네 학교 5학년 8개 반이 리그방식으로 축구 경기를 한다면 몇 번의 경기를 진행해야 할지 구해 보시오.

보기

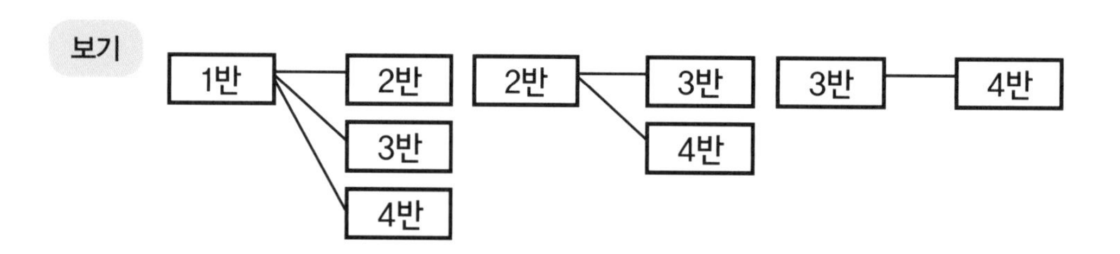

MEMO

컴퓨팅 사고력 영역

컴퓨팅 사고력 영역 길잡이

컴퓨팅 사고력(Computational Thinking)은 컴퓨터가 문제를 해결하는 방식처럼 복잡한 문제를 단순화하고 이를 논리적, 효율적으로 해결하는 능력을 말합니다. 컴퓨팅 사고력을 기르면 우리가 실생활에서 겪는 여러 문제를 컴퓨터가 일을 처리하는 것처럼 논리적으로 해결할 수 있습니다.

미국 컴퓨터 교사협의회는 컴퓨팅 사고력을 9가지 요소로 분류했습니다.

■ 컴퓨팅 사고력의 구성요소

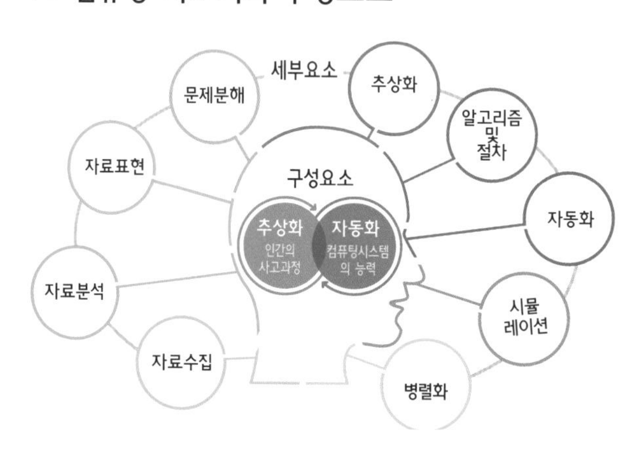

컴퓨팅 사고의 9가지 요소

컴퓨팅 사고의 9가지 요소는 자료수집, 자료 분석, 자료표현, 문제 분해, 추상화, 자동화, 알고리즘과 절차화, 시뮬레이션, 병렬화입니다. 각 요소에 대한 간단한 설명은 다음과 같습니다.

1. **자료 수집:** 알맞은 자료를 모으는 과정
2. **자료 분석:** 자료 이해, 패턴 찾기, 결론 도출
3. **자료 표현:** 적절한 그래프, 차트, 글, 그림 등으로 자료를 정리하고 표현하기
4. **문제 분해:** 문제를 관리 가능한 수준의 작은 문제로 나누기
5. **추상화:** 문제해결을 위한 핵심 요소를 파악하고 문제해결의 복잡도를 줄이기 위해 간단하게 만드는 과정
6. **알고리즘과 절차화:** 문제를 해결하거나 어떤 목표를 달성하기 위해 수행되는 일련의 단계
7. **자동화:** 컴퓨터나 기계를 통해 반복적이거나 지루한 작업 수행
8. **시뮬레이션:** 절차의 표현 또는 모델, 시뮬레이션은 모델을 사용한 실험 수행을 포함함
9. **병렬화:** 목표를 달성하기 위해 작업을 동시에 수행하도록 자원 구성

미로 찾기

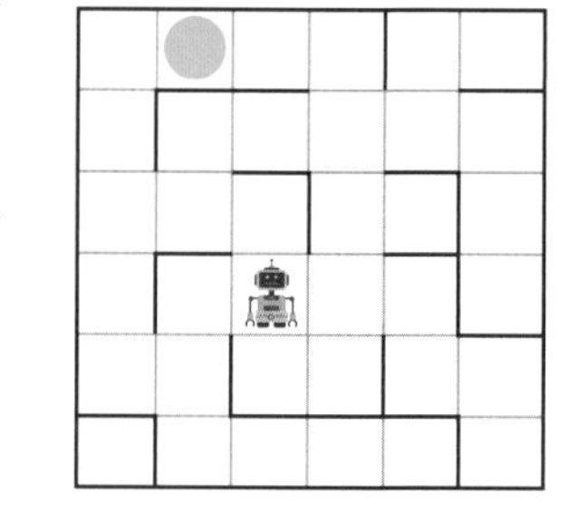

2030년, 우주 비행사들은 태양계 가장 멀리에서 작은 분홍빛 왜소행성 '고블린'을 발견했습니다. 착륙한 곳에서 알 수 없는 에메랄드가 놓인 미로를 발견했습니다. 비행사들은 에메랄드를 직접 가서 확인하는 것은 위험하다고 판단했고 미로를 찾는 로봇을 떨어뜨려 이를 통해 관찰하려 했습니다.
불행하게도, 로봇을 떨어뜨리는 과정에서 크게 부딪쳐 명령어를 전달하는 부품이 고장 났습니다.

로봇은 움직일 수 있는 네 가지 방향에 대한 신호를 보냈습니다. 잘 들리지 않아 명확하게 알아들을 수는 없었지만, 다행히 서로 다른 네 가지의 단어를 사용했습니다. 동서남북의 방향을 의미하는 것임이 틀림없었습니다. 로봇에 명령하면 근접한 사각형을 향해 방향을 바꿔가며 움직일 것입니다.
비행사들이 어떤 명령을 보내야 로봇이 에메랄드에 가까이 도달할 수 있을까요?

① Lit' Lit' ppp Ha'
② Lit' ppp ppp Lit' sse Lit'
③ Lit' ppp sse verlg Lit' ppp
④ Ha' ppp ppp Ha' Ha' sse

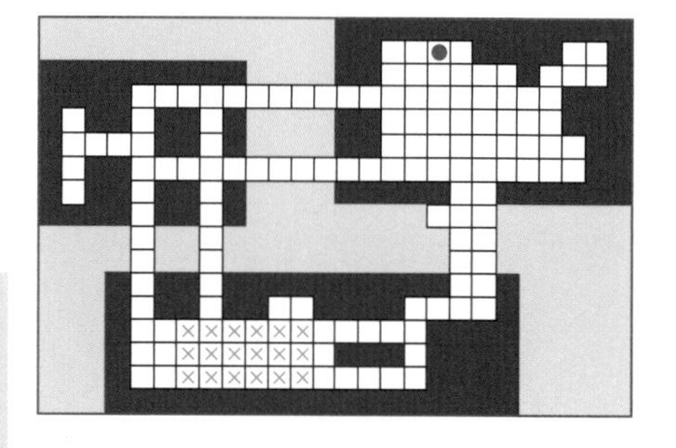

두 개의 섬에 사각형 모양으로 생긴 도로가 깔려있습니다. 이 섬들은 또한 사각형 모양으로 생긴 다리로 서로 연결되어 있습니다. 민수의 위치와 움직일 수 있는 방법은 다음과 같습니다.

1. 민수는 한 사각형에서 다른 사각형으로 움직이는 데 시간이 3분 걸린다.
2. 민수는 대각선 방향으로는 움직일 수 없고, 항상 직선으로 움직일 수 있다.
3. 민수는 초록색 엑스가 그려진 곳 어딘가에 있다.

민수는 최대한 빨리 집에 가고 싶습니다. 그의 집은 위 지도에서 빨간색 동그라미로 나타냈습니다.
집까지 가는 데 시간이 얼마나 걸릴까요?

① 48분
② 78분
③ 최소 60분에서 최대 72분
④ 최소 66분에서 최대 78분

나무 배열 패턴

n−나무는 특별한 방법으로 만들어지며, 발자국이 움직이는 모습으로 자랍니다.

n-1 나무	모양	n-나무를 만드는 방법
1-나무		앞으로 나아가 발자국을 하나 찍습니다.
2-나무		앞으로 나아가 발자국을 두 개 찍습니다. 왼쪽으로 돌아 1-나무를 만듭니다. 오른쪽으로 돌아 1-나무를 만듭니다.
3-나무		앞으로 나아가 발자국을 세 개 찍습니다. 왼쪽으로 돌아 2-나무를 만듭니다. 오른쪽으로 돌아 2-나무를 만듭니다.

비슷한 방법으로 4−나무도 만들 수 있습니다. 다음 중 4−나무는 어떤 모양일까요?

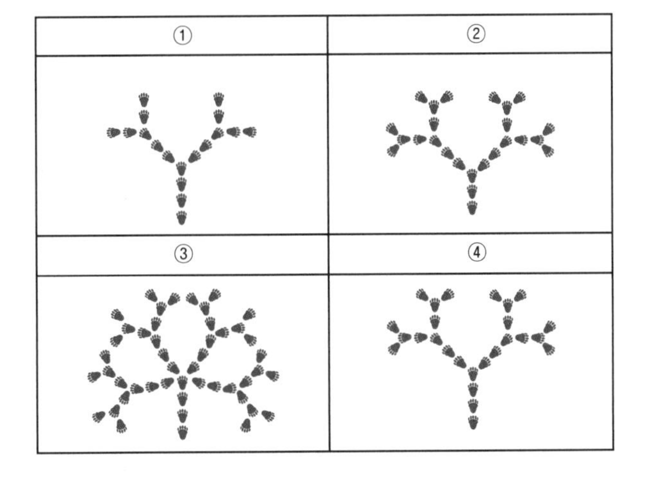

그리고 5−나무는 총 몇 개의 발자국으로 이루어져 있을까요?

정보영재교육원에 다니는 규철이는 연필 여러 개로 재미있는 패턴 놀이를 하고 있습니다. 먼저 연필 3개로 단순한 패턴 하나를 만듭니다. 그런 다음 똑같은 패턴 3개를 연달아 이어서 붙여 줍니다. 오른쪽 그림은 패턴을 만드는 3가지 예시입니다.

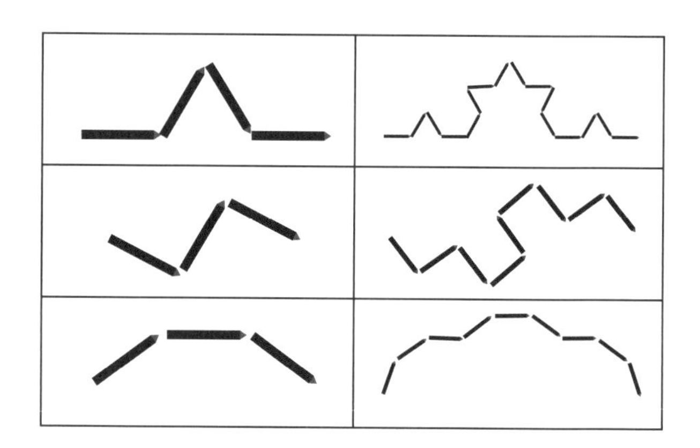

규철이가 아래의 패턴을 만들었다면, 첫단계에서 만든 단순한 패턴은 무엇이었을까요?

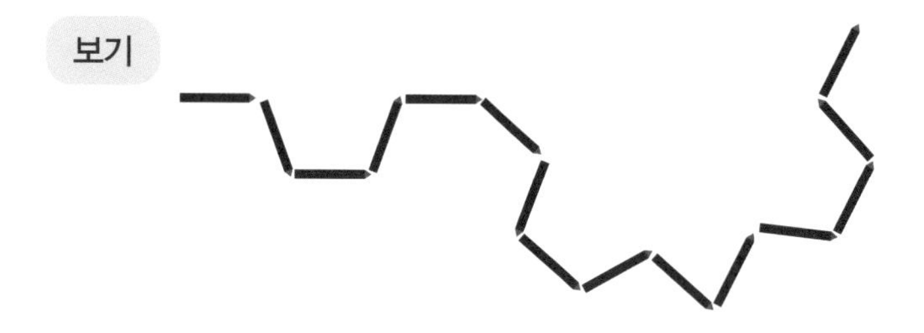

①	②
③	④

네트워크

표준 문제

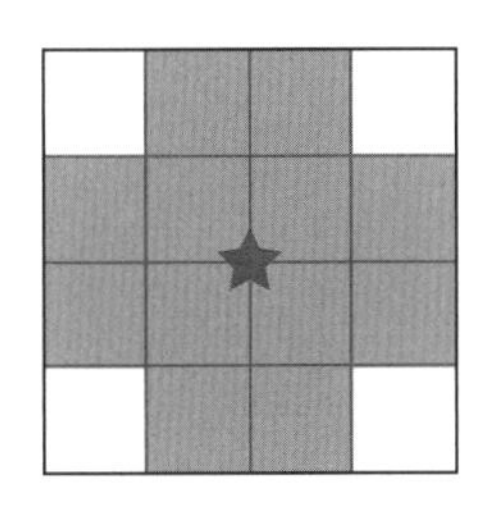

한 마을에 여러 개의 네트워크 타워로 구성된 무선 네트워크가 구축되어 있고 이것이 모든 마을 주민에게 5G를 제공해 줍니다.

네트워크 타워는 오른쪽 그림과 같이 일정 범위까지만 작용합니다. 오른쪽 그림의 빨간색 별은 네트워크 타워를 의미하고, 타워를 둘러싼 12개의 색칠된 사각형 범위에 있는 집에서만 5G 신호를 연결할 수 있습니다.

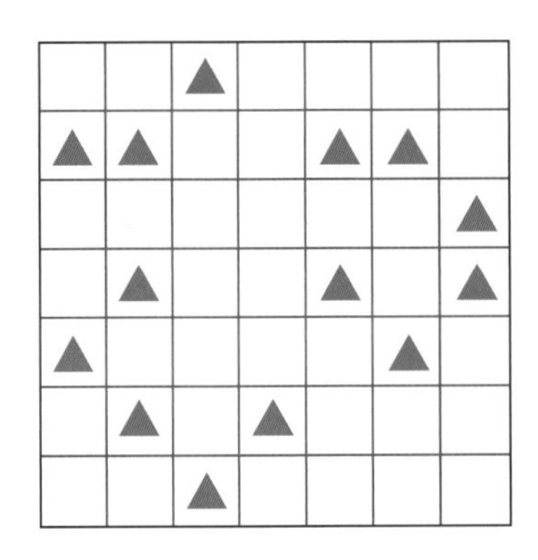

왼쪽 그림은 마을의 지도를 사각형으로 나눠 나타낸 것이고 삼각형들은 집을 나타냅니다.

네트워크 타워는 사각형 내부에 설치될 수 없고, 오직 사각형의 꼭짓점에만 설치될 수 있습니다. 서로 다른 네트워크 타워에서 발생하는 5G 신호는 서로 겹칠 수 있습니다. 마을의 모든 집에 5G 신호를 공급해 주려면 최소한 몇 개의 네트워크 타워가 필요할까요?

연습 문제

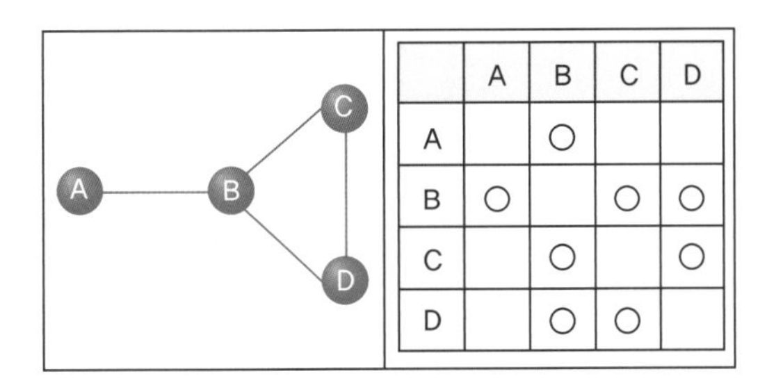

	A	B	C	D
A		O		
B	O		O	O
C		O		O
D		O	O	

옆의 그림은 침팬지 A, B, C, D의 친구 관계를 보여줍니다. 왼쪽 그래프에서 A는 오직 B와 친구입니다. 만약 A와 C가 친구가 되고 싶다면, B의 소개를 받아야 합니다. 이를 도표로 나타낸 것이 그림 오른쪽 표이고 서로 친구일 때만 교차점에서 O 표시가 되어 있습니다.

오른쪽 표는 침팬지 A, B, C, D, E, F, G 7마리의 친구 관계를 보여줍니다. 이 경우, A가 G와 친구가 되기 위해서는 최소한 몇 번 소개를 받아야 할까요?

① 1　② 2　③ 3　④ 4

	A	B	C	D	E	F	G
A		O	O				
B	O			O			
C				O			
D		O	O		O		
E				O		O	O
F					O		
G					O		

좌표 패턴

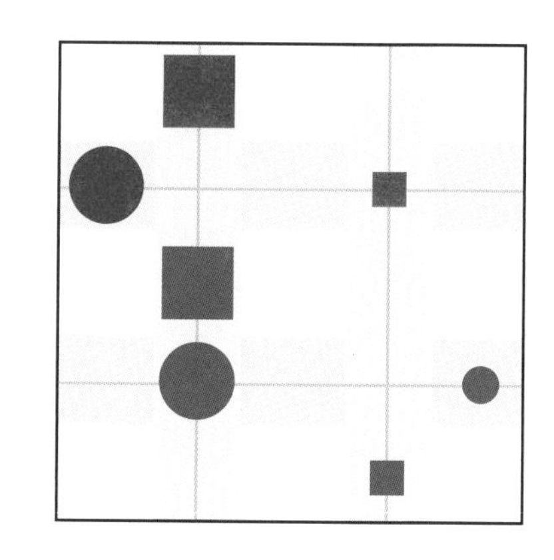

철수와 영희는 교실에 새로 설치한 자석 칠판을 이용하여 '진실 혹은 거짓' 게임을 하고 있습니다.

영희는 칠판 위에 붙어있는 7개의 서로 다른 자석을 발견했습니다. 그녀는 각각 자석들의 모양, 색깔, 크기와 위치에 관한 4가지 문장을 만들었습니다. 오직 1개의 문장만 참이므로 철수는 그 문장이 무엇인지 밝혀내야 합니다. 어떤 문장이 참일까요?

① A는 파란색이고 B는 빨간색이라면, A는 B보다 상대적으로 위에 붙어있습니다.

② A가 사각형이고 B가 원이라면, A는 B보다 상대적으로 아래에 붙어있습니다.

③ A가 빨간색이고 B가 파란색이라면, A는 B보다 큽니다.

④ A가 크고 B가 작다면, A는 B의 왼쪽에 붙어있습니다.

(심화)

델루나 호텔은 방문을 열기 위한 새로운 열쇠 체계를 구축했습니다. 모든 손님은 9×9 모양의 작은 동그라미들이 그려진 사각형 플라스틱 카드를 받습니다. 각각의 동그라미는 구멍이 뚫려있을 수도, 구멍이 뚫려있지 않을 수도 있습니다.

오른쪽 그림은 호텔 방 열쇠의 한 가지 예시입니다. 각각의 호텔 방문에는 열쇠를 읽어 구멍이 뚫린 패턴을 확인하는 기계가 부착되어 있습니다. 열쇠가 정확히 정사각형 모양이기 때문에, 열쇠의 앞면과 뒷면은 동그라미가 뚫린 패턴의 모양이 정확히 같아야 합니다.

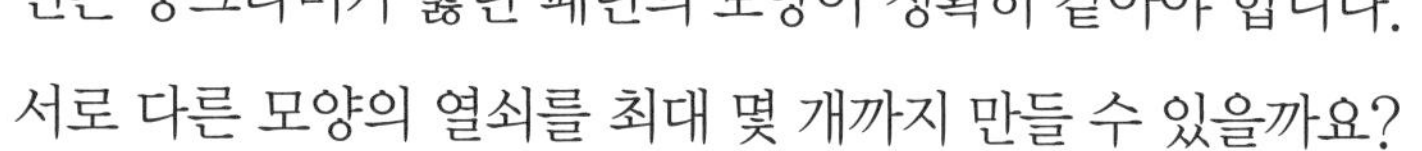
서로 다른 모양의 열쇠를 최대 몇 개까지 만들 수 있을까요?

① 64　　② 128

③ 4096　　④ 32768

SECTION 11 창의적 문제해결 검사

알고리즘 영역

알고리즘 영역 길잡이

알고리즘(algorithm)은 주어진 문제를 논리적으로 해결하는 데 필요한 방법이나 절차 또는 명령어들을 모아놓은 것입니다. 어떤 문제를 컴퓨터를 이용하거나 수학적인 방법 등으로 논리적으로 해결하기 위해 일정한 절차나 명령문을 구성했다면, 그것을 알고리즘이라고 합니다. 순서도를 통해 프로그램을 구성하는 것도 일종의 알고리즘이라고 할 수 있습니다.

프로그램을 만드는 과정에서 알고리즘을 짜는 것은 '계획' 단계에 해당합니다. 알고리즘은 프로그램이 어떻게 동작할지를 결정해주며, 이것이 완성된 후 코딩(프로그램 짜기)을 해주면 하나의 소프트웨어가 완성된다고 할 수 있습니다.

알고리즘을 표현하는 방법

- 순서도를 통한 방법
- 의사 코드를 이용한 방법
- 프로그래밍을 통한 방법

■ 의사 코드

의사코드 (슈도코드, Pseudo Code)는 프로그램을 작성할 때 각 모듈이 작동하는 논리를 표현하기 위한 언어이다. 특정 프로그래밍 언어의 문법에 따라 쓰인 것이 아니라, 일반적인 언어로 코드를 흉내 내어 알고리즘을 써놓은 코드를 말한다.

순서도

철수는 공부방의 전기스탠드 전등이 켜지지 않아서 해결법을 찾고 있습니다. 철수는 마침 얼마 전 배운 '순서도'를 이용해 전구가 작동하지 않는 원인과 문제 해결법을 작성해 보려고 합니다.

오른쪽 순서도의 빈칸에 들어갈 알맞은 것을 고르세요.

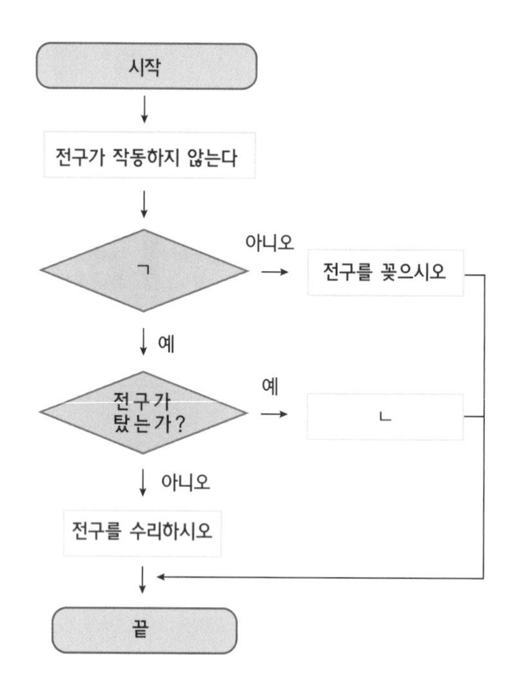

	ㄱ	ㄴ
①	전구를 수리했는가?	전구를 수리하시오.
②	전구를 끼웠는가?	전구를 교체하시오.
③	전구를 교체했는가?	전구를 수리하시오.
④	전구가 고장 났는가?	전구를 교체하시오.

1. 철수는 집에서 학교에 갈 때 신호등이 있는 도로를 건너야 합니다. 집에서 출발해 신호등이 있는 도로를 거쳐 학교까지 갈 때의 과정을 순서도로 표현해 보세요.

2. 코로나바이러스 때문에 학교에 가게 되면 2가지 검사 후 교실로 들어갈 수 있습니다.

검사 1: 마스크를 착용했는가?

검사 2: 체온이 37도 이하인가?

이 2가지 조건을 만족할 때만 출입할 수 있다고 할 때, 방역 검사 후 출입하는 과정을 순서도로 표현해 보세요.

3. 최소한의 시간에 방 안을 깨끗이 청소하도록 로봇 청소기를 일정한 경로로 움직이게 하려고 합니다.

❶ 어떤 경로로 움직이게 하면 좋을지 구체적으로 설명해 보시오. (기출)

❷ 로봇이 청소하는 알고리즘(장애물 회피 및 쓰레기처리)을 순서도로 표현해 보시오. (기출)

❸ 아래쪽으로 향하는 계단이 나타났을 때 처리할 수 있는 로봇 청소기의 기능과 동작 알고리즘을 구성해 보시오.

※. 아래쪽으로 향하는 계단: 로봇청소기가 전진하면 바닥센서가 낭떠러지로 인식

4. 한 로봇과학자가 초고속 비전 센서를 활용해 가위바위보 게임 로봇을 개발했습니다. 이 로봇은 거의 실시간으로 상대방의 손동작을 파악할 수 있습니다.

가위바위보 게임에서 로봇이 항상 이기기 위한 알고리즘을 순서도로 표현해 보시오.

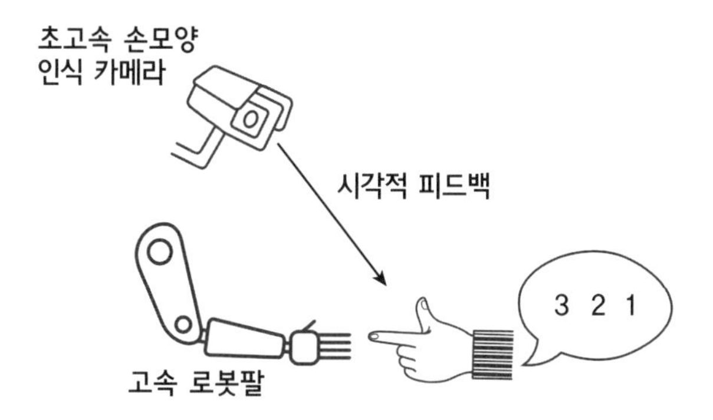

용어해설

피드백(Feedback): 입력과 출력을 갖춘 시스템에서 출력에 의하여 입력을 변화시키는 일

5. 집에서 나오는 쓰레기를 일일이 분리해 수거하는 것은 힘이 듭니다. 쓰레기 자동 분리 수거장치를 만들려고 할 때, 이 장치의 알고리즘을 그려 보시오.

쓰레기 종류: 캔, 종이, 병, 플라스틱

순서도 개념 

알고리즘을 표현하는 '순서도(Flowchart)'

1. 순서도란?

'순서도(Flowchart)'란 문제를 해결하는데 필요한 논리적인 단계를 그림(기호와 도형)으로 나타낸 것입니다. 즉 명령문들의 연관 관계를 시각적으로 표현한 것입니다.

예를 들어 '전구가 작동하지 않을 때'의 상황을 해결하는 경우, 다양한 경우의 수를 순서도를 통해 일목요연하게 처리함으로써 문제해결의 시각화 과정을 통해 일의 처리를 손쉽게 알아볼 수 있습니다.

2. 순서도 기호

순서도에서 사용하는 주요 기호를 알아봅시다. 순서도는 시작과 끝을 알리는 기호, 입력과 출력을 처리하는 기호, 그리고 기호들끼리의 연결을 나타내는 흐름선인 화살표 등이 있습니다.

타원은 시작과 끝을 의미하고, 마름모 모양은 조건 기호로 그 조건이 맞는지를 확인하는 역할을 합니다.

구분	기호	의미
단말		순서도의 시작과 끝을 표시한다.
준비		기억장소, 초기값 등을 나타낸다.
입출력		자료의 입출력을 나타낸다.
비교 · 판단		조건을 비교 · 판단하여 흐름을 분기한다.
처리		자료의 연산, 이동 등 처리 내용을 나타낸다.
출력		각종 문서 및 서류를 출력한다.
흐름선		처리의 흐름을 나타낸다.
연결자		다음에 처리할 순서가 있는 곳으로 연결한다.

3. 순서도를 통한 알고리즘 표현

순차문(sequence): 위에서부터 아래로 순차적으로 실행되는 명령문.

조건문(selection): 여러개의 실행 경로 가운데 하나를 선택하는 명령문.

반복문(iteration): 조건이 유지되는 동안 정해진 횟수만큼 처리를 반복하는 명령문.

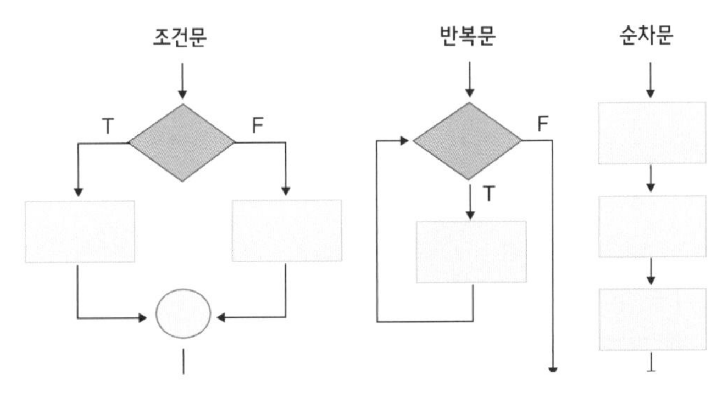

알고리즘은 순차문, 조건문, 반복문 중 하나이며 순차문+조건문, 조건문+반복문, 순차문+조건문+반복문 등으로 서로 다른 구문을 서로 혼합해서 표현할 수 있습니다.

알고리즘 영역

02 최단 경로(격자 형태)

(기출)

오른쪽 그림에서 로봇이 해당 지역을 모두 통과하는 데 최소 몇 번의 명령을 입력해야 하는지 쓰시오.

〈명령〉	〈해당지역〉
오른쪽 회전 왼쪽 회전 앞으로 전진	

로봇					

(기출)

1. 〈보기〉와 같이 만들어진 길의 시작점에 로봇이 서 있습니다. 로봇이 S 지점에서 출발하여 반대쪽 꼭짓점에 도착한다고 할 때, 15초가 걸리는 경로를 6개 그려 보시오. 단, 로봇이 움직이는 데는 한 칸에 1초가 걸리며, 방향을 바꿀 때도 1초가 걸립니다.

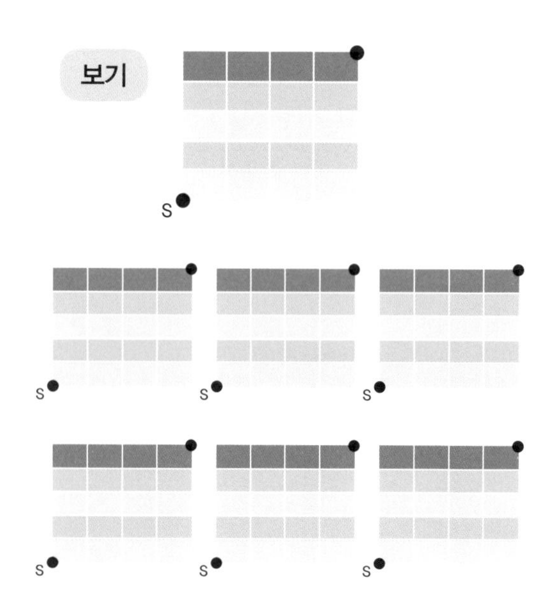

2. 아래 격자 모양의 길에서 A에서 B까지 갈 수 있는 최단 경로의 가지수는?

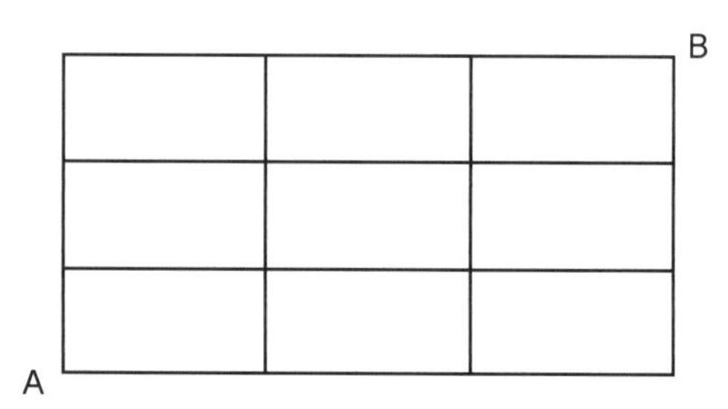

03 그래프 알고리즘

(기출)

가족여행으로 5개의 도시(A, B, C, D, E)를 모두 여행해 보려고 합니다. 각 도시 사이를 이동하는 시간은 다음 표와 같습니다.

	A 도시	B 도시	C 도시	D 도시	E 도시
A 도시		17	33	22	25
B 도시	17		56	15	30
C 도시	33	56		56	37
D 도시	22	15	56		37
E 도시	25	30	37	37	

1. 도시 사이에 걸리는 시간을 도시와 도시를 잇는 변위에 숫자로 표기해 보시오.

A 25 E

B C

D

2. 위의 표와 그림을 바탕으로 아래의 조건에 맞는 여행경로를 정해 보시오.

1. 여행 경로는 최단 시간으로 만들어야 한다.
2. 각 도시는 한 번씩만 방문해야 한다.
3. 도시 사이에 거리는 상관하지 않으며, 오직 걸리는 시간만 생각해야 한다.

여행경로: (　　　) – (　　　) – (　　　) – (　　　) – (　　　)

걸리는 시간: (　　　)분

연습 문제

1. 다음 그림에서 집에서 학교까지 가는 방법 중 시간이 가장 적게 걸리도록 하려면 어느 지점을 거쳐 가야 하는지 경로를 모두 쓰시오. 단, 지나쳐 가는 각 지점의 개수는 관계치 않으며, 각 구간에 적힌 숫자는 속력이고, 각 지점의 속력은 무시합니다. 각 구간의 거리는 같습니다.(기출)

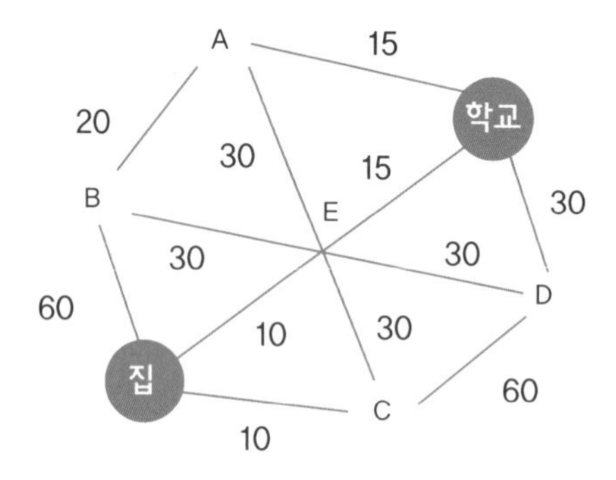

2. 다음 그림과 같이 A에서 B로 가는 경로가 있습니다. A에서 B로 갈 수 있는 가장 빠른 길을 찾아보시오.(정보올림피아드 기출)

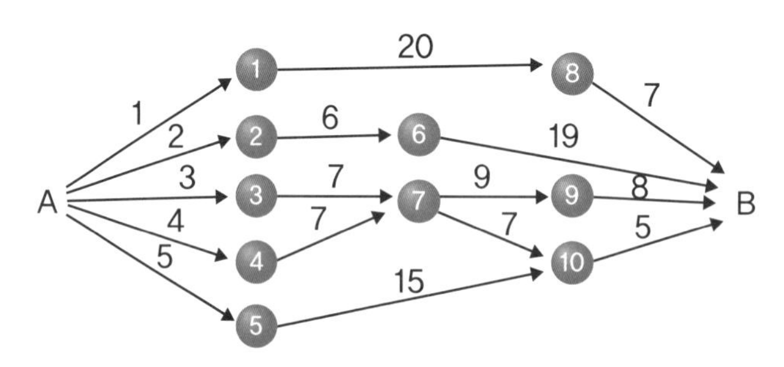

3. 아래 그림은 스키장에 있는 7개 지점을 스키를 타고 내려갈 수 있는 길을 나타내고 있습니다. 지점 1에서 출발하여 지점 7에 도착하는 방법은 모두 몇 가지인가요? 예를 들면, 1에서 2를 거쳐 7까지 가는 방법은 1→2→7이 있고, 다른 방법으로 1→2→6→7도 있습니다.(정보올림피아드 기출)

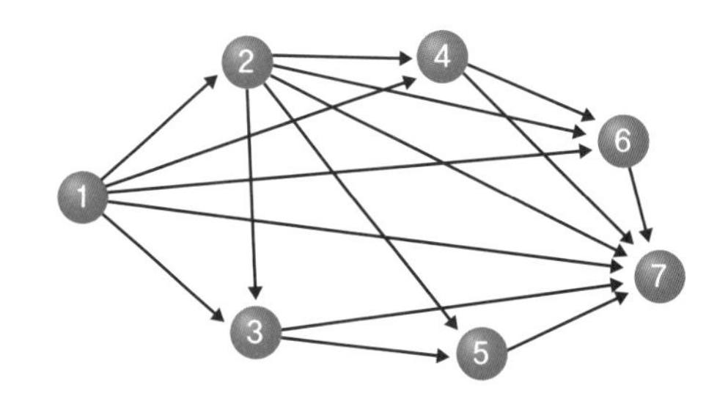

알고리즘 개념 Plus

그래프 표현법

아래 그래프를 인접행렬로 표현하는 방법을 알아보겠습니다.

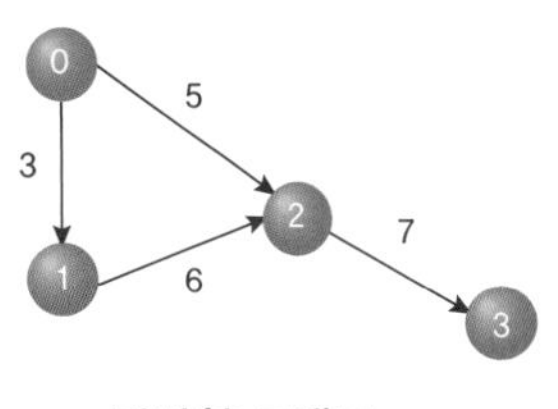

단방향 그래프

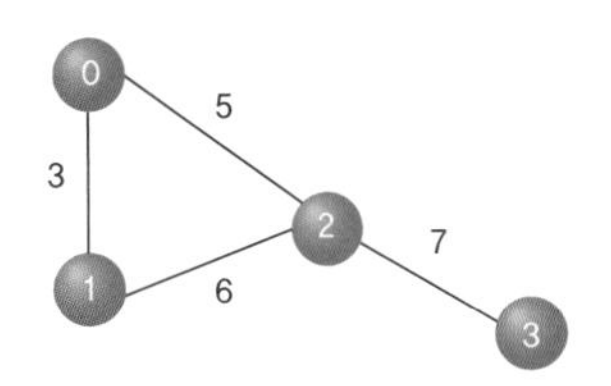

양방향 그래프

■ 행렬 표현법

그래프를 행렬(matrix)로 표현하는 방법입니다.

1. 인접 행렬 방식(Adjacency Matrix Method)
   인접 행렬 방식은 각 행(row)과 열(column)을 정점으로 하고 원솟값(cell value)들을 인접한 간선의 수로 정합니다.

	0	1	2	3
0	0	3	5	0
1	0	0	6	0
2	0	0	0	7
3	0	0	0	0

단방향 그래프의 인접행렬 표시

	0	1	2	3
0	0	3	5	0
1	0	0	6	0
2	5	6	0	7
3	0	0	7	0

양방향 그래프의 인접행렬 표시

■ 단방향 그래프의 인접 행렬 표현
원소들의 값은 정점 사이 간선의 화살표 개수입니다. 다른 정점을 가리키는 정점일 때만 연결 관계가 유효해집니다. 즉, 원소의 값이 부여됩니다.(위의 인접행렬에서는 간선사이를 연결하는 가중치 값을 넣었습니다.)

■ 양방향 그래프의 인접 행렬 표현
원소들의 값은 정점과 정점 사이 간선의 개수가 됩니다. 행렬이 대칭 형태를 보이며, 정점의 차수는 행 또는 열을 더한 값과 같다는 특징이 있습니다.(위의 인접행렬에서는 간선사이를 연결하는 가중치 값을 넣었습니다.)

알고리즘의 적용(번식)

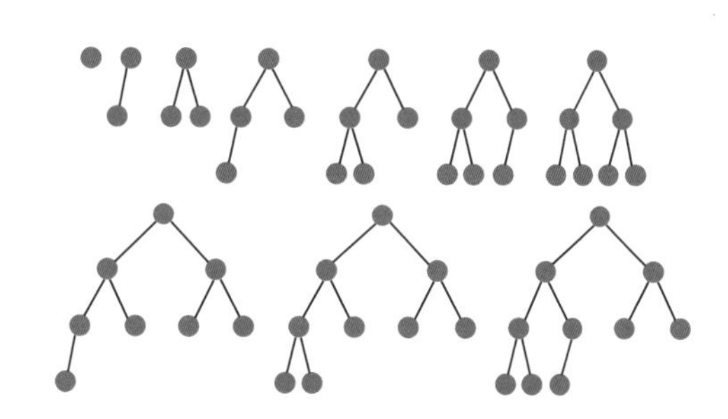

다음과 같이 번식하는 동물이 있습니다.

1. 태어나서 정확히 1년 만에 2마리 이하의 새끼를 낳는다.
2. 태어나서 1년이 지난 이후에는 더는 새끼를 낳지 않는다.

갓 태어난 새끼 한 마리로부터 번식된 동물이 이 새끼를 포함하여 모두 270마리였습니다. 이처럼 되는 데 걸린 기간의 최소 년 수는 얼마일까요?

어떤 미생물의 암컷과 수컷이 있습니다. 암컷은 하루 후에 암컷 2마리와 수컷 1마리로 변하고 수컷은 변하지 않는다고 합니다. 최초에 미생물 암컷 한 마리가 있다고 할 때 이 미생물이 1,000마리보다 많아지게 되는 것은 며칠 후일까요? 단, 미생물은 죽지 않습니다.

SECTION **12** 창의적 문제해결 검사

로봇 영역

로봇 영역 길잡이

로봇 영역의 창의적 문제해결 검사는 로봇 영재원을 대비하는 학생이라면 집중적으로 공부해야 합니다. 정보(SW) 분야 영재원을 대비하는 학생들도 로봇 관련 문제가 자주 출제되므로 대비할 필요가 있습니다

로봇 발명

(기출)

요즈음에는 청소 로봇, 안내 로봇, 서빙 로봇, 애완견 로봇 등 여러 종류의 로봇을 일상생활에 이용하고 있습니다. 이런 로봇 중에는 동물의 생김새와 특징을 이용한 것도 있습니다.

미래 로봇공학자가 되어 아래쪽 그림에 제시된 것 외에 동물의 생김새와 특징을 활용한 로봇 3가지를 설명하시오.

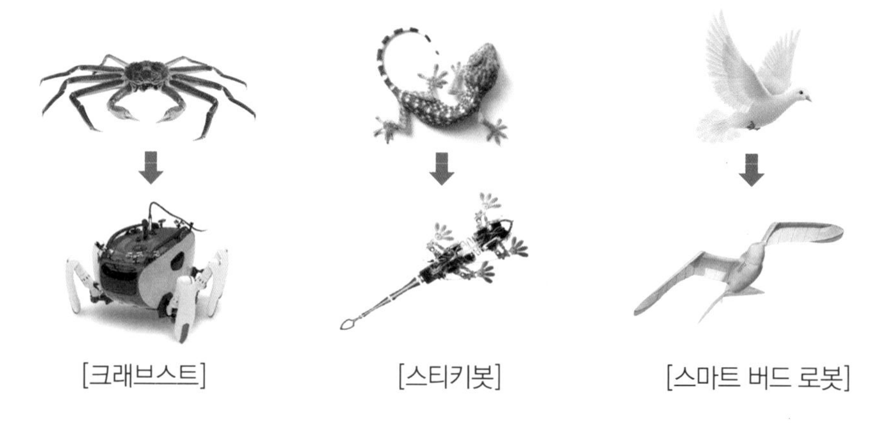

연습 문제 (기출)

우리가 사용하는 제품 중에는 식물이나 동물을 모방하여 만든 것이 많습니다. 이처럼 식물 또는 동물에서 아이디어를 얻어 새로운 제품을 만드는 것을 '생체 모방 기술'이라고 합니다.
대표적인 것으로 다음과 같은 것이 있습니다.

1. 연잎의 물방울에서 아이디어를 얻은 방수복
2. 도꼬마리 가시에서 아이디어를 얻은 벨크로
3. 바람에 날리는 민들레 씨에서 아이디어를 얻은 낙하산

개미를 관찰하면 자신보다 훨씬 큰 물체를 이고 이동하는 것을 볼 수 있습니다. 개미는 어떻게 이런 힘을 낼 수 있는 걸까요?

1단계. 개미의 신체 특징 파악하기

개미가 자신보다 훨씬 큰 물체를 옮길 수 있는 비결을 개미의 신체 특징과 관련해서 설명해 보시오.

2단계. 로봇 슈트 설계하기

인간은 몸에 착용하는 로봇 슈트를 통해 자신의 신체 능력을 극대화할 수 있습니다. 개미처럼 힘을 낼 수 있는 로봇 슈트는 어떻게 만들면 좋을까요?

로봇 개념 Plus

생체 모방 기술

우리가 사용하는 제품 중에는 식물이나 동물을 모방하여 만든 것이 많습니다. 이처럼 식물이나 동물에서 아이디어를 얻어 새로운 제품을 만드는 것을 '생체 모방 기술'이라고 합니다. 최근에는 곤충(애벌레, 파리 등)을 모방한 초소형 로봇이 개발되어 정찰용이나 폭발물 탐지용 등으로 활용되고 있습니다.

로봇 슈트(외골격 로봇)

로봇 팔이나 다리 등을 사람에게 장착해 근력을 높여주는 장치

창작 로봇 설계

(기출)

세상에는 수많은 로봇이 있고 이런 로봇은 우리 생활을 편리하게 해줍니다. 자신이 만들고 싶은 창작 로봇을 설계해 보세요. 이 로봇의 이름과 사용된 재료를 적고 구체적으로 어떤 모양인지 그려보세요. 그리고 이 로봇의 쓰임새에 관해 설명해 보세요.

로봇 이름	
로봇에 사용된 재료	
로봇 모양	
로봇의 쓰임새	

연습 문제

사람이 갈 수 없는 지역에 로봇을 투입해 사람 대신 작업을 시키려고 합니다. 로봇의 기능과 모양은 어떠해야 하는지 자신만의 로봇을 설계해 보세요.

로봇 이름	
로봇에 사용된 재료	
로봇 모양	
로봇의 쓰임새	

재난구조 로봇의 예: **일본 후쿠시마 원전 사고에 투입된 로봇들**

미국, 아이로봇사의 팩봇(PackBot)

일본, 사쿠라 1호

로봇 과학

오른쪽 로봇은 거미 모양의 네 다리로 이동하는 로봇입니다. 로봇이 바닥에서 미끄러지지 않고 움직일 수 있는 이유는 무엇일까요? (QR 코드를 스마트폰으로 스캔하여 거미로봇 동영상을 감상한 후 문제풀이)

연습 문제

1. 오른쪽 그림의 왼쪽 로봇 A는 5초간 30m를 움직였고, 오른쪽 로봇 B는 1분에 120m를 움직였습니다. 어떤 로봇이 더 빠른 걸까요?

   ※ 속력=이동 거리÷걸린 시간

[A]

[B]

2. 오른쪽 그림의 두 발로 걷는 로봇은 좌우로 뒤뚱거리면서 넘어지지 않고 움직입니다. 두 발로 안정적으로 걸을 수 있는 이유를 과학적으로 설명하시오. (QR 코드를 스마트폰으로 스캔하여 로봇 동영상을 감상한 후 문제풀이)

3. 배틀 로봇 경기는 주어진 공간 내에서 상대방 로봇을 밀어서 경기장 바깥으로 밀어내면 이기는 경기입니다.

❶ 배틀 로봇 경기에서 적용되는 로봇 과학 원리를 구체적으로 설명하시오.

❷ 배틀 로봇 경기에서 상대방 로봇을 이기기 위해서는 어떤 전략을 사용해야 할지 설명해 보시오.

로봇 영역

04 로봇과 인공지능

표준 문제

로봇에 인공지능 기술이 결합하면, 로봇은 어떤 발전이 있을까요?

연습 문제

1. 인공지능 기가지니가 로봇처럼 움직일 수 있다면 어떤 장점이 있을까요?

2. 다음 그림은 사람의 감정을 읽는 로봇 에바입니다. 한국생산기술연구원 융합생산기술연구소 로봇그룹 연구진이 개발했습니다.

❶ 인간의 감정을 읽을 수 있으려면 로봇 에바에게 감정과 관련된 머신 러닝(기계 학습)을 적용하게 됩니다. 어떤 형식으로 기계학습을 적용하면 좋은지 그 과정을 설명해 보시오.

❷ 인간의 감정을 읽는다면 어떤 분야에 활용될까요?

로봇과 현실 세계의 문제해결

집안에 아무도 없는 상태에서 로봇 청소기가 움직이고 있습니다. 도둑이 침입했을 때, 로봇 청소기가 이것을 감지하고 주인에게 스마트폰으로 정보를 전송해 알린다고 해봅시다. 여기에 적용된 기술에 관해 설명해 보세요.

1. 스마트폰을 가정 내에서 편리하게 쓰고 싶은 친구가 있어요. 그 친구는 스마트폰을 다음과 같이 업그레이드하려고 해요.

   스마트폰을 손으로 잡거나 놓지 않고 음성으로 명령하면 자신이 있는 쪽으로 스마트폰이 다가오게 하고, 음성으로 명령해서 스마트폰이 집안의 원하는 위치에 가도록 한다.

   이것을 구현하려면 어떤 기술이 필요할까요?

2. 화재가 발생했을 때 불을 꺼주는 로봇은 어떤 기능과 구조가 필요할까요?

3. 우산은 비가 올 때 사용합니다. 우산에 재미있는 로봇 기능을 넣으려고 합니다. 자신이 생각하는 우산 로봇을 설계하고, 그 기능과 구조를 설명해 보시오.

4. 코로나는 심각하게 우리 생활을 위협했습니다. 코로나 감염을 줄이거나 멈출 수 있도록 우리 생활에 투입 가능한 코로나 예방 로봇을 구상하고, 그 기능과 구조를 설명해 보시오.

로봇에 사용된 재료	
로봇의 구조	
로봇의 기능	

SECTION **13** 창의적 문제해결 검사

융합 문제해결 영역

융합 문제해결 영역 길잡이

융합사고력은 STEAM 원리로 탐구해 볼 수 있습니다. 우리는 하나의 자연현상이나 어떤 문제를 해결할 때, 수학-과학-기술-공학-예술과 연관 지어 탐구할 수 있어야 합니다. 영재성 검사에서는 지원자의 융합적이고 통합적인 사고력을 파악하는 문제가 출제됩니다.

융합사고력 요소

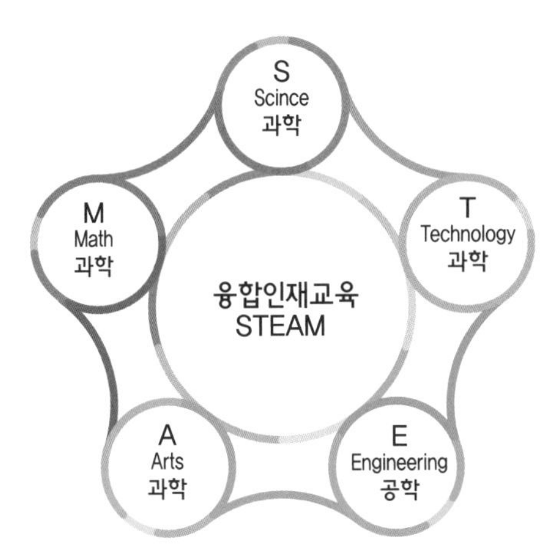

■ 과학, 기술, 공학의 차이점

과학은 자연의 성질을 연구하는 학문이고, 공학은 물건을 만들기 위해 과학지식의 응용법을 연구하는 학문입니다.
기술은 공학적 연구 결과를 바탕으로 실제 물건을 만드는 것입니다.

01 증강 현실, 가상 현실

표준 문제

인기 만화인 '드래곤볼'에는 안경처럼 눈에 착용하고 상대를 바라보면 그의 전투력 정보와 상대 거리, 위치 등을 실시간으로 보여주는 '스카우터'라는 기기가 등장합니다. 이것이 증강 현실 기술의 대표적인 사용 예입니다. 현실의 사물에 대해 가상의 관련 정보를 덧붙여 보여주는 것입니다.

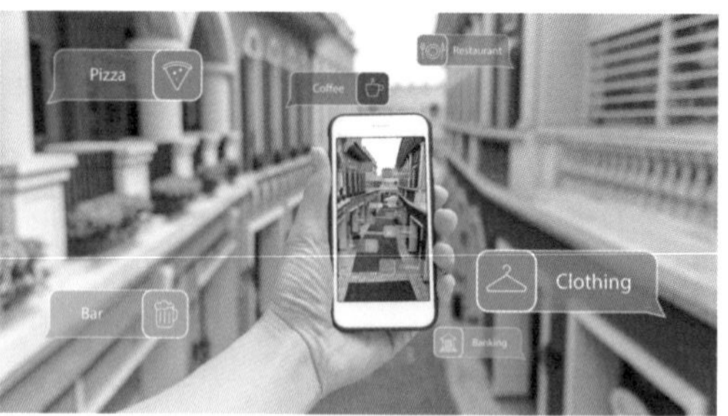

스마트폰으로 거리의 어떤 건물을 촬영하면 촬영화면에 그 건물에 대한 정보가 보입니다. 이것은 어떤 원리로 이루어지는 걸까요?

연습 문제

철수는 부모님과 함께 한강에 놀러 왔습니다. 이때 자신의 스마트폰으로 한강의 잔디 위를 촬영해 보니 포켓몬스터가 나타났습니다. 철수는 스마트폰으로 포켓몬스터를 잡느라 시간 가는 줄 모릅니다. 철수가 한강에서 포켓몬스터를 발견할 수 있는 원리를 설명해 보세요.

용어해설

증강 현실(增强現實, augmented reality): 실제 세계에 3차원 가상물체를 겹쳐 보여주는 기술

02 자연현상의 융합 원리

표준 문제

연구자들은 자연현상을 탐구할 때 여러 가지 지식을 융합해서 접근합니다. 예를 들어, 미국에서 자주 발생하는 토네이도로 인한 피해를 줄이기 위해 연구자들이 어떤 형태로 탐구하는지 알아봅시다.

아래 왼쪽은 탐구 영역이고 오른쪽은 탐구 내용입니다. 해당 영역에 알맞은 내용을 선을 그어 연결하세요.

탐구 영역	탐구 내용
S 과학 •	① 토네이도를 소멸시키기 위해 토네이도의 한 가운데 폭발을 일으키는 폭발물에 관해 연구하고 컴퓨터로 시뮬레이션해 본다.
M 수학 •	② 토네이도를 발생시키는 에너지를 탐구한다.
T 기술 •	③ 토네이도의 움직임을 잠잠하게 하는 폭발물을 만든다.
E 공학 •	④ 토네이도의 나선형 구조를 도형으로 나타내 본다.

이처럼 토네이도라는 하나의 자연현상을 탐구할 때 과학, 수학, 기술, 공학으로 접근해 연구한다는 것을 알 수 있어요.

용어해설

나선형: 부드러운 곡선의 하나로 물체의 겉모양이 빙빙 비틀린 형태의 곡선.

1. 다음은 지진이 일어나는 자연현상을 과학, 수학, 기술, 공학으로 나누어서 분석해본 결과입니다. 해당 영역에 알맞은 내용을 선을 그어 연결하세요.

탐구 영역	탐구 내용
S 과학 •	① 지진을 관측하고 감지하기 위해 지진계를 실제 만든다.
M 수학 •	② 역사적으로 관측된 지진의 지각운동을 컴퓨터 시뮬레이션으로 나타낸다.
T 기술 •	③ 지진이 일어나는 자연적인 원인을 분석한다.
E 공학 •	④ 지진의 지각변동 종류마다 도형으로 표현한다.

2. 다음과 같이 과학, 수학, 기술에 대한 개념이 있습니다.

- **과학:** 용수철과 같은 탄성력
- **수학:** 직육면체 도형
- **기술:** 초음파

위 세 가지 영역을 합쳐 새로운 제품이나 아이디어를 만들어 보시오.

03 사회현상의 융합 원리

CSI 과학 수사대는 첨단기법으로 범인을 추적하지요. 과학 수사대가 되어서 범인을 잡는다고 할 때 그들이 사용하는 수사기법에 녹아있는 과학, 수학, 기술, 공학의 원리를 찾아보세요.

과학: (   )

수학: 혈흔의 형태 분석을 통한 범행도구 예측

기술: (   )

공학: 유전자 감식 프로그램의 활용

코로나 바이러스와 관련해서 자가격리는 중요합니다. 자가격리와 관련해 4개의 관점으로 접근해 탐구해 보시오.

❶ 자가격리를 왜 해야 하는지 과학적으로 설명해 보시오.

❷ 자가격리를 왜 해야 하는지 수학적으로 설명해 보시오.

❸ 자가격리를 잘할 수 있는 기술에 관해 설명해 보시오.

❹ 자가격리를 효과적으로 할 수 있는 공학에 관해 설명해 보시오.

04 기술 중심의 융합 원리

표준 문제 (기출)

인공지능(AI)은 기계가 경험을 통해 학습하고 입력 내용에 따라 기존 지식을 활용해 사람과 비슷한 방식으로 과제를 수행할 수 있도록 하는 기술입니다. 체스를 두는 컴퓨터에서부터 직접 운전을 하는 자동차에 이르기까지 오늘날 대부분의 인공지능(AI) 사례들은 딥러닝과 자연어 처리에 크게 의존하고 있습니다. 이러한 기술들을 통해 대량의 데이터를 처리하고 데이터에서 패턴을 인식함으로써 특정한 과제를 수행하도록 컴퓨터를 훈련할 수 있습니다.

만일, 자율주행차에 인공지능 기술이 적용된다면 자율주행차는 어떤 점이 좋을지 인공지능의 특징과 관련지어 설명해 보시오.

연습 문제

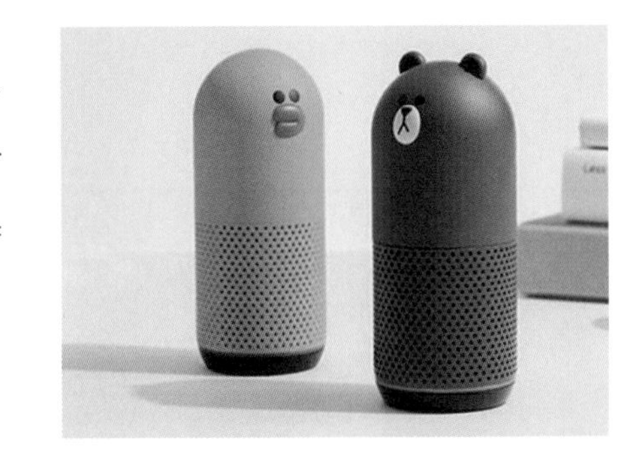

인공지능 스피커는 사람과 대화를 나눌 수 있고, 음성명령으로 인공지능 스피커와 무선으로 연결된 다양한 가전기기를 조작할 수 있습니다. 인공지능 스피커에 적용된 다음 영역에 관해 요약해서 간단히 설명해 보시오.

❶ 인공지능 스피커에 적용된 과학에 관해 설명하시오.

❷ 인공지능 스피커에 적용된 수학에 관해 설명하시오.

❸ 인공지능 스피커에 적용된 기술에 관해 설명하시오.

❹ 인공지능 스피커에 적용된 공학에 관해 설명하시오.

❺ 인공지능 스피커에 적용된 예술에 관해 설명하시오.

코드팜(CodeFarm)

출처: https://www.ebssw.kr/coding/codefarmView.do

사이버 공간에서 드론을 날리면서 코딩 실력도 함께 키울 수 있다면?
바로 '코드팜'이라는 게임이 이것을 가능하게 하죠. 자~ 게임의 세계로 한번 들어가 볼까요?

1. 게임 시작

https://www.ebssw.kr/coding/downloadGame.do 링크로 들어가면, 아래 그림과 같은 창이 뜨고 오른쪽 아래에 있는 '코드팜'을 클릭하면 게임을 다운로드 할 수 있는 버튼이 있어요.

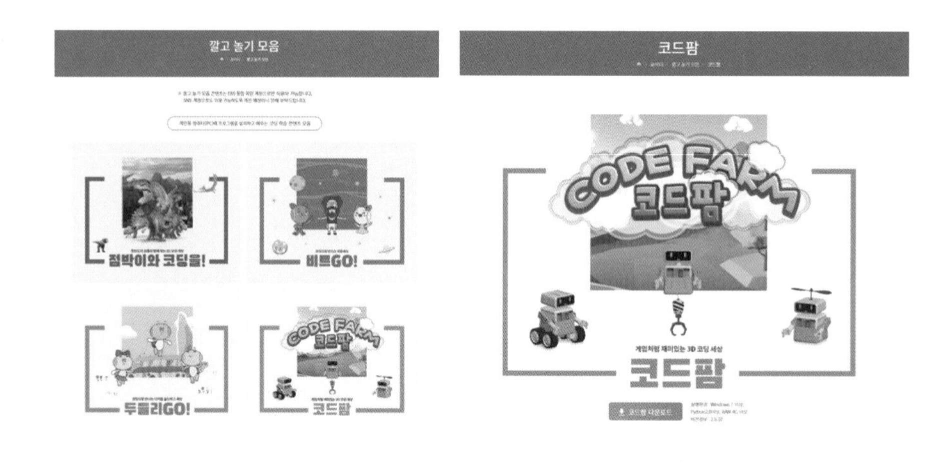

2. 게임 방법

① 채소 농장, 창고 정리, 상자 배달, 상자 정리 등 여러 가지 문제가 있어요. 이 중 마음에 드는 단원 하나를 선택해 보세요.

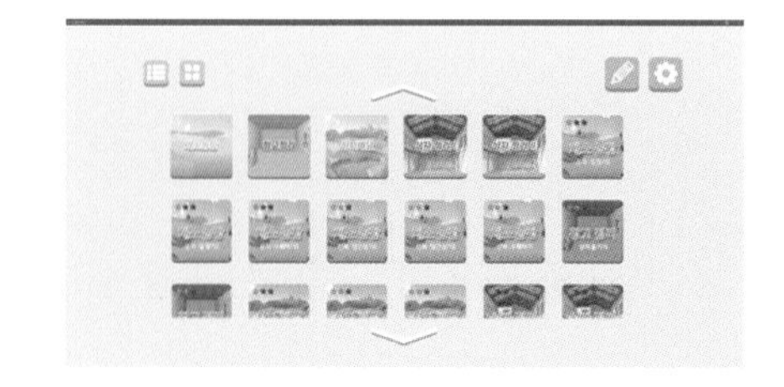

② 하나의 단원에는 15개의 문제가 있어요. 1번 문제부터 선택해 봅시다.

③ 문제를 시작할 때 문제의 목표가 나타납니다. 간단하게 살펴보고 창을 닫습니다.

④ 코딩 창(CODE ON)을 열고 명령어 블록을 조립하여 코드를 작성합니다.

⑤ [코드 에디터] 버튼을 클릭하면 블록 코드가 변환되어 텍스트 코드도 살펴볼 수 있습니다.

⑥ [시작] 버튼을 눌러 코드를 실행하여 코드봇이 문제를 해결하는지 살펴봅니다. 문제를 해결하면 다음 문제로 넘어갑니다.

⑦ [문제 만들기] 기능을 이용해서 다양한 문제를 만들 수 있습니다. 기존 문항 테마를 이용해서 바꿀 수도 있고 완전히 처음부터 만들 수도 있습니다.

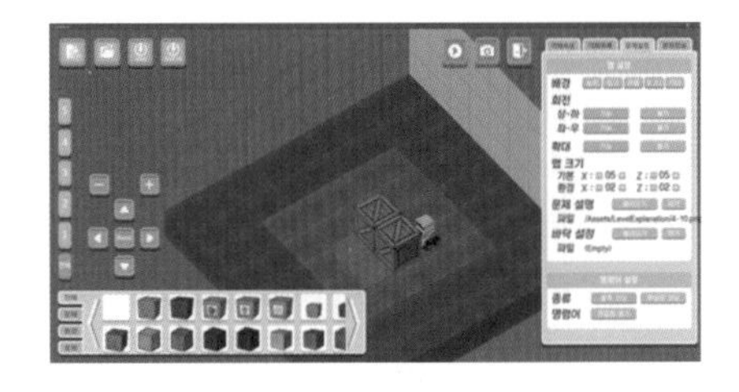

⑧ 만든 문제는 파일(*.cmi)로 저장하여 공유할 수 있습니다. 재미있는 문제를 만들어 봅시다.

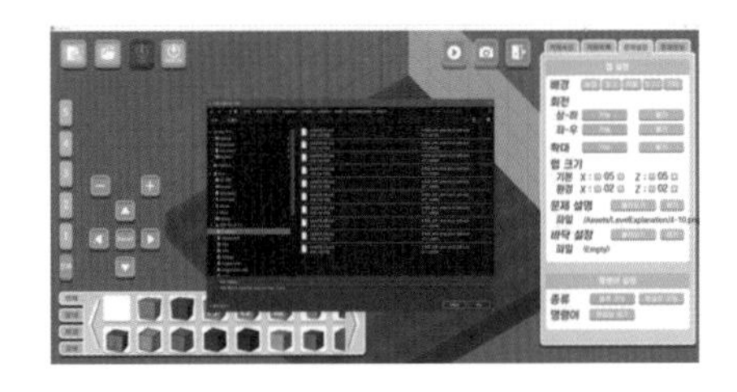

LEARNING

정보(SW, 로봇) 영재를 위한 심층 면접

이번 장에서는 영재교육원 심층 면접 대비방법에 대해 알아봅니다.

1. 면접 방법

교육청과 대학은 개별면접 혹은 3~5명 정도가 입실해서 여러 명의 감독관 앞에서 질문지 등을 활용한 방식으로 구두시험을 치르고, 자기소개서를 바탕으로 한 질문이나 지원 분야의 학문적성과 관련된 질문을 하는 형식입니다.

2. 면접 과정

① 면접 대기실: 수험생은 감독 위원의 지시가 있을 때까지 대기실에서 기다립니다.

② 면접 준비실: 감독 위원의 지시에 따라 면접 준비실로 이동한 후 주어진 시간 동안 문항지를 보고 답안을 생각합니다.

③ 면접: 정해진 시간 동안 미리 생각한 답안을 면접 위원에게 설명합니다. 기타 면접관의 여러 질문(지원동기, 자기소개서 내용에 대한 검증 질문, 창의성 질문)에 논리적으로 답해야 합니다.

※ 면접은 교육청, 대학, 교육연구정보원 등에 따라 조금씩 다른 형태일 수 있습니다.

※ 최근(2020~2021 기준)에는 코로나 상황 탓으로 온라인 1:1 화상 면접을 보는 곳이 늘었습니다.

3. 면접 자세

① 마음 가짐: 적극적이고 편안한 마음으로 임해야 합니다. 면접관은 나를 합격시키기 위해 내 앞에 있다는 생각을 해주세요.

② 얼굴 표정: 얼굴 표정은 살짝 미소를 지으면서 명랑한 표정으로 면접에 임합니다.

③ 시선 처리: 시선은 면접관의 눈을 응시해야 하며, 눈이 부담스러울 경우 코를 바라보세요.

④ 어깨 자세: 어깨를 편 자세로 하고 어깨를 흔들지 않도록 주의해야 합니다.

⑤ 손 처리: 손은 두 손을 모으거나 허벅지 위에 양손을 단정히 올려놓습니다. 어떤 설명을 할 때 제스쳐를 할 경우는 적절히 사용합니다.

⑥ 복장: 옷은 집안에서 평소 입는 일상적인 옷보다 깔끔한 캐주얼 정장 형태로 입고 면접에 임하면 좋습니다.

⑦ 인사: 문을 노크하고 들어간 후 자신이 앉을 의자에 앉기 전에 정면으로 머리 숙여 면접관에게 인사합니다.
(“안녕하세요”) 면접이 끝난 후 의자에서 일어난 직 후 면접관에게 머리숙여 인사합니다.(“감사합니다”)

⑧ 말투: “~했습니다. ~라고 생각합니다.” 와 같이 끝나는 말이 명확해야 합니다.

“~같은데요, ~ 같습니다”라는 말은 피하고 말을 얼버무리지 마세요. 때로는 잘 모르는 내용의 경우 “그 내용은 잘 모르겠습니다.”라고 솔직히 말해주세요.

SECTION 14 심층면접

인성 영역

인성 영역 길잡이

인성 심층 면접에서는 적극적인 학습 자세와 수업이나 과제를 진행할 때 친구들과 잘 어울리는 모습, 그리고 과제를 성실히 끝까지 수행하는 능력을 보여주어야 합니다. 또한, 올바른 가치 판단과 남을 배려하는 생각 및 자세가 나타나야 합니다. IT 분야의 인성 면접은 IT 분야의 상식을 인성과 접목해서 알맞게 말할 수 있어야 합니다.

인성 영역

01 가치 판단 1

가난한 사람들을 돕기 위해 해킹으로 다른 사람의 은행 예금을 인출하는 것은 옳은 일일까요?

■ 옳다는 의견

■ 옳지 않다는 의견

1. 컴퓨터 기술을 이용해 노인이나 장애인 등 사회적 약자를 도울 방법을 얘기해 보시오.

2. 컴퓨터 기술을 이용해 다른 나라(인도, 아프리카 등)의 가난한 어린이들을 도울 방법을 얘기해 보시오.

인성 영역

02 협동심

표준 문제 (기출)

정보영재원에 합격해서 수업을 듣고 있습니다. 다른 친구가 수업을 듣지 않고 게임을 하고 있다면, 어떻게 할지 이야기해 보시오.

(기출)

1. 정보영재원에서 다른 아이들과 어울리지 못하는 아이가 있습니다. 그 친구와 나는 한 조로 활동하고 있습니다. 이런 상황에서 여러분은 어떻게 할 것인지 말해 보시오.

2. 다음 글을 읽고 질문에 답하시오.

우석이네 모둠은 역할놀이를 하려고 합니다. 그런데 우석이는 역할놀이가 싫다며 그림만 그리고 있습니다. 선생님께서는 모든 모둠원이 참여하여 역할놀이를 하라고 하셨습니다. 우리 모둠원들이 우석이에게 함께 하자고 다시 말하자 짜증 내며 울기까지 합니다. 우리 모둠원들은 어떻게 해야 할지 몰라 그런 우석이를 바라보고만 있었습니다.

모둠원들이 우석이에게 어떻게 하면 좋을지 이야기해 보시오.

3. 다음 글을 읽고 질문에 답하시오.

한 초등학교에서 '꼴찌 없는 운동회'가 열려 많은 사람의 관심을 모았습니다. 이 학교에는 선천적인 장애가 있는 학생이 있는데 운동회 달리기 때마다 항상 꼴찌로 들어왔습니다. 하지만 이날만큼은 먼저 달려가던 5명의 친구가 그 장애 친구에게 다가가 손을 잡고, 함께 결승선을 통과하여 1등 도장을 받았습니다. 이것은 미리 계획된 것으로 항상 꼴찌를 해온 이 학생에게 선생님과 친구들이 준 초등학교에서의 마지막 운동회 선물이었습니다.

위 초등학교 학생들의 행동에서 본받을 점 2가지를 이야기해 보시오.

03 과제 집착력

표준 문제 (기출)

코딩이나 기타 컴퓨터와 관련된 활동을 하면서 원하는 결과가 나오지 않았을 때, 끝까지 해결한 경험을 얘기해 보시오.

연습 문제

1. 로봇 조립이나 발명 활동 등에서 오랜 시간 몰두해서 끝까지 완성해 본 경험을 얘기해 보시오.

2. 내일까지 중요한 과제를 컴퓨터를 이용해 작업을 마쳐야 합니다. 그런데 내 PC가 바이러스에 걸려 정상적으로 문서 편집을 할 수 없습니다. 부모님은 여행 중이고 집에는 나밖에 없습니다. 어떻게 문제를 해결할 것인지 얘기해 보시오.

3. 학교 시험 기간과 영재원 과제 제출 기간이 겹칩니다. 어떻게 과제수행을 지혜롭게 처리할 것인지 얘기해 보시오.

인성 영역

04 가치 판단 2

(기출)

다음 기사를 읽고, 물음에 답하시오.

> 최근 식당이나 카페에서 '노 키즈 존(No Kids Zone)'을 시행하는 영업점들이 점점 늘어나고 있습니다. '노 키즈 존'이란 일정한 나이 제한을 두어 어린아이들의 출입을 금하는 구역을 말합니다. 실제로, '5살 미만은 들어 올 수 없다.', '유모차는 가게에 들어오면 안 됩니다.' 등과 같은 안내문을 붙인 영업점들이 많아지고 있습니다. 특히 주말이나 공휴일에는 이러한 '노 키즈 존'을 시행하여 아이들의 출입을 막는 영업점들이 더욱 많아지고 있습니다.
>
> - ○○일보

'노 키즈 존' 시행에 대해 찬성 또는 반대 입장 중 하나를 선택하여 자신의 의견을 펼치시오. 근거를 세 가지만 제시할 것.

(기출)

1. 다음을 읽고 물음에 답하시오.

> 동물을 이용한 여러 가지 실험은 교육, 의학 등 다양한 연구의 목적으로 사용되어 인류의 발전을 가져왔습니다. 그러나 매년 전 세계에서 수많은 동물이 인류의 발전이라는 명목 아래 생명을 잃고 있습니다.

다음에서 한 가지 입장을 선택하고 적절한 근거를 들어 토론하시오.

입장 1: 동물실험을 찬성한다.

입장 2: 동물실험을 반대한다.

2. 다음 글을 읽고 질문에 답하시오.

> 천재 피아니스트 A 씨가 예술의 전당에서 오케스트라와 함께 연주하다 박자를 놓치는 실수를 하였습니다. A 씨가 실수하였는데도 관객은 박수로 격려했습니다. 그러나 그의 다음 행동은 실망이었습니다. 그는 박자를 놓친 것이 마치 오케스트라의 잘못이라는 듯 왼손을 들어 올리며 짜증스러운 반응을 보였고, 예정된 사인회와 인터뷰를 취소한 채 연주회장을 떠나버렸습니다.

윗글에서처럼 공연 중 실수를 하였을 때 연주자의 바른 행동은 무엇인지 3가지 이상 이야기해 보시오.

PART 4 심층면접

SECTION 15 심층면접

자기소개서 영역

자기소개서 영역 길잡이

자기소개서 기반으로 심층 면접을 준비할 때는 자기가 제출한 자기소개서 내용을 완전히 파악한 후 대답해야 합니다. 즉 자기소개서의 핵심 내용을 바탕으로 예상 질문을 뽑아 대답하는 훈련을 해야 합니다.

01 지원 동기

표준 문제 (기출)

본 영재교육원에 지원한 동기에 대해 말해 보세요. (지원동기를 요약적으로 말할 수 있어야 합니다.)

1. 지원동기를 자신의 꿈과 관련지어 설명해 보시오.

2. 본인의 꿈을 이루기 위해 정보(S/W) 영재원 공부는 어떤 도움이 될까요? (꿈과 S/W를 연계해서 말할 수 있어야 합니다.)

02 활동 경험

표준 문제 (기출)

소프트웨어 분야에서 본인이 경험했던 것의 실례를 하나 들어보고 활동에서 배운 점을 설명해 보시오.

연습 문제

1. 평소 흥미 있는 분야나 문제를 해결하기 위해 S/W를 어떻게 접목하면 좋을까요? (흥미 분야를 S/W와 연계해서 설명합니다.)

2. 로봇 분야에서 자신이 했던 경험을 하나 예시를 들어보고 그 활동에서 배운 점을 설명해 보시오.

참고

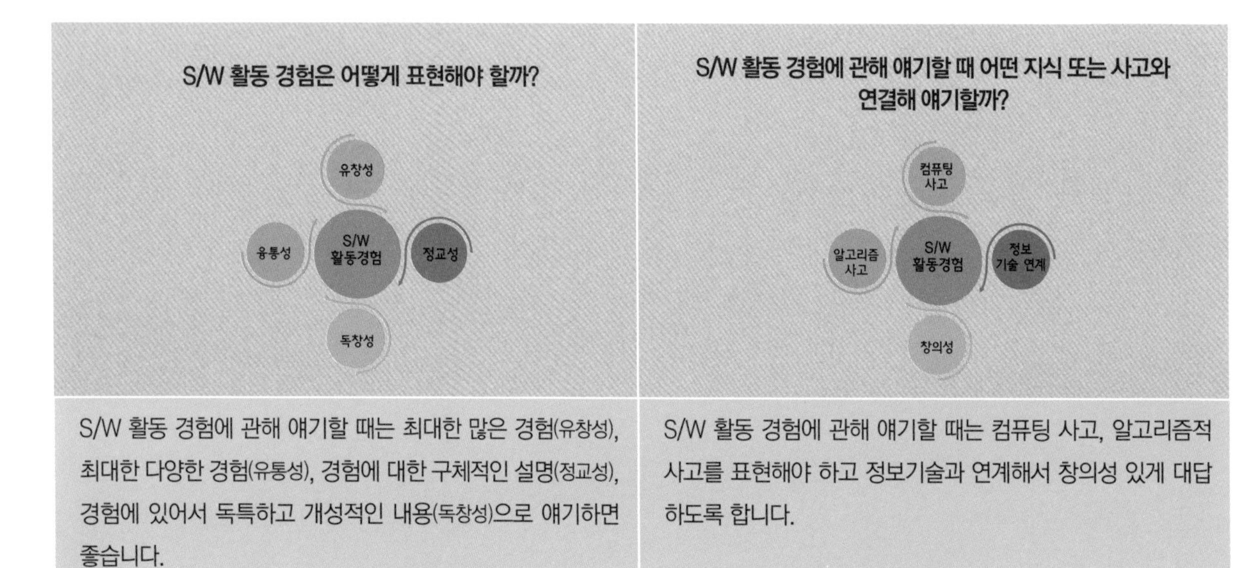

S/W 활동 경험에 관해 얘기할 때는 최대한 많은 경험(유창성), 최대한 다양한 경험(유통성), 경험에 대한 구체적인 설명(정교성), 경험에 있어서 독특하고 개성적인 내용(독창성)으로 얘기하면 좋습니다.	S/W 활동 경험에 관해 얘기할 때는 컴퓨팅 사고, 알고리즘적 사고를 표현해야 하고 정보기술과 연계해서 창의성 있게 대답하도록 합니다.

※ 로봇 분야도 비슷하게 표현할 수 있도록 해보세요.

03 강점과 약점

표준 문제 (기출)

학생 자신의 강점과 약점에 대해 말해 보시오.

1. 내가 잘하는 것(강점)이 영재원 공부에 어떤 도움이 될지 설명해 보시오.

2. 학생 자신의 단점을 말해 보고 이것을 극복하기 위해 어떤 노력을 기울였는지 설명해 보시오.

학업 계획

(기출)

소프트웨어와 관련해 영재원에 들어와서 탐구하고 싶은 계획이나 프로젝트에 관해 설명해 보시오.

로봇과 관련해서 영재원에 들어와서 탐구하고 싶은 계획이나 프로젝트에 관해 설명해 보시오.

참고

경기융합과학영재원이나 일부 대학부설 SW영재원에서는 자기소개서에서 입학 후 하고 싶은 프로젝트에 대해 구체적으로 적는 부분이 있습니다. 실제로 팀을 이루어 과제를 수행하므로 현실적으로 가능한 프로젝트에 대해 적는 것이 서류 평가 및 향후 프로젝트 수행에 도움이 됩니다.

SECTION 16 심층면접

로봇 영역

로봇 영역 길잡이

로봇 영역의 심층면접은 로봇 관련 상식이 주로 출제되고 있습니다. 로봇의 정의, 로봇 3원칙, 로봇 구성요소 등을 파악하고 있어야 합니다.

로봇이란?

(기출)

'로봇(Robot)'이란 무엇인지 설명해 보세요.

로봇의 어원은 어디서 비롯되었을까요?

로봇 개념 Plus

로봇인지 아닌지 판별하는 법

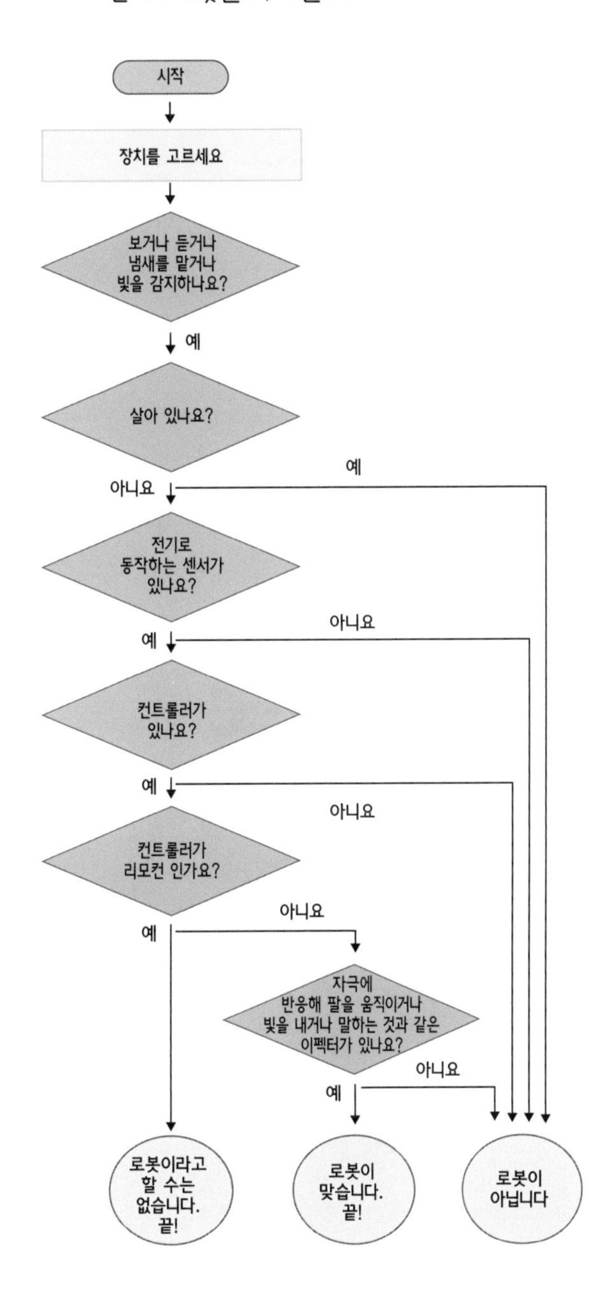

'로봇일까, 아닐까?' 힌트

텔레비전: 광 센서, 리모컨 센서·리모컨·화면

차고 자동문: 터치 센서, 움직임 센서, 리모컨 센서·리모컨·모터

계산기: 키보드, 터치 센서·마이크로 컨트롤러·화면

건조기: 과열 차단 스위치·컨트롤러 없음·모터

슈퍼마켓 자동문: 움직임 센서·컨트롤러 없음·모터

전동 칫솔: 전원 스위치·컨트롤러 없음·모터

연기 감지기: 연기 센서·컨트롤러 없음·경보기

자동 비누 분사기: 움직임 센서·컨트롤러 없음·모터

※ 참조: 꿈꾸는 10대들을 위한 로봇 첫걸음

로봇 영역

02 로봇 구성요소

표준 문제 (기출)

로봇은 무엇으로 이루어져 있을까요? (로봇 구성요소에 대해 말해 보기)

연습 문제

아래 로봇은 사람을 닮은 휴머노이드 로봇입니다. 이 로봇을 로봇 구성요소 5가지로 나누어 보세요. 해당하는 부분에 화살표를 하고 각 요소의 이름을 적어 보세요.

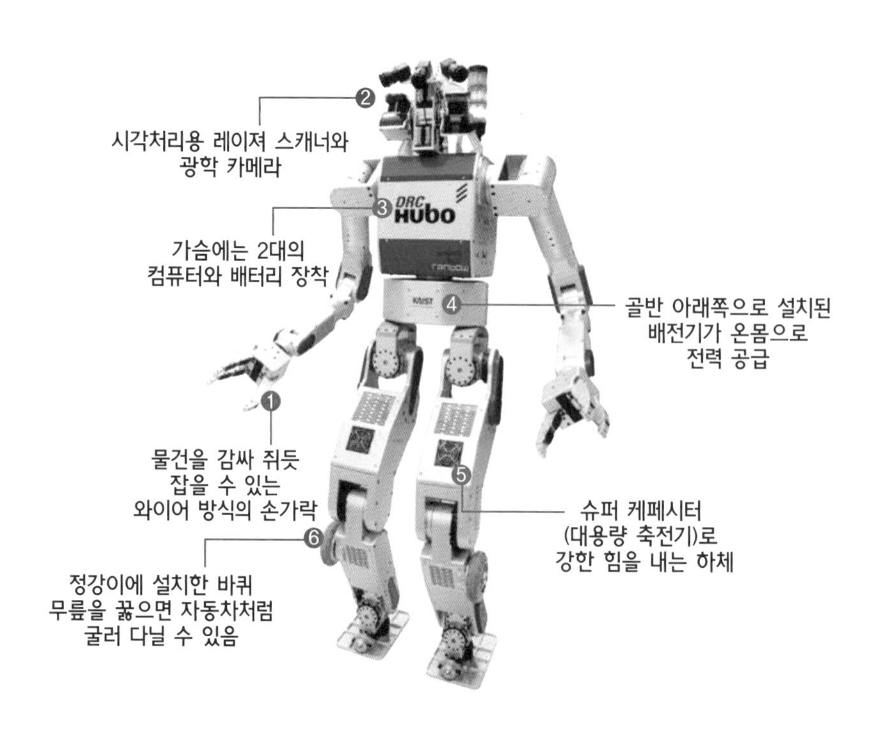

로봇 개념 Plus

* 로봇의 구성요소는 주장하는 학자들이나 관점 등의 상황에 따라 여러 가지로 나눌 수 있습니다.

- 3요소: 감지, 제어, 행동
- 4요소: 몸체, 센서부, 제어부, 구동부
- 5요소: 몸체, 센서부, 제어부, 구동부, 전원부

03 로봇 3원칙

표준 문제 (기출)

로봇 3원칙이 무엇인지 말해 보시오.

연습 문제

1. 로봇 3원칙은 왜 필요한 걸까요?

2. 로봇 못지않게 인공지능도 우리 생활 깊숙이 파고들고 있어요. 인공지능 3원칙을 로봇 3원칙과 유사하게 만들어 보세요.

로봇 개념 Plus

로봇 3원칙

첫째, 로봇은 인간에게 해를 가하거나, 해를 가할 수 있는 행동을 하지 않아 인간에게 해를 끼치지 않는다.
둘째, 로봇은 첫 번째 원칙을 위배하지 않는 한 인간이 내리는 명령에 복종해야 한다.
셋째, 로봇은 첫 번째와 두 번째 원칙을 위배하지 않는 선에서 로봇 자신의 존재를 보호해야 한다.

로봇 문제해결

선을 따라 움직이는 라인트레이서 로봇이 있습니다. 이 로봇의 주행 테스트를 하는 중 라인을 벗어나 움직이는 상황이 반복적으로 발생했습니다.

그 원인은 무엇일까요? 그리고 이 문제를 어떻게 하면 해결할 수 있을까요?

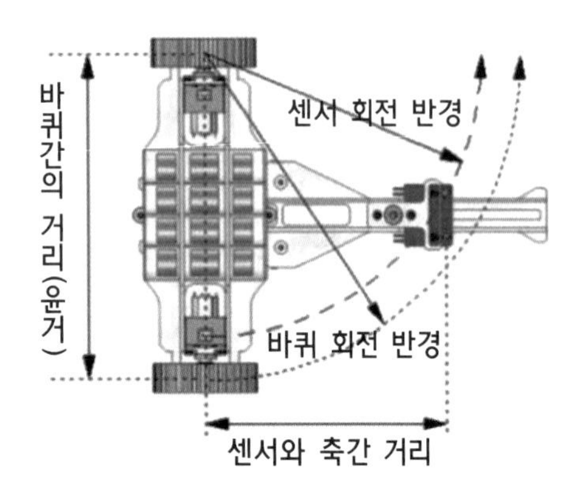

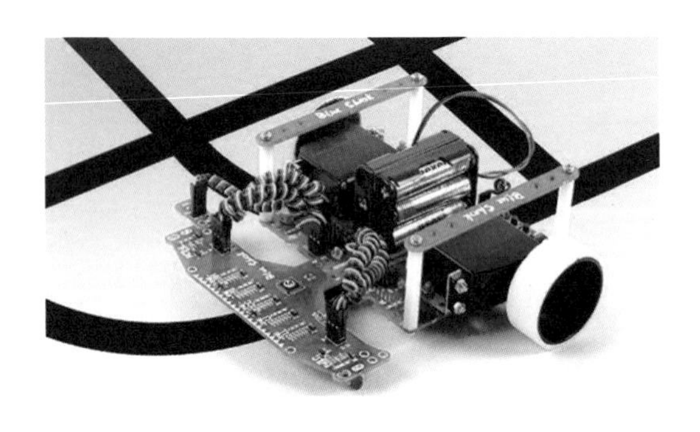

연습 문제

1. 휴머노이드 로봇을 제작한 후 보행 테스트를 하고 있습니다. 그런데, 로봇이 자주 넘어지는 상황이 발생합니다. 그 원인은 무엇이고 어떻게 하면 해결할 수 있을까요? (기출)

2. 장애물을 피해 가며 자율적으로 움직이는 로봇을 만들어서 작동시키려고 해요. 한데 로봇이 전혀 움직이지 않습니다. 그 원인이 무엇인지 가능한 모든 상황을 들어 설명해 보세요.

SECTION 17 심층면접

정보기술 영역

정보기술 영역 길잡이

최신의 정보기술과 관련된 상식이 문제로 출제됩니다. 특히 4차 산업혁명과 관련된 로봇, 인공지능, 드론, 자율주행차 등에 대한 상식을 잘 알고 있어야 합니다.

정보기술 영역

01 인공지능

표준 문제 (기출)

알파고는 바둑 대결에서 인간을 이겼습니다. 알파고는 어떤 인공지능 알고리즘을 사용하길래 경우의 수가 무수히 많은 바둑 경기에서 인간을 이기게 된 걸까요?

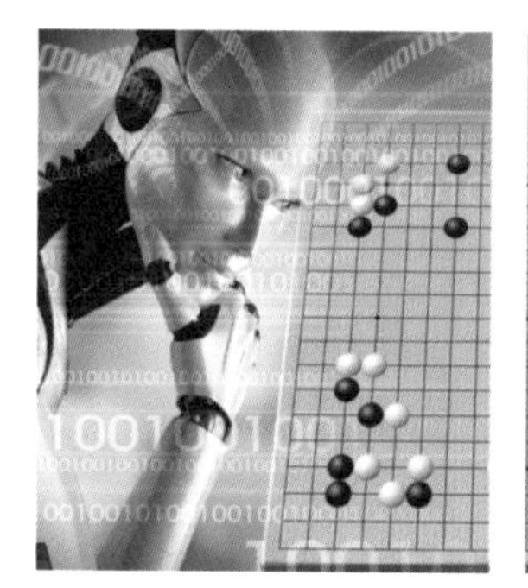

알파고와 이세돌 대결장면

연습 문제

1. 인공지능 기술이 인간의 지능과 창의력을 넘어서게 되면 어떤 일이 벌어질지 설명해 보시오.

2. 감정을 가진 인공지능을 만들려면 어떻게 설계하고 구현하면 될까요?

02 증강 현실, 가상 현실

증강 현실과 가상 현실의 차이점은 무엇일까요?

1. 가상 현실 기법을 이용해 우리 생활에 도움이 되게 하는 것에는 어떤 것이 있을까요?

2. 증강 현실 기법을 학교에서 공부시간에 적용한다면 그 활용 방안을 제시해 보시오.

용어해설

증강 현실(AR, Augmented Reality): 사용자가 눈으로 보는 현실 세계에 가상물체를 겹쳐 보여주는 기술.

가상 현실(VR, Virtual Reality): 현실에 존재하지 않는 환경에 대한 정보를 사용자가 볼 수 있게 하는 기술.

정보기술 영역

03 사물인터넷과 홈오토메이션

(기출)

1. 사물인터넷(IoT)이란 무엇인가요?

2. 사물인터넷(IoT)의 장점은 무엇인가요?

1. 사물인터넷이 실생활에 적용된 예를 설명하시오.

2. 우리 집을 사물인터넷이 적용된 홈오토메이션 주택(APT)으로 개조하려 합니다. 홈오토메이션 환경으로 변한 우리 집에 대해 구체적으로 설명해 보시오.

용어해설

IoT: Internet of Things의 약자로 사물들이 센서로 주변 환경을 인식하고 인터넷으로 서로 연결된 환경을 말합니다

홈오토메이션(Home Automation)**:** 사물인터넷 기능을 이용하여 가전, 냉 · 난방의 일부를 자동화하는 것을 의미합니다.

04 자율주행차

표준 문제

1. 자율주행차란 무엇인가요?

2. 사람이 운전하는 차처럼 자율주행차가 도시를 스스로 운전하게 하려면 어떤 기술이 필요할까요? (기출)

원하는 좌표(주소지)를 입력하면 드론이 스스로 날아가 택배 물품을 전달하는 일이 현실화하고 있습니다. 이러한 자율비행 드론을 구현하려면 어떤 기술이 필요할까요?

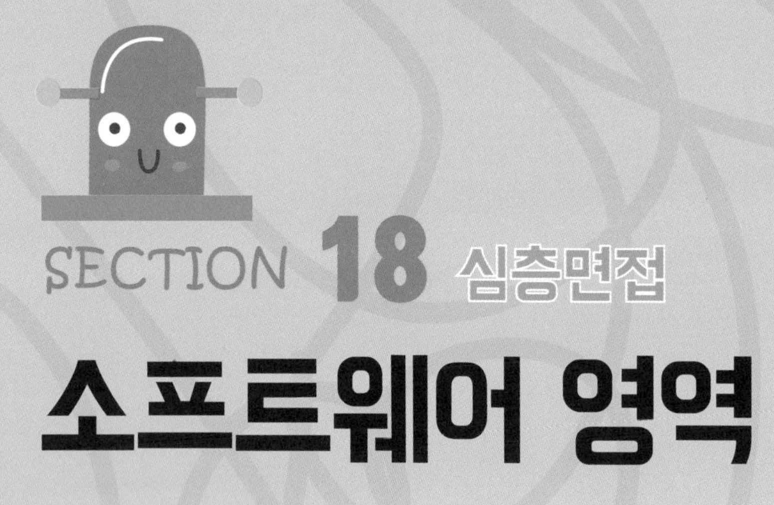

소프트웨어 영역

소프트웨어 영역 길잡이

소프트웨어와 관련된 상식이 문제로 나옵니다. 컴퓨터 프로그래밍, chatGPT 등과 관련된 내용을 숙지해 놓아야 합니다.

01 컴퓨터 구성요소

표준 문제

컴퓨터는 무엇으로 이루어져 있는지 설명해 보시오.

1. 컴퓨터 하드웨어 구성요소 중 사람의 두뇌에 해당하는 것은?

2. 소프트웨어를 시스템 소프트웨어와 응용 소프트웨어로 나눌 때 다음 중 시스템 소프트웨어에 해당하는 것은 무엇인가요? 그 이유를 설명하시오.

보기

그림판, 한글, 구글 크롬, MS-WINDOW, MS-OFFICE, 엑셀, 계산기

소프트웨어 개념 *Plus*

소프트웨어란 무엇일까요?

컴퓨터의 하드웨어(Hardware)는 컴퓨터를 구성하는 기계 장치를 통틀어 이르는 말이며, 소프트웨어(Software)는 물리적이지 않은 디지털 형태의 데이터나 명령어 집합입니다.

- 컴퓨터 하드웨어 구성요소: 중앙처리장치, 입출력장치, 제어장치, 산술논리장치
- 컴퓨터 소프트웨어 구성요소: 시스템 소프트웨어, 응용 소프트웨어

시스템 소프트웨어(System Software)란?

시스템 소프트웨어는 하드웨어를 컨트롤 하는 소프트웨어를 말합니다. 대표적인 예로 운영체제(OS/Operating System)가 있습니다.

응용 소프트웨어(Application Software)란?

응용 소프트웨어는 시스템 소프트웨어의 도움을 받아 사용자가 원하는 작업을 처리해 주는 소프트웨어를 말합니다. 응용 소프트웨어를 애플리케이션, 솔루션이라고도 부릅니다.

02 애플리케이션

표준 문제

1. 건강한 생활을 하기 위해서는 규칙적인 생활과 식습관, 운동 등이 필요하지요. 하지만 생각보다 실천이 잘 안 될 때도 많아요. 건강한 생활을 하기 위한 나만의 앱을 만든다면 어떻게 만들면 좋을지 설명해 보세요.

1. 자신의 잘못된 습관을 고칠 수 있는 앱을 만든다면 어떤 구조와 기능이 있으면 좋을지 설명해 보세요.

2. 반려견을 관리하는 앱을 만들려고 합니다. 먹이 주기, 건강 체크 등을 할 수 있고 반려견을 잃어버리면 찾는 앱을 설계, 고안해 보시오.

앱을 만들 수 있는 소프트웨어로는 앱인벤터와 스마트메이커가 있으며, 최근에는 인공지능으로 앱을 만들 수도 있습니다.

앱인벤터(AppInventor)

앱인벤터는 블록코딩으로 앱을 쉽게 만들 수 있도록 MIT에서 만든 소프트웨어입니다.
https://appinventor.mit.edu

스마트메이커(SmartMaker)

스마트메이커는 최신 AI 기술을 사용하는 그래픽 도구로 워드처럼 자신이 만들 내용을 그려주기만 하면 앱 프로그램을 자동으로 제작해주는 소프트웨어입니다.

03 코딩과 프로그래밍

자신이 직접 코딩한 프로그램이 있으면, 어떤 내용인지 그리고 코딩 소스 코드는 어떻게 작성했는지 설명해 보시오.

위에서 만든 게임을 바탕으로 다음 물음에 답하시오.

1. 자신이 만든 게임에 사용된 조건문과 반복문에 관해 설명해 보시오.

2. 자신이 만든 게임 프로그램에서 변수는 어떤 역할을 하나요?

3. 자신이 만든 게임 프로그램에서 함수는 어떤 역할을 하나요? [심화]

스크래치(Scratch)와 엔트리(Entry)

블록코딩 언어로 어린이들이 쉽게 코딩을 할 수 있도록 한 프로그램입니다.

C언어(C-Language)와 파이썬(Python)

C언어는 텍스트 프로그래밍 언어로 컴퓨터 시스템에 최적화된 언어이고, 파이썬은 인공지능에 최적화된 언어입니다.

04 소프트웨어와 현실 세계의 영향

표준 문제

현재 우리 생활을 편리하게 하는 소프트웨어(앱)의 예를 하나 들어보고, 그 소프트웨어의 구조와 기능에 관해 설명해 보시오.

연습 문제

1. 자신이 몰입했던 게임 소프트웨어에 대해 말해 보고, 몰입의 이유를 설명해 보시오. (서울교대 SW 기출)

2. 앞으로 우리 생활에 큰 변화를 가져올 아직 세상에 나오지 않은 소프트웨어에 관해 그 아이디어를 이야기해 보시오.

3. ChatGPT를 사용해 본 적이 있나요? ChatGPT는 일반 ChatBOT과 무엇이 다르며 ChatGPT를 이용하면 어떤 장점이 있는지 설명해 보시오.

4. 자신이 써본 인공지능 소프트웨어에 대해 말해 보고, 그 소프트웨어에 어떤 흥미를 느꼈는지 설명해 보시오.

소프트웨어 개념 Plus

ChatGPT

ChatGPT는 OpenAI가 개발한 프로토타입 대화형 인공지능 챗봇입니다.
다른 챗봇들과 달리, ChatGPT는 주고받은 대화와 대화의 문맥을 기억할 수 있으며, 다양한 보고서나 실제 작동하는 파이썬 코드 등 인간처럼 상세하고 논리적인 글을 만들어 낼 수 있습니다. ChatGPT를 이용하면 음악, 텔레플레이, 동화, 학생 에세이를 작성하고, 시험 문제에 답할 수 있습니다.

- 텔레플레이(teleplay): TV 드라마 대본

https://openai.com/blog/chatgpt

인공지능 소프트웨어

1. 오토드로(AutoDraw)

구글에서 만든 자동 이미지 변환 프로그램입니다. 마우스로 그림을 그리면 구글에서 만들어둔 그림을 제시하여 사용자가 쉽게 원하는 아이콘을 만들 수 있게 도와주는 소프트웨어입니다.

http://www.autodraw.com

2. 구글 티처블머신(Google Teachable Machine)

이미지, 사운드, 자세를 인식하도록 컴퓨터를 학습시킬 수 있습니다. 사이트, 앱 등에 사용할 수 있는 머신러닝 모델을 쉽고 빠르게 만들 수 있는 소프트웨어입니다. 전문지식이나 코딩 능력이 없어도 머신러닝 모델을 만들 수 있는 툴입니다.

https://teachablemachine.withgoogle.com

출처: scroobly.com

미래의 프로그래머들을 위한 게임, 스크루블리(Scroobly)

스크루블리는 구글에서 만든 무료 인공지능 게임체험 사이트입니다. 소프트웨어를 사용하려면 카메라가 설치되어 있어야 합니다.

STEP 1

사이트로 들어가서 'Start' 버튼을 누릅니다.

http://www.scroobly.com

STEP 2

'NEXT'를 눌러 다음 단계로 넘어갑니다.

First, choose a shape.
Then scribble!

Make it move using your body.

STEP 3

카메라가 얼굴을 감지하면 아래 다양한 캐릭터와 연동됩니다. 얼굴을 이리저리 움직이면 캐릭터의 모습도 바뀝니다.

STEP 4

가운데 녹음 버튼을 누르면 캐릭터가 동작하는 모습을 녹음해서 다운로드 할 수 있습니다.

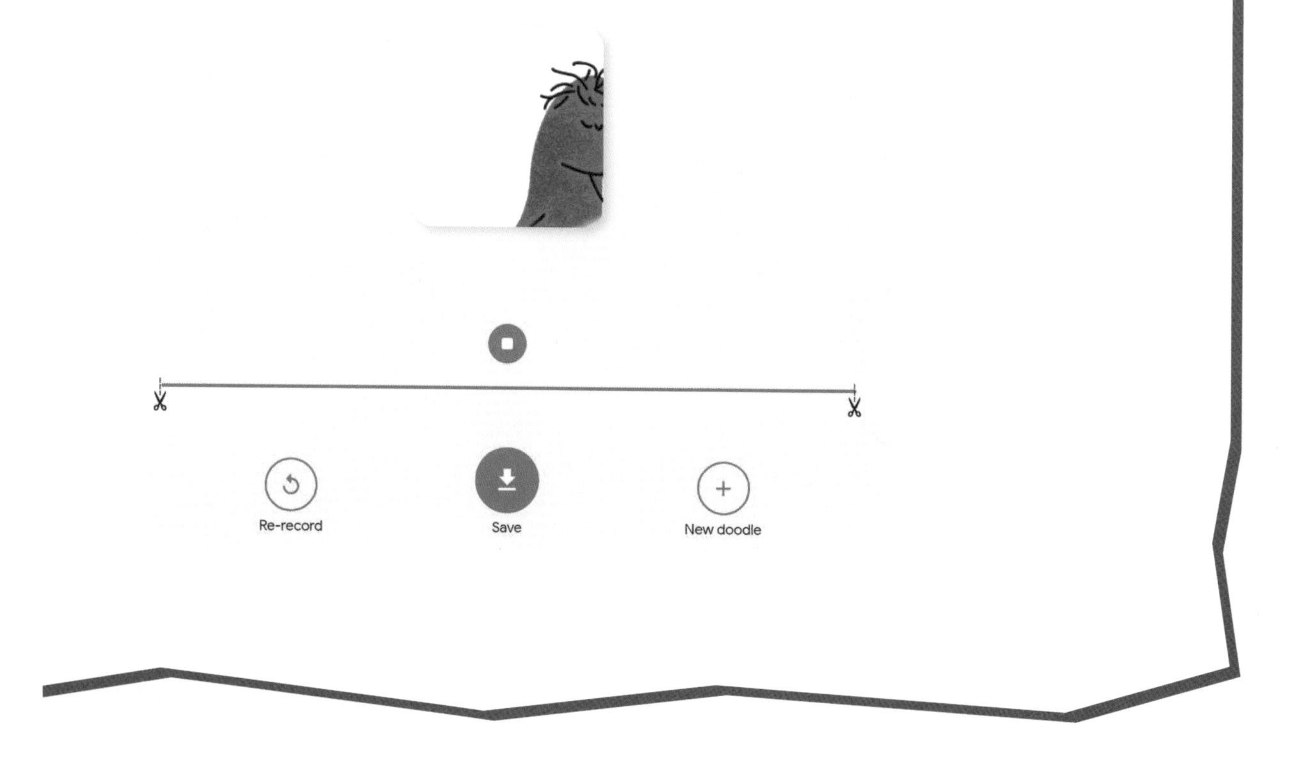

부록

부록 A

정보영재교육원 현황

2020년 기준으로 영재교육 선발 대상자는 82012명에 달합니다. 이 중 정보과학은 4514명을 선발했습니다. 융합분야는 수학, 과학, 정보과학, SW, 로봇 등의 영역을 합쳐서 복합적으로 문제를 해결하기위한 영재교육과정으로 2020년 기준으로 9237명을 선발했습니다.

평균 입학 경쟁률을 5:1이라고 했을 때 매년 2만명 이상의 학생들이 정보과학(SW,로봇)분야의 시험을 준비하며, 융합분야의 수험준비생은 5만명이상입니다.

영재교육 분야별 현황(2020년)

구분	수학	과학	수.과학	정보과학	인문사회	외국어	발명	음악	미술	체육	융합	기타	계
학생 수	9,839	12,189	31,588	4,514	3,531	1,462	4,076	1,699	1,691	444	9,237	1,742	82,012
비율	12%	14.9%	38.5%	5.5%	4.3%	1.8%	5%	2.1%	2.1%	0.5%	11.3%	2.1%	100.0%
	65.4%			34.6%									

https://ged.kedi.re.kr/stss/main.do

1. 대학 부설 영재교육원(SW, 정보과학, 로봇 영재 선발 현황)

지역	교육기관	분야	지원 학년	선발인원
서울	서울대학교 과학영재교육원	수리정보	초 6, 중 1	20명
서울	서울교육대학교 과학영재교육원	정보 심화	초 3~5	20명
서울	서울교육대학교 과학영재교육원	수학 정보 심화	초 6	20명
서울	서울교육대학교 소프트웨어영재교육원	기본과정	초3~중1	100명
서울	한양대학교 소프트웨어 영재교육원	기초, 심화	초 3~중 2	100명
서울, 경기	가천대학교 과학영재교육원	로봇과 인간 생활	초 6	15명
경기	동국대학교 과학영재교육원	다빈치	초 6, 중 1	12명
경기	아주대학교 과학영재교육원	정보융합	초 5, 6	30명
부산	부산대학교 과학영재교육원	IT · 수학 융합	초 6, 중 1	20명
인천	인천대학교 과학영재교육원	오일러반	초 6	32명
강원	강릉원주대학교 과학영재교육원	소프트웨어	초 5	16명

대구	경북대학교 과학영재교육원	기초, 심화	초 6, 중 1	40명
대구	대구교육대학교 과학영재교육원	기초, 심화	초 4, 5	40명
경북	대구교육대학교 과학영재교육원	기초, 심화	초 4, 5	40명
울산	울산대학교 과학영재교육원	융합 정보과학	초 6, 중 1	15명
대전	충남대학교 과학영재교육원	중등 정보	초 6, 중 1	15명
대전, 충남	공주대학교 과학영재교육원	소프트웨어반	초5	16명
세종	한국교원대학교 과학영재교육원	정보과학	중 1~3	15명
전북	전북대학교 과학영재교육원	정보	초6, 중1	20명
전북	전주대학교 과학영재교육원	소프트웨어 기초	초 4	20명
전남	목포대학교 과학영재교육원	융합과학 · ICT	초 5	50명
경남	경상대학교 과학영재교육원	정보	초 6, 중 1	20명
경남	창원대학교 과학영재교육원	정보	초 4~중 1	34명
제주	제주대학교 과학영재교육원	컴퓨팅 정보 융합	초 5~중 2	27명

*선발인원은 해마다 차이가 날 수 있으므로 매년 공지되는 선발요강을 참조해 주세요.

2. 융합과학교육원, 교육연구정보원, 과학고 부설(SW, 정보 영재, 로봇 영재 선발 현황)

지역	교육기관	분야	지원 학년	선발인원
경기	경기융합과학교육원	초등 SW, 초등 로봇	초4,초5	40명
		중등 SW, 중등 로봇	초6,중1	40명
인천	인천 진산과고	중등 정보영재	초6	20명
		특별전형	정올 수상자	
충북	충청북도 교육정보연구원	블록코딩반	초4	20명
		SW 메이커반	초5	20명
		SW 융합반	초6~중2	20명
		인공지능반	초6~중2	20명
		인공지능 전문가반	중3~고2	20명
대전	대전교육정보원	정보 초급	초3~초5	20명
		정보 중급	초3~중2	20명
		정보 고급	초6~중2	20명
		로봇 초급	초3~초5	20명
		로봇 고급	초6~중2	20명

충남	충남교육연구정보원(스마트리더영재교육원)	알파고		초4~초5	30명
		테슬라		초4~초5	
		파스칼		초6~중2	30명
		에이다		초6~중2	
전북	전북교육연구정보원	초등 정보 영재		초2~초5	48명
		중등 정보 영재		초6~중2	32명
		특별전형		정올 동상이상 우선선발	10% 이내
부산	부산시 미래교육원(정보영재교육원)	프로그램 응용반		초6	40명
		로봇창작반			40명
제주	제주시 미래교육원(정보영재교육원)	초등 정보영재 학급		초4~초5	20명
		중등 정보영재 학급		초6~중2	20명
강원	강원교육과학정보원(정보영재교육원)	초등학생반		초3~초5	15명
		중학생반		초6~중2	13명
광주	광주시 교육연구정보원(정보영재교육원)	초등	입문	초4~초5	32명
			발전		10명
		중등	입문	초6~중2	12명
			발전		10명
			전문		9명
		고등		중3~고1	20명

*선발인원은 해마다 차이가 날 수 있으므로 매년 공지되는 선발요강을 참조해 주세요.

3. 교육청 부설 영재교육원, 영재학급 내 정보과학영재

교육청 부설 영재교육원의 정보과학영재는 전국 18개 시도 교육청에서 수학, 과학 영재와 더불어 초등, 중등 평균적으로 20명씩 선발하고 있습니다.

교육청별 선발인원은 아래 사이트를 참조해주세요.

https://ged.kedi.re.kr/slct/noti/slctNotiStat.do

IT 대회 및 자격증

1. 정보올림피아드

대회 개요	정보올림피아드는 알고리즘을 중심으로 정보 분야 문제해결을 겨루는 국내 최고의 수재들이 응시하는 대회입니다.
주관기관	한국정보학회
대회 사이트	https://koi.or.kr
대회 일정	1차 대회: 매년 5월경 실시 2차 대회: 매년 7월경 실시
대회 참여	초등부, 중등부, 고등부 학년별로 지원
시험 과목	1차 대회: 이산수학, 비버챌린지 유형 정보과학문제, 알고리즘 문제해결 2차 대회: 알고리즘 문제해결

2. SW 사고력 올림피아드 대회

대회 개요	소프트웨어 사고력이란 문제해결이 요구되는 실제적인 내용에 대해 소프트웨어적 접근을 통해 정보요소를 발견하고, 이를 비판적이고 분석적으로 이해하여 적절한 절차를 통해 새롭게 조합하여 창의적인 결과물로 표현하는 능력을 말합니다. 이런 능력을 표현하는 실력을 측정해 우수한 초 · 중등생을 발굴하는 대회입니다.
주관기관	서울교대 등 전국 교대 중심으로 대회 진행
대회 사이트	https://etedu.co.kr
대회 일정	매년 9월(10월)경 실시
대회 참여	초등부, 중등부
측정 요소	정보 이해 사고력, 창의적 문제해결력, 지식기반 사고력, 통합 맥락적 사고, 협동적 사고력, 윤리적 사고력, 표현력

3. 코드 페어

대회 개요	지능정보사회에서 SW 기술은 현대사회의 가장 핵심적인 기술 중 하나가 되었습니다. 한국코드페어는 청소년들의 SW 역량 강화와 SW 저변 확대를 목적으로 하는 대회입니다.
주관기관	과학기술정보통신부, 한국지능정보사회진흥원
대회 사이트	https://kcf.or.kr

대회 진행	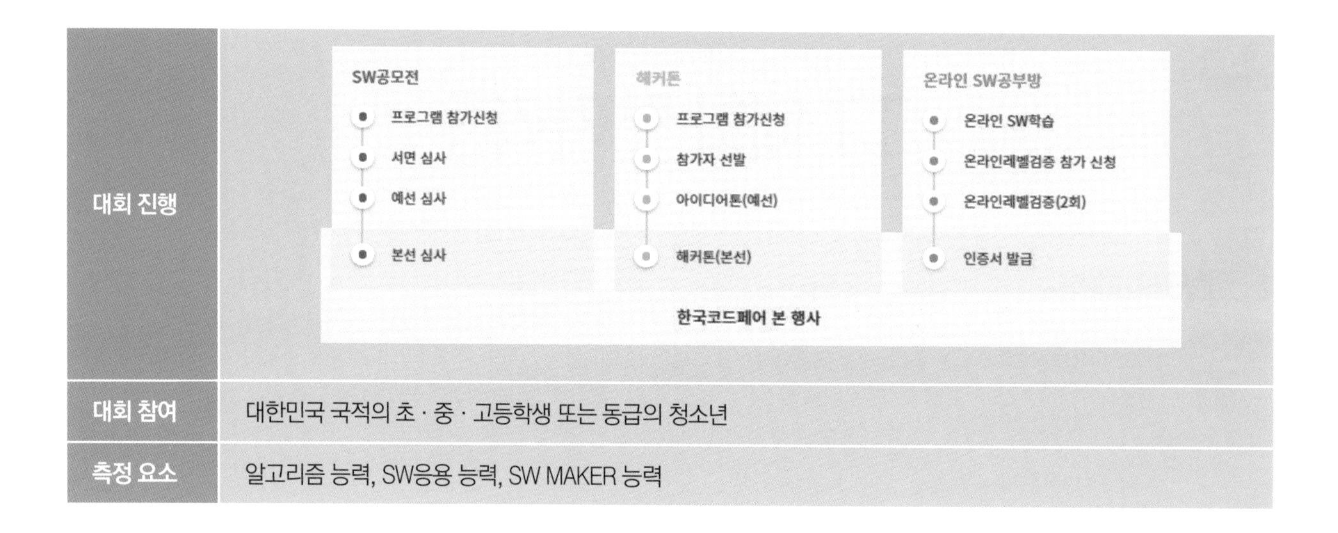
대회 참여	대한민국 국적의 초 · 중 · 고등학생 또는 동급의 청소년
측정 요소	알고리즘 능력, SW응용 능력, SW MAKER 능력

■ 세부 프로그램 안내

[1] SW 공모전

우리 주변의 사회 현안, 생활과 환경 분야 등의 다양한 문제들을 SW 활용 아이디어와 기술융합 등을 통해 해결하는 SW 작품 공모 프로그램입니다.

〈일정안내〉

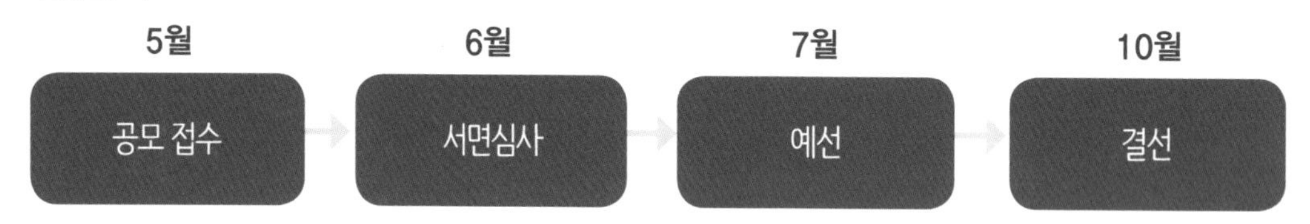

[2] 해커톤

주어진 주제에 맞추어 팀원과 협력하여 문제를 해결하는 해커톤 프로그램입니다.

〈일정안내〉

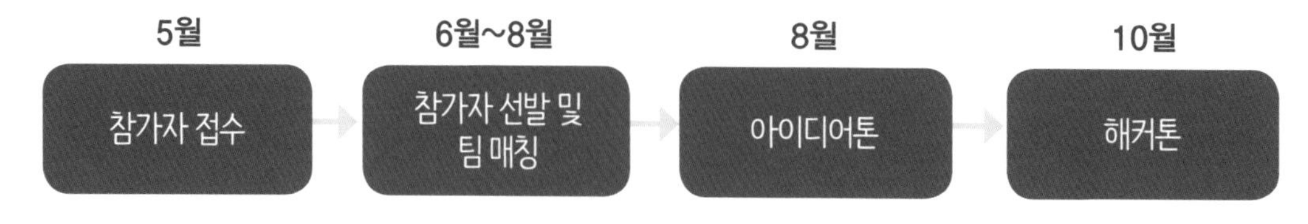

[3] 온라인 SW 공부방

온라인을 통한 자기 학습과 온라인레벨검증을 통해 자신의 실력을 확인할 수 있는 교육 프로그램입니다.

〈일정안내〉

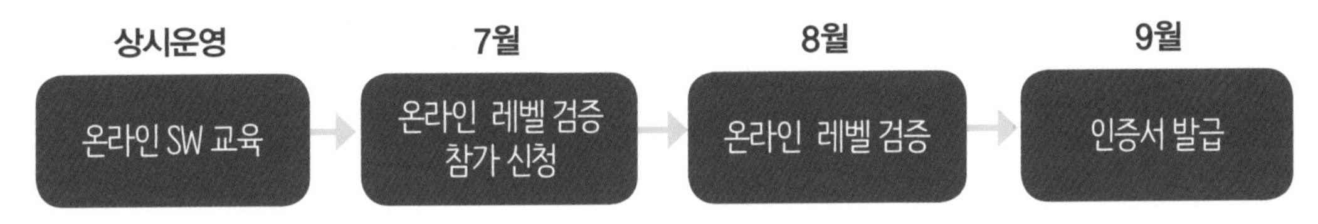

4. 로봇마스터 자격증

자격증 개요	로봇마스터 자격증은 어려서부터 로봇과 과학을 접해 봄으로써 실생활에 도움이 되고, 나아가 여러 로봇에 대한 활용 능력을 기르기 위해 시행하게 되었습니다. 로봇마스터 자격증을 대비하면서 문제해결능력, 창의력 및 정보화 능력을 함양할 수 있습니다.
주관기관	(주)마로로봇, 로봇자격사업단
자격검정 일정	http://krt.or.kr
자격검정 체계	매년 1, 2회(자세한 일정은 홈페이지 공지 참조)
응시자격	3급(응시 자격 및 연령제한 없음), 2급: 3급 취득자, 1급: 2급 취득자
검정 형태	필기 및 실기
검정 기준	로봇을 구성하고 있는 부분에 대한 포괄적인 이해를 목적으로 로봇의 기초지식, 운동, 요소 그리고 응용(제어)에 대한 능력을 검증합니다.

부록

부록 C

IT 추천 도서

분야	책 제목	저자	출판사
AI	인공지능, 게임을 만나다	홍지연	영진출판사
보안	그림으로 배우는 어린이 사이버보안	여동균 외 3인	해드림출판사
코딩	손쉬운 로블록스 게임코딩	잰더 브룸보	에이콘 출판
프로그래밍	생각대로 파이썬, 파이썬 첫걸음	전현희 외 3인	잇플
피지컬 컴퓨팅	아두이노 내친구 by 스크래치	양세훈, 박재일	토마토
인물 전기	Who? 인물 사이언스: 스티브 잡스	김원식	다산어린이
컴퓨팅 사고력	코딩을 위한 컴퓨팅 사고력	채성수, 오동환	현북스
인물 전기	Who? 인물 사이언스: 빌 게이츠	김원식	다산어린이
어플	모두의 앱 인벤터	김경민	길벗
로봇	로봇 스쿨(호기심 많은 우리 아이, 로봇 영재로 만드는)	캐시 세서리	프리렉

부록 D

출처 및 참고문헌

본 교재에 사용된 논문 및 기출문제는 인터넷에 오픈된 자료를 바탕으로 교육적 목적을 위해 사용했음을 알려드립니다.

① C언어로 쉽게 풀어쓴 자료구조, [천인국 외], 2019

② 인공지능 시대의 컴퓨터 개론, [김대수], 2020

③ 컴퓨팅 사고력을 키우는 이산수학, [박주미], 2017

④ 코딩을 위한 컴퓨팅 사고력, [채성수], 2017

⑤ 로봇 스쿨, [캐시 세서리], 2020

⑥ 이산적 사고력을 기반으로 한 정보영재판별프로그램 개발 연구, [신승용], 2004

⑦ 창의성 및 정보과학적 특성을 기반으로 한 정보영재판별 도구, [신승용 외], 2004

⑧ 정보과학 영재교육을 위한 교육과정, 선발도구 및 교수학습 자료 개발,[한국교육개발원], 2005

⑨ EPL을 활용한 정보영재 판별 도구의 개발: 알고리즘을 중심으로, [김현수], 2011

⑩ 우수 영재교육프로그램 및 영재교육판별도구 자료집, (과학,정보영역), [한국교육개발원], 2004

⑪ 창의적 지식 생산자 양성을 위한 영재교육, (정보과학편), [한국교육개발원], 2004

⑫ 초등 정보영재의 특성 이해 및 추천서 작성의 실제, [예홍진], 2014

⑬ 문제기반 학습에 터한 로봇 제어 프로그래밍 수업이 중학생의 논리적 사고력에 미치는 효과, [이좌택], 2004

⑭ 초등정보과학영재 선발을 위한 평가문항의 개발에 관한 연구, [이재호], 2005

⑮ 비버챌린지 기출문제, 2013 ~ 2014

⑯ 영재교육원 기출문제, 2017~ 2020

⑰ 정보영재교육개론, [전우천], 2010

⑱ 한국정보올림피아드 기출문제,(컴퓨팅 사고력 영역), 2011~ 2017

⑲ 정보 영재교육 교수 · 학습 자료, [부산시 교육청], 2007

부록

부록 E

이미지 및 사진 출처

53쪽: 선풍기

출처 http://www.newstomato.com/readNews.aspx?no=654107

http://www.tmon.co.kr/deal/5867604654

54쪽: 드론

출처 https://www.geospatialworld.net/news/faa-committee-allows-micro-uavs-to-fly-over-cities-and-crowds/

https://secretchicago.com/flying-taxis/

55쪽: 자율주행차

출처 https://innovationatwork.ieee.org/autonomous-vehicles-for-today-and-for-the-future/

142쪽: 동물의 생김새와 로봇

출처 https://www.ontarioparks.com/parksblog/gulls/

https://www.neuralsoftsolutions.com/smartbird-takes-flight-in-beijing/

https://terms.naver.com/entry.naver?docId=3575228&cid=58943&categoryId=58966

https://makand.tistory.com/m/entry/Crabster

https://www.ksakosmos.com/post/

https://www.digitaltoday.co.kr/news/articleView.html?idxno=220539

143쪽: 개미

출처 https://blog.daum.net/polaris-agnes/16523895

145쪽: 로봇

출처 http://www.irobotnews.com/news/articleView.html?idxno=5454

https://newatlas.com/sakura-2-gas-robot/44310/

148쪽: 기가지니

출처 https://zdnet.co.kr/view/?no=20180204030041

148쪽: 로봇에바

출처 https://biz.chosun.com/site/data/html_dir/2017/09/29/2017092902883.html

152쪽: 드래곤볼

출처 https://www.bobaedream.co.kr/view?code=national&No=748843

https://www.etri.re.kr/webzine/20170512/sub04.html

152쪽: 포켓몬스터

출처 https://gractor.tistory.com/entry/MR

157쪽: 인공지능 스피커

출처 https://news.v.daum.net/v/20180410100307226

178쪽: 휴보

출처 카이스트 휴머노이드 연구센터

180쪽: 라인트레이서

출처 https://namu.wiki/w/

182쪽: 알파고와 이세돌

출처 http://news.heraldcorp.com/view.php?ud=20160309000538

정보영재원
대비문제집
SW, 로봇
초등3~5학년

정답과 해설

잇플ITPLE
Info Tech Pioneers Leaders in Education

정답과 해설

정보영재원
대비문제집
SW, 로봇
초등 3~5학년

정답과 해설

목차

PART 4

정보(SW, 로봇) 영재를 위한 심층 면접

Section 01 창의성 영역

1 공통점 찾기

표준 문제

모범답안

- 다양한 지식과 정보가 담겨있다.
- 도서관에서 무료로 이용할 수 있다.
- 형태가 주로 사각형이다.
- 끊임없이 새로운 제품이 나온다.
- 오랫동안 사용하면 눈에 부정적인 영향을 끼칠 수도 있다.
- 만지면 딱딱하다.

해설 실생활에서 자주 사용하는 사물들의 공통점을 찾아야 합니다.

연습 문제

모범답안

■ 공통점

- 고층 건물에 주로 설치되어 있다.
- 전기로 작동한다.
- 한 번에 많은 사람이 이동할 수 있다.
- 층을 올라가거나 내려갈 때 모두 이용할 수 있다.
- 계단을 대신할 수 있다.
- 타면서 장난을 치면 안 된다.

■ 차이점

- 엘리베이터는 자주 정지하지만, 에스컬레이터는 그렇지 않다.
- 에스컬레이터는 올라갈 때와 내려갈 때 다른 장치를 사용하지만, 엘리베이터는 그렇지 않다.
- 에스컬레이터는 반드시 한 층을 단위로 이동해야 하지만, 엘리베이터는 그렇지 않다.
- 에스컬레이터를 사용할 땐 걸어가면 더 빠르게 이동할 수 있지만, 엘리베이터는 그렇지 않다.
- 엘리베이터는 밀폐된 공간이지만, 에스컬레이터는 그렇지 않다.
- 엘리베이터는 여러 층 사이를 움직일 때 주로 사용하고 에스컬레이터는 간격이 좁은 층 사이를 움직일 때 주로 사용한다.
- 엘리베이터는 버튼을 눌러서 이동하지만, 에스컬레이터는 그렇지 않다.

해설 용도는 비슷하지만, 방법은 다른 실생활에서 자주 사용하는 사물들의 공통점과 차이점을 찾아야 합니다.

2 서로 다른 용도 찾기

표준 문제

모범답안

- 더위를 식힐 수 있다.
- 빨래를 빠르게 말릴 수 있다.
- 음향 효과로 사용한다.
- 종이 날리기 시합을 할 수 있다.
- 환기를 도울 수 있다.
- 음식을 식힐 수 있다.
- 벌레를 쫓을 수 있다.

해설 사물의 고정적인 쓰임새 이외 창의력을 발휘하여 다양한 쓰임새를 찾아야 합니다.

연습 문제

1. 모범답안

- 보드게임을 할 수 있다.
- 간식을 먹을 수 있다.
- 마음대로 두들기며 박자놀이를 할 수 있다.
- 점토를 밀대로 밀며 놀 수 있다.
- 책상 밑에 들어가 아지트를 꾸밀 수 있다.

2. 모범답안

- 북북 찢으며 스트레스를 풀 수 있다.
- 물에 넣어 찢은 뒤에 말리면 새로운 종이를 만들 수 있다.
- 구겨서 물감을 묻혀 도장으로 쓸 수 있다.
- 가위로 잘게 잘라 꽃가루로 쓸 수 있다.
- 길게 잘라 붙여서 목걸이로 만들 수 있다.

3 도구의 활용

표준 문제

모범답안

- 스마트폰: 현대 최신 첨단 기술의 집약체이기 때문에 지구의 문명 발달 정도를 잘 알릴 수 있을 것이다.
- 지구의 갖가지 모습을 담은 사진·동영상: 지구의 생동적인 모습을 시각적으로 전달할 수 있을 것이다.
- 자동차: 지구에서 가장 보편적인 이동 수단이기 때문이다.
- 향수: 외계 생명체가 시각이 퇴화했거나 덜 발달했을 경우 다른 감각을 이용해야만 할 것이다.
- DNA 이중나선구조: 인간의 유전자 구조를 통해 지구 생명체의 특징을 파악하게 한다.
- 우주선: 지구에서 가장 멀리 갈 수 이동 수단이므로 지구의 문명을 잘 보여줄 수 있을 것이다.

해설 정답이 없는 문제이므로 정답보다는 그 이유에 대해 창의성을 발휘하여 논리적으로 적어야 합니다.

연습 문제

모범답안

- 우주복: 우주의 해로운 환경에서 나를 지켜줄 수 있기 때문이다.
- 산소 발생장치: 호흡을 해야 생존하기 때문이다.
- 우주 식량: 영양제 등 소형캡슐로 만들어진 식량을 가져간다.
- 우주 지도: 우주에서 길을 잃고 미아가 되지 않기 위해서이다.
- 물: 사람은 물 없이 오래 버티지 못하기 때문이다.

해설 이 문제는 정해진 답이 없고 자유롭게 다양하게 생각하는 훈련을 하는 문제입니다. 자유롭게 생각하되, 이유를 함께 써야 하므로 추상적이지 않은 구체적인 물건을 선택해서 그 이유를 논리적으로 설명하는 것이 좋습니다.

4 그림 그리기

표준 문제

모범답안

제목: 철길을 가로막는 거대한 돌

해설 답안은 학생들에 따라 다양하게 나올 수 있습니다. 정교하게 그림을 그리고, 창의성 있는 표현을 하면 좋습니다.

연습 문제

1. 모범답안

해설 답안은 학생들에 따라 다양하게 나올 수 있습니다. 정교하게 그림을 그리고, 창의성 있는 표현을 하면 좋습니다.

2. 모범답안

공룡 로봇으로 소리를 내면서 움직인다.

해설 그 외 다양하고 창의적인 아이디어로 선을 연결해 나만의 로봇을 만들어 봅니다.

5 서로 반대되는 성질 나열하기

표준 문제

모범답안

- 빨간색과 파란색
- 아이스크림과 뜨거운 커피
- 여름의 아스팔트와 겨울의 대리석
- 해수욕장과 스키장
- 수영장과 목욕탕
- 찜질방과 얼음방
- 핫팩과 아이스팩
- 냉장고와 전자레인지
- 목도리와 부채
- 에어컨과 난로
- 수박과 군고구마
- 털부츠와 샌들

연습 문제

모범답안

- 엄마와 아기
- 새 연필과 몽당연필
- 튜브에 바람을 넣기 전과 후
- 수박과 수박씨
- 타조 알과 메추리 알
- 엄지발가락과 새끼발가락
- 토마토와 방울토마토
- 풍선에 바람을 넣기 전과 후
- 아파트와 주택
- 바다와 시냇물
- 바위와 조약돌

6 창의적 그림 그리기

표준 문제

모범답안

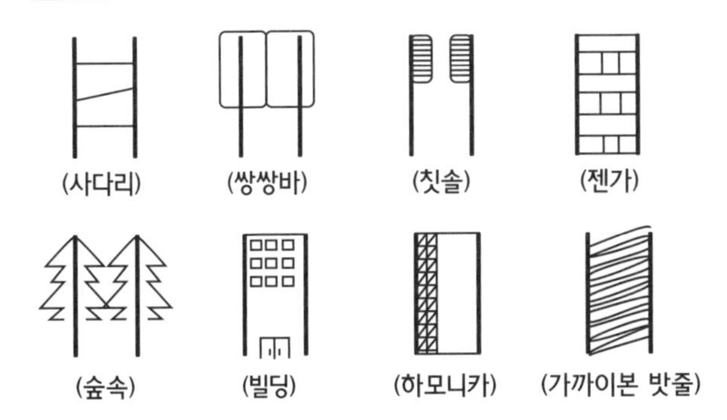

해설 이 문제는 많은 아이디어(유창성), 다양한 아이디어 (융통성), 창의적 아이디어(독창성), 구체적 아이디어(정교성)를 낼 수 있는지 측정하는 문항입니다.

연습 문제

모범답안

(해)

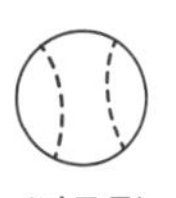
(야구공)

(포도알)

(오렌지)

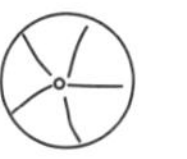
(위에서본 파라솔)

(축구공)

(비눗방울)

(키위)

해설 이 문제는 많은 아이디어(유창성), 다양한 아이디어 (융통성), 창의적 아이디어(독창성), 구체적 아이디어(정교성)를 낼 수 있는지 측정하는 문항입니다.

7 그림 기호

표준 문제

모범답안

해설 그림기호를 간단하면서도 상징적으로 표현해서 한 눈에 알아볼 수 있게 하면 좋습니다.

연습 문제

모범답안

해설 그림기호를 간단하면서도 상징적으로 표현해서 한 눈에 알아볼 수 있게 하면 좋습니다.

8 만화 그리기

표준 문제

모범답안

제목: 엘리베이터

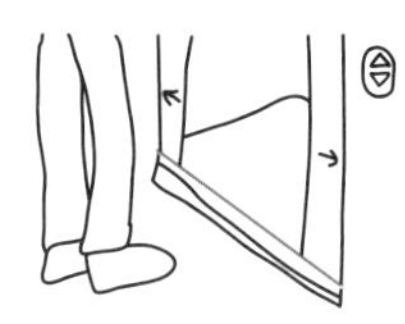

1. 띵. 열렸습니다　　2. 올라가는 중...

해설 만화를 통한 스토리텔링 능력과 창의적 표현 능력을 평가하는 문항입니다.

연습 문제

1. 모범답안

제목: 태풍

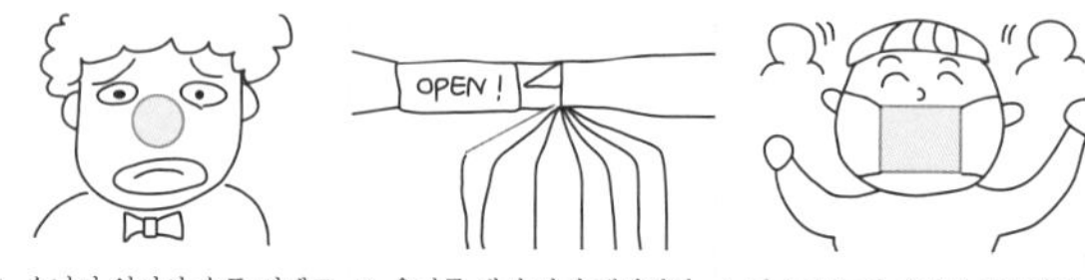

1. 손님이 없어서 슬픈 삐에로　2. 용기를 내서 다시 개장한다　3. 마스크를 낀 손님이 잔뜩왔다

해설 만화를 통한 스토리텔링 능력과 창의적 표현 능력을 평가하는 문항입니다.

2. 모범답안 외계 로봇 침공

평화로운 동네에 외계 비행접시가 날아오고, 로봇이 내려와서 사람들을 공격한다. 전 지구가 이런 외계 비행접시의 공격을 받고 있습니다.

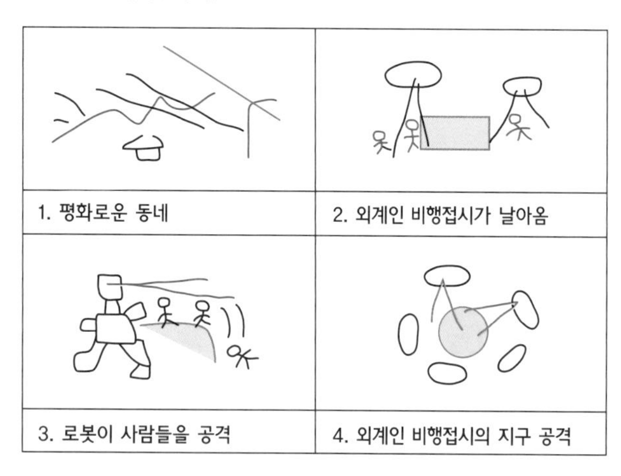

1. 평화로운 동네　2. 외계인 비행접시가 날아옴　3. 로봇이 사람들을 공격　4. 외계인 비행접시의 지구 공격

해설 그 외 다양하고 창의적인 아이디어로 그림을 그려서 나만의 웹툰으로 스토리텔링을 해봅니다.

9 창의성 기법 이용

표준 문제

모범답안

P: 다른 사람들의 감정이 궁금할 때 유용하게 쓰일 수 있습니다.

M: 다른 사람들의 감정을 마음대로 읽을 수 있으므로 사생활 침해 논란이 일어날 수 있습니다.

I: 사람들의 복잡한 감정들을 읽어낼 수 있도록 구현한 알고리즘이 흥미롭습니다.

연습 문제

1. 모범답안

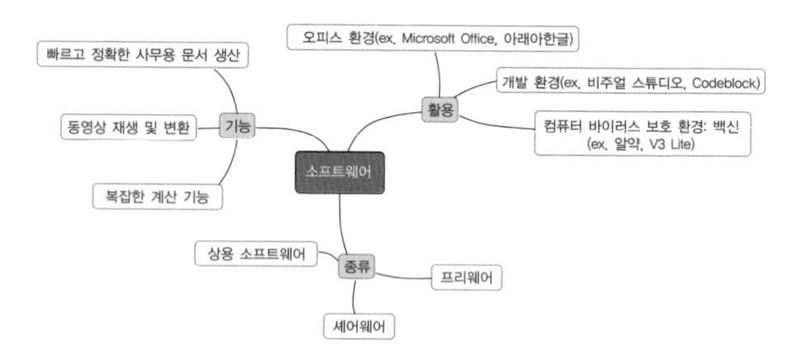

해설 마인드맵은 중심 키워드를 바탕으로 가지를 뻗어 나가듯이 생각의 고리를 확장해 나가는 사고기법입니다. 소프트웨어에서 '기능, 종류, 활용'을 일차적인 생각의 가지로, 그다음 이 세 가지 키워드를 바탕으로 더 다양한 생각의 가지를 뻗어 나가면 됩니다.

2. 모범답안

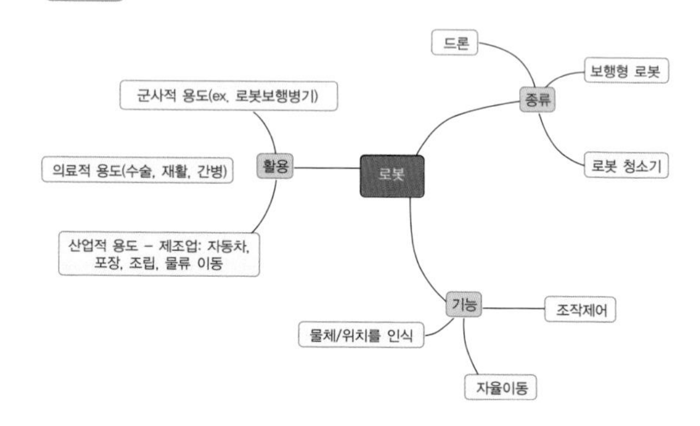

해설 마인드맵은 중심 키워드를 바탕으로 가지를 뻗어 나가듯이 생각의 고리를 확장해 나가는 사고기법입니다. 로봇에서 '기능, 종류, 활용'을 일차적인 생각의 가지로, 그다음 이 세 가지 키워드를 바탕으로 더 다양한 생각의 가지를 뻗어 나가면 됩니다.

3. 모범답안

- 빨간 모자: 부양할 사람들이 부족해지면 우리 사회는 붕괴할지도 몰라!
- 노란 모자: 오히려 일자리 부족 문제도 해결되고 좋은 변화일지도 몰라!
- 흰색 모자: 우리나라가 OECD 국가 중 최저 출산율인 것

은 사실이야.

■ 검은 모자: 저출산 대책을 위한 정책은 모두 실패하고 있어, 어쩔 수 없다고!
■ 녹색 모자: 신혼부부를 위한 육아, 출산 제도를 더 확대하면 어떨까?
■ 파란 모자: 우리 모두의 의견들을 종합해보자.

Section 02 IT 영역

1 스마트폰

표준 문제

모범답안 과거에는 전화기, TV, MP3, 플래시 등 전자 제품들이 대부분 한 가지 기능만 있었습니다. 하지만 최근에는 스마트폰 하나로 수많은 기능을 구현할 수 있습니다. 이게 가능해진 이유는 크게 두 가지입니다.
스마트폰은 다른 기기들처럼 제작 과정에서 기능을 한정 짓지 않고 다양한 애플리케이션을 설치하고 실행할 수 있게 자체 OS(운영체제, 안드로이드나 iOS 등)를 탑재하였기 때문입니다.
그리고 스마트폰엔 카메라 렌즈, 지문 센서, 플래시, 스피커, GPS 장치 등 수많은 하드웨어 부품들이 융합해 있기 때문입니다.

연습 문제

1. **모범답안**
- 현재 나의 심리 상태와 학습 환경, 학습 태도 등을 입력하면 맞춤식으로 학습 방법을 알려주는 애플리케이션
- 키우고 싶은 애완견 종류, 애완견 크기, 색깔, 나이, 애완견의 성격 등을 입력하면 해당하는 애완견을 판매하는 상점(shop)으로 자동으로 연결해 주는 애플리케이션
- 냉장고에 있는 재료들을 입력하면 재료들을 활용해 만들 수 있는 음식들과 조리법을 보여주는 애플리케이션

해설 애플리케이션의 종류는 많으므로 검색하면 유사한 애플리케이션이 있을 수 있음

2. **모범답안** 스몸비 현상 문제해결의 예
스마트폰의 만보기 앱처럼 움직임을 감지하는 앱이 있어서, 움직이면서 스마트폰을 사용하면 왼쪽의 잠금 화면으로 돌아가고 잠금 화면을 열 수 없습니다.
이때, 잠기는 조건은 이동하면서 사람의 얼굴이 30초 이상 감지되어야 합니다.
만약, 멈춰서 핸드폰을 사용하면 다음 그림의 자물쇠가 잠기는 모양이 열리는 모습으로 바뀌면서 잠금 화면을 풀 수 있습니다.

2 인공 지능

표준 문제

1. 모범답안

- 텔레마케터
- 컴퓨터 정보 입력원
- 단순 제조 기능공

2. 모범답안

- AI S/W 운용사
- 인공지능 학습 컨설턴트
- 인공지능 게임 프로그래머

연습 문제

1.

❶ 모범답안

- 현재의 방안의 온도에 따라 스스로 풍속을 조절합니다.
- 주변에 사람이 없는 것이 감지되면 스스로 멈춥니다. 사람의 방향을 향해 움직이면서 동작합니다.

❷ 모범답안

- 사람이 들고 가지 않아도 바퀴가 있어서 따라오면서 바람을 불어줍니다.
- 음성명령으로 멈추거나 다른 곳으로 이동할 수 있습니다.

2. 모범답안

- 텔레마케터와 같은 직업이 인공지능으로 대체되면 사람이 겪어야 했던 감정노동을 인공지능이 대신해주기 때문에 스트레스를 덜 받을 수 있습니다.
- 인공지능으로 늙지 않는 반려동물로 대체되면 반려동물의 죽음으로 인한 슬픔을 느끼게 될 필요가 없어서 좋습니다.
- 인공지능 스피커를 사용할 경우 리모컨을 찾지 않고 음성으로 명령만 하면 되기 때문에 편리합니다.

3 드론

표준 문제

모범답안

- 드론을 이용해 산악지대에 낙오된 등반자에게 약품을 전달합니다.
- 드론을 이용해 물에 빠진 사람에게 밧줄을 건네줍니다.
- 드론을 이용해 화재를 진압합니다.
- 드론을 이용한 택배에 사용합니다(섬 주민에게 물건을 전달하는 용도 등).

연습 문제

모범답안 교통수단이 다양해지므로 현재보다 교통체증이 줄어들 것입니다. 이로 인해 이동에 걸리는 시간이 줄어들어서 이용자들은 시간을 더욱 효율적으로 사용할 수 있을 것입니다. 다만, 기존에 없던 하늘을 나는 교통수단이므로 이를 위한 새로운 교통 법규가 필요할 것입니다.

4 자율주행차

표준 문제

모범답안 자율주행차는 앞에 있는 카메라로 표지판이나 신호 등을 파악해야 하고, 사방에 부착된 센서를 이용해 가까이 오는 다른 차들과 일정한 간격을 유지하면서 주행할 수 있어야 합니다.

연습 문제

1. 모범답안

- 운전자의 실수로 일어나는 교통사고가 감소할 것입니다.
- 교통 약자들의 운전이 기존보다 수월해질 것입니다.
- 운전자가 차를 운전하는 데서 오는 피로가 줄어들 것입니다.
- 사람이 적은 도로로 진로가 자동 설정되기 때문에 더욱 원활하고 빠른 이동이 가능할 것입니다.

2. 모범답안

- 교통사고가 발생했을 때 누구에게 책임이 있는 것인지가 불명확해집니다.
- 자동차 안에 프로그래밍한 자율주행 시스템이 해킹되면 탑승자들의 안전을 해칠 수 있습니다.
- 복잡하게 프로그래밍이 되어있기 때문에 가격이 비쌀 수 있습니다.
- 트럭 운전사, 택시 운전사, 버스 운전사와 같은 수많은 운전을 하는 일자리들이 사라지게 되므로 실업률이 증가할 수 있습니다.

1 숫자 만들기

표준 문제

모범답안

4+4−4−4=0
4−4+4−4=0
4×4−4×4=0
4÷4−4÷4=0
4÷4×4÷4=1
4×4÷4÷4=1
4×4÷(4+4)=2
(4+4+4)÷4=3
(4−4)X4+4 =4
(4×4+4)÷4=5
(4+4)÷4+4=6
4+4−4÷4=7
4+4+4−4=8
4×4−4 − 4=8
4+4+(4÷4)=9

해설 예시 외에도 방법이 많으므로 더 찾아봅시다.

연습 문제

1. 모범답안

7+7 − 7+7 − 7=7
7×7÷7×7÷7=7
(7+7)×(7÷7) − 7=7
(7−7)×(7÷7)+7=7

해설 예시 외에도 방법이 많으므로 더 찾아봅시다.

2. 모범답안

30÷15=2
34÷17=2
36÷18=2
38÷19=2
68÷34=2
70÷35=2
76÷38=2
78÷39=2
48÷16=3
54÷18=3

해설 위와 같이 숫자가 중복되지 않게 최대한 많이 만들어 봅시다.

3. 모범답안

❶ 2+8=10
❷ 0+2+6=8
❸ 2+5−6=1
❹ 2×8=16

2 도형 분할

표준 문제

모범답안

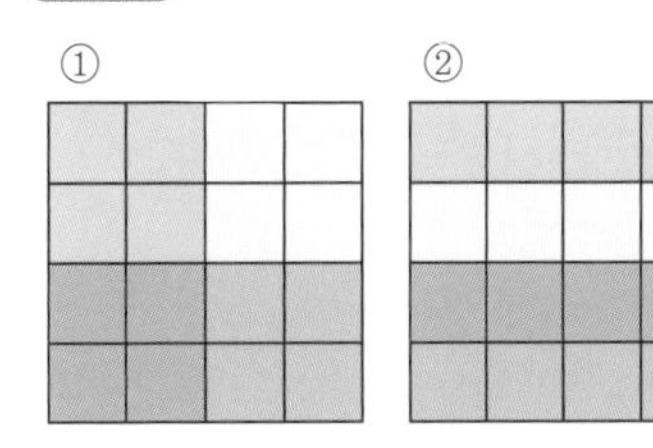
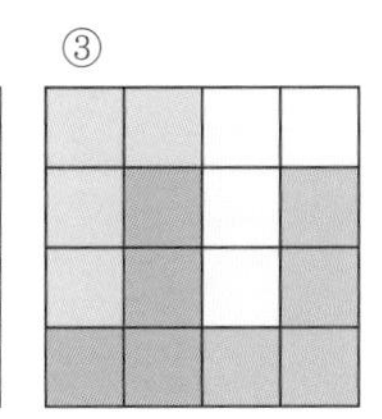
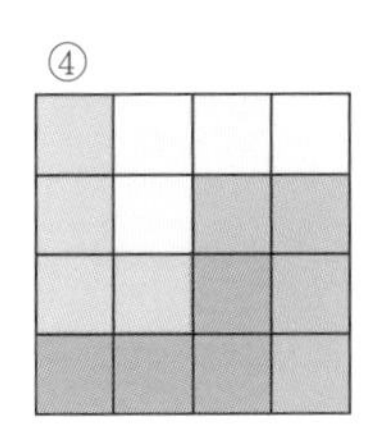
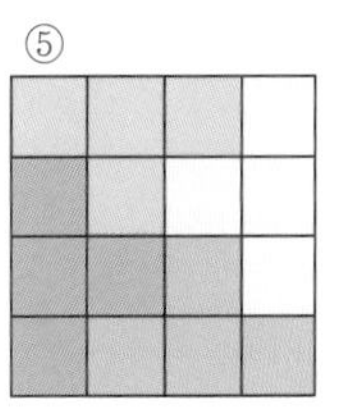
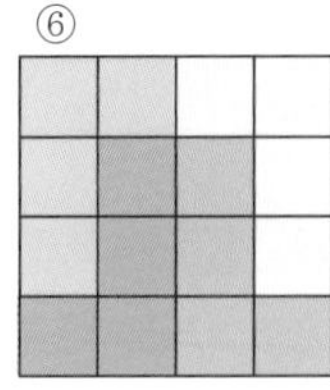

해설 예시 외에도 방법이 많으므로 더 찾아봅시다.

연습 문제

1. 모범답안

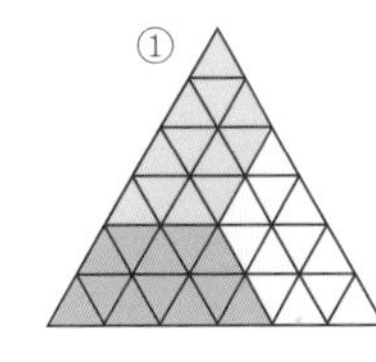
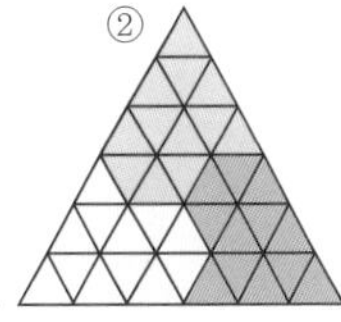
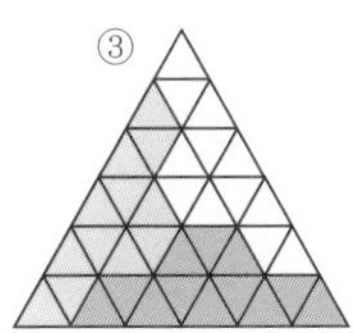

해설 크기가 같아야 하므로 한 조각당 36÷3=12조각이 되어야 합니다. 가운데에 점을 찍고 12조각씩 같은 모양의 도형이 되도록 나누어 봅니다.

2. 모범답안

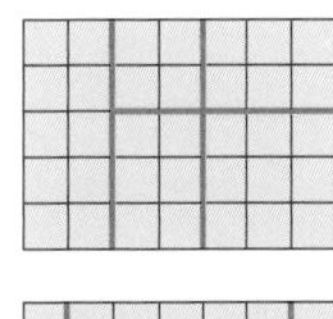
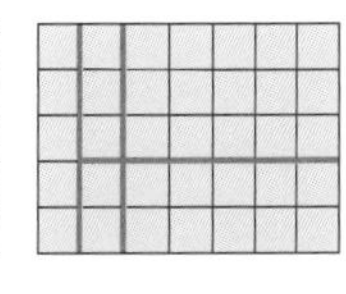
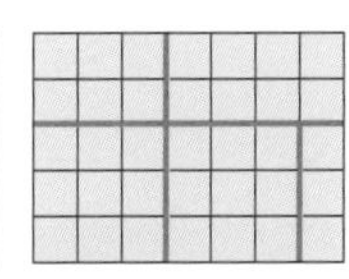

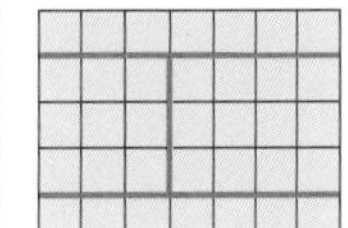

3. 모범답안

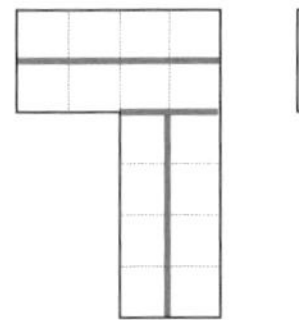
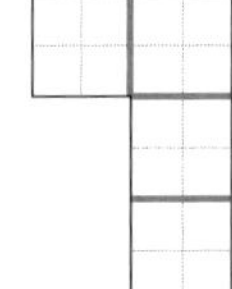
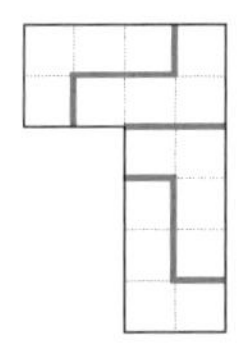
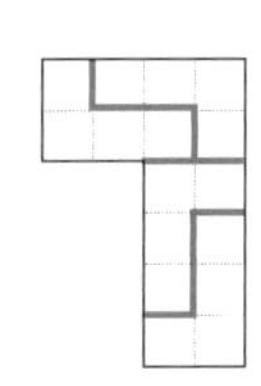

3 암호

표준 문제

모범답안 5999, 9599, 9959, 9995, 5599, 5959, 5995, 9595, 9559, 9955, 5559, 5595, 5955, 9555

해설 지문 자국이 숫자 5와 9에만 있으므로 비밀번호는 5와 9로만 이루어진 4자리 숫자이다.

- 5가 1개, 9가 3개로 이루어진 숫자: 5999, 9599, 9959, 9995
- 5가 2개, 9가 2개로 이루어진 숫자: 5599, 5959, 5995, 9595, 9559, 9955
- 5가 3개, 9가 1개로 이루어진 숫자: 5559, 5595, 5955, 9555

연습 문제

1. **모범답안** 아파트 지하

2. **모범답안** information

해설 암호 메시지에 있는, 띄어쓰기로 구분된 각 두 자릿수 AB에 대하여, 왼쪽 세로줄을 A, 위 가로줄을 B로 하여 대응하는 두 줄에 대한 교차점을 차례로 찾습니다. 그 결과 가능한 경우는 다음과 같이 4가지입니다.

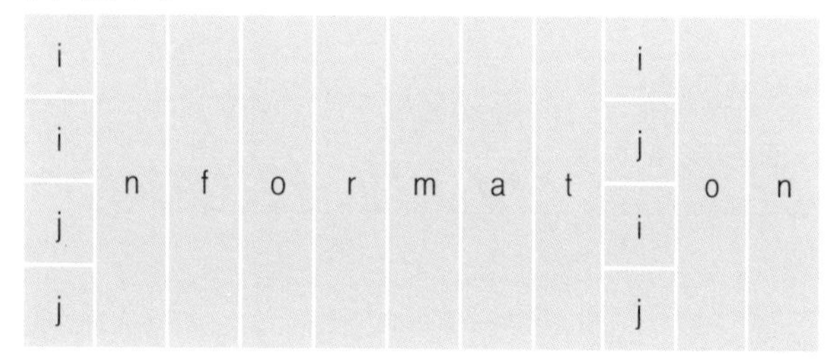

답을 존재하는 영어 단어이자 유일한 경우라고 했을 때, information으로 보는 것이 정황상 타당합니다.

4 숫자 규칙

표준 문제

모범답안

A: 100100

B: 1300

해설

- 000011, 000110, 001100, 011000, 110000, 000101

  11이 오른쪽 끝에서 왼쪽 끝으로 한 칸씩 이동하며, 나머지 부분은 0입니다.

  001010, 010100, 101000, 001001, 010010, [A]

  왼쪽 끝까지 이동하고 나면 1과 1 사이에 0이 하나 더 들어가고, 같은 규칙으로 '101'이 오른쪽 끝에서 왼쪽 끝으로 한 칸씩 이동하며, 나머지 부분은 0입니다.

  001001, 010010, 100100

  왼쪽 끝까지 이동하고 나면 1과 1 사이에 0이 하나 더 들어가고, 같은 규칙으로 '1001'이 오른쪽 끝에서 왼쪽 끝으로 한 칸씩 이동하며, 나머지 부분은 0입니다.

- 시계의 시간 간격을 생각하고 풀어 봅니다.

  11:57 → 11:58 → 11:59 → 12:00

  09:30 → 10:00 → 10:30 → 11:00

  12:00 → 12:20 → 12:40 → 13:00

연습 문제

1. **모범답안** 5

해설 121 12321 1234321 123454321 12345654321

121: 1에서 2까지 순차적으로 올라간 다음 다시 1로 순차적으로 내려옵니다.

12321: 1에서 3까지 순차적으로 올라간 다음 다시 1로 순차적으로 내려옵니다.

1234321: 1에서 4까지 순차적으로 올라간 다음 다시 1로 순차적으로 내려옵니다.

123454321: 1에서 5까지 순차적으로 올라간 다음 다시 1로 순차적으로 내려옵니다.

12345654321: 1에서 6까지 순차적으로 올라간 다음 다시 1로 순차적으로 내려옵니다.

1212321234321234543212345: 그러므로 25번째에 올 숫자는 5입니다.

2. **모범답안** 원형 모양의 형태 안에 주어진 왼쪽 숫자의 이웃하는 두 숫자의 합을 우측에 써넣었습니다.

해설 숫자 1 양옆의 숫자를 더하면 5

숫자 2 양옆의 숫자를 더하면 6

숫자 3에 인접해 연결된 숫자를 더하면 10

숫자 4에 인접해 연결된 숫자를 더하면 3

숫자 5에 인접해 연결된 숫자를 더하면 5

5 계산식 만들기

표준 문제

모범답안

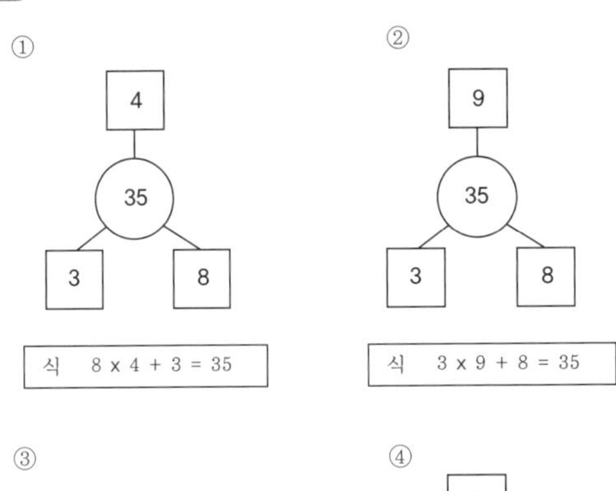

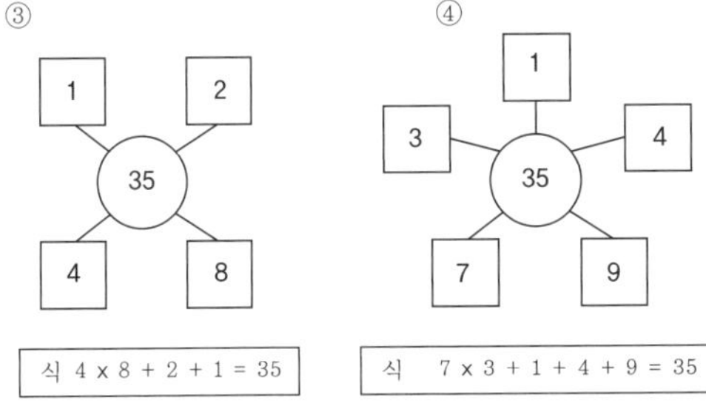

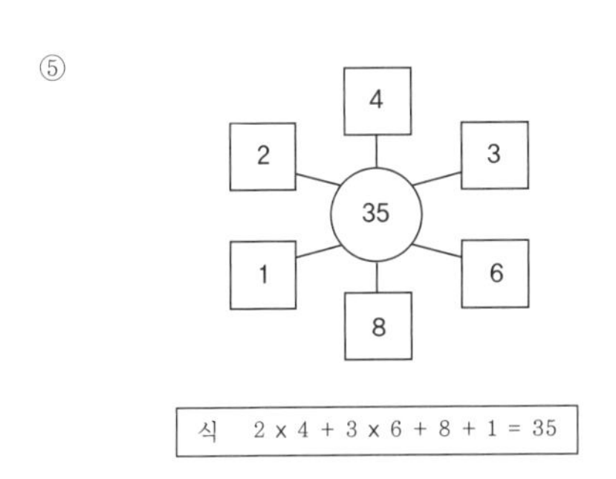

연습 문제

1. 모범답안

❶ 각 변에 있는 세 수의 합이 삼각형 내부의 수가 됩니다.

❷

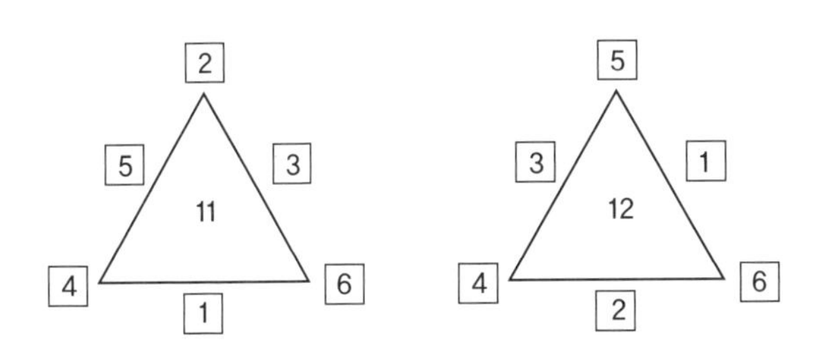

2. 모범답안 $2\times78=156=39\times4$

해설 가운데 세 자리 수의 백의 자리가 1이므로 첫째 수의 앞 일의 자릿수X십의 자릿수=1 **의 값이 나오도록 구성합니다.

또한, 셋째 수의 십의 자릿수X일의 자릿수=1**의 값이 나오도록 해야 합니다.

1~9까지의 수를 나열한 다음 빈칸에 해당하는 숫자를 중복되지 않게 넣으면서 알맞은 값을 맞혀 갑니다.

6 대칭 문자

표준 문제

모범답안

대칭축의 개수	해당하는 알파벳
0	G, J, L, N, P, R, S
1	A, C, D, T, M
2개 이상	O, H, I

해설 C, D는 대칭축이 가로로 그려지고 A, M, T는 세로로 그려집니다. H,I는 대칭축이 가로, 세로로 그려집니다. O는 대칭축이 가로,세로, 대각선으로 그려집니다.(알파벳 O는 완벽한 원 형태일 경우 가운데 원점을 지나는 선을 그으면, 어떤 선이든지 대칭축이 됩니다.)

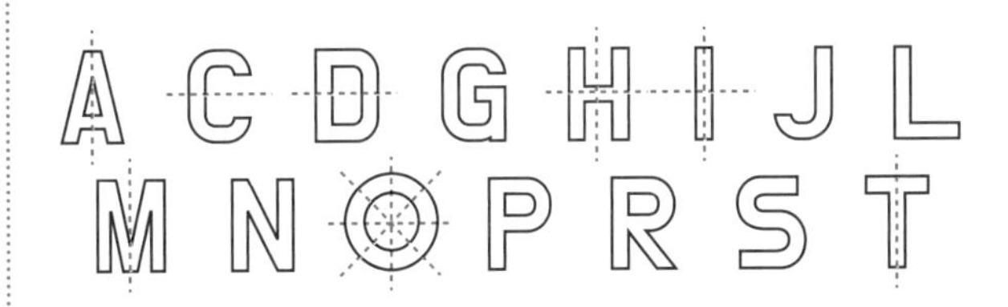

연습 문제

모범답안 응, 름, 근, 늑, 표, 믐

해설 위아래로 뒤집어도 같은 글자는 대칭축이 가로로 그려지는 글자입니다. 이에 주의해서 글자를 찾아봅시다.

7 도형의 둘레 길이 계산

표준 문제

모범답안 160배

해설

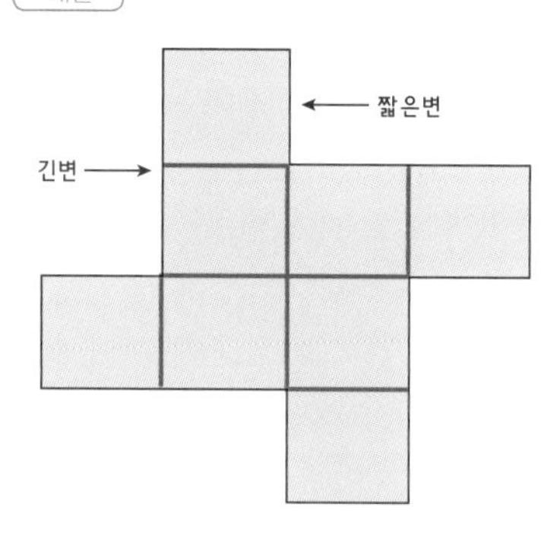

주어진 도형은 작은 정사각형 8개로 나누어질 수 있습니다. 그러면 한 정사각형은 100개의 타일로 이루어집니다. 즉 가로 10개×세로 10개로 구성됩니다.

작은 정사각형의 한 변은 타일 1개의 10배입니다. 이런 테두리 길이가 16개 있으므로 160배임을 알 수 있습니다.

연습 문제

모범답안 ②

해설 다음과 같이 사각형으로 만들어 생각했을 때, 주어진 도형 둘레의 길이는 직사각형 둘레의 길이와 같습니다.

둘레의 길이는 2×(가로의 길이+세로의 길이)이므로 2×(24+17)=82가 됩니다.

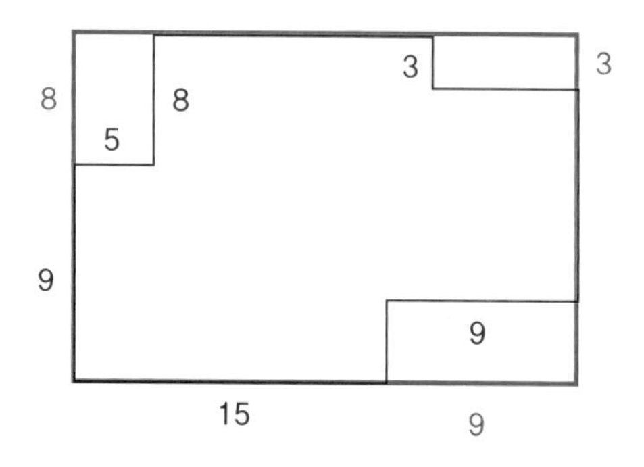

Section 04 공간지각 영역

1 도형 회전

표준 문제

모범답안 ②

해설 바깥쪽의 도형은 시계방향으로 90도 회전하며, 그 색은 검은색과 흰색이 번갈아 나옵니다. 안쪽의 도형은 시계방향으로 180도 회전하고, 그 색은 흰색과 검은색이 번갈아 나옵니다.

안쪽과 바깥쪽의 도형의 색깔은 무조건 다릅니다. 다음 차례에는 바깥쪽이 흰색, 안쪽이 검은색입니다.

규칙에 따라 도형을 회전시킨 결과는 ② 번 도형이 와야 합니다.

연습 문제

1. 모범답안 ①

해설 오른쪽 끝으로 갈수록 꼬리 부분의 선이 한 개씩 줄어들고 화살표의 머리가 시계방향으로 90도씩 회전합니다.

2. 모범답안 ②

해설 첫행의 3번째에 있는 직사각형을 기준으로 오른쪽으로 뒤집고, 90도 회전한 다음, 위로 뒤집은 도형은 아래 모양과 같습니다. 이를 기준으로 하면 정답은 ②번입니다.

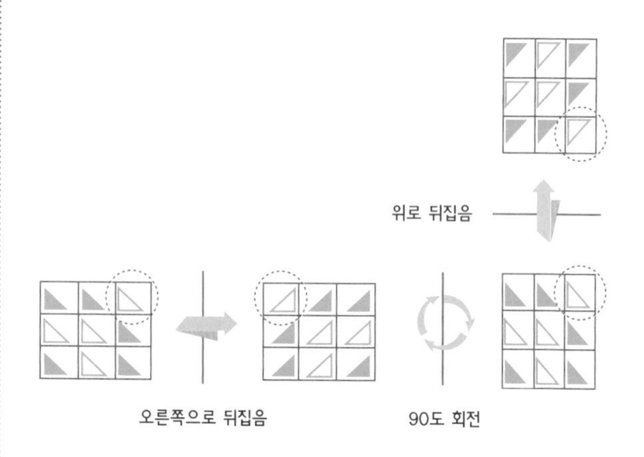

2 도형 뒤집기

표준 문제

모범답안

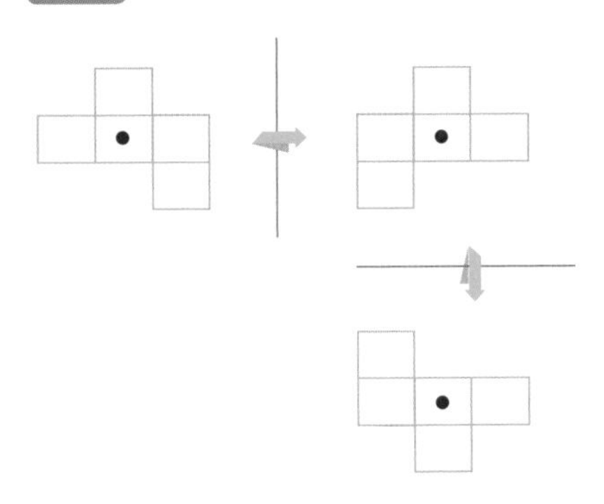

연습 문제

모범답안

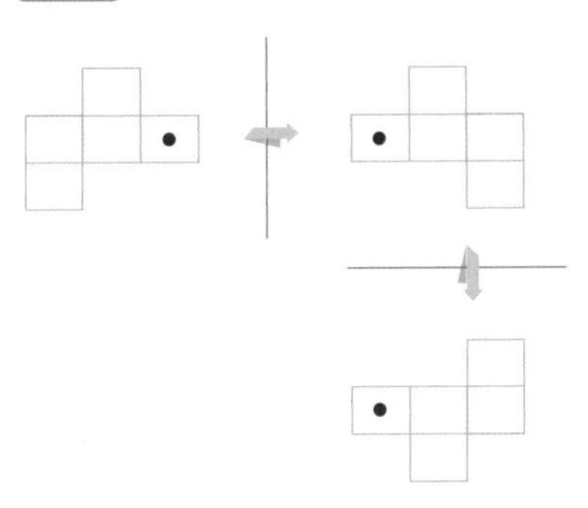

3 새로운 도형 만들기

표준 문제

모범답안

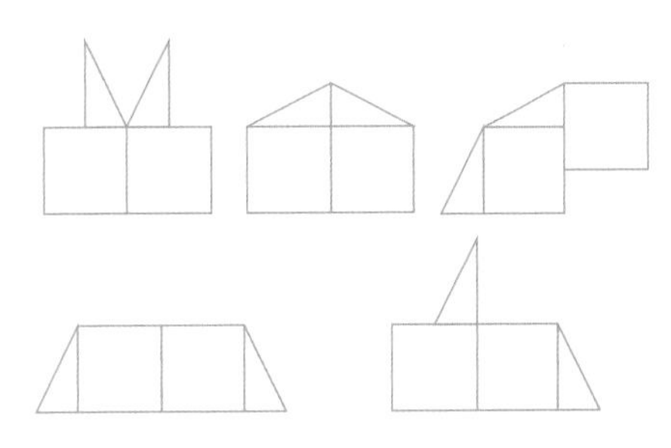

해설 삼각형의 빗변을 제외한 모든 변은 한 칸 또는 두 칸의 크기입니다. 그 변들이 인접하도록 도형을 붙이면 다양한 도형을 만들어 낼 수 있습니다.

연습 문제

1. 모범답안

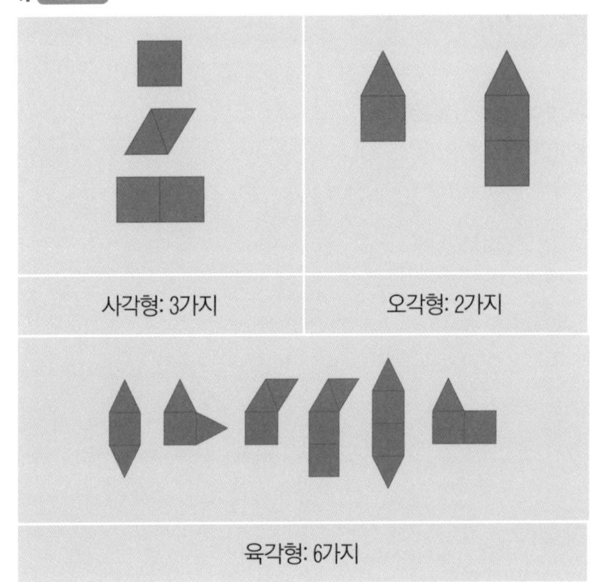

해설 사각형을 만들려면, 사각형을 1개 또는 2개를 쓰는 방법과 삼각형을 2개 붙이는 방법이 있습니다.
오각형을 만들려면, 삼각형 단독으로는 불가능합니다. 사각형의 개수에 따라 2가지 경우가 됩니다.
육각형을 만들려면, 삼각형 또는 사각형 단독으로는 불가능합니다. 사각형을 하나 쓰면 3가지 경우가 있고, 두 개 쓰면 위와 같이 3가지 경우가 있습니다.

2. 모범답안 48개

유형	삼각형 개수	종류	합계
1	2	7, 7, 7	21
2	4	3, 3, 3, 3, 3, 3	18
3	6	1, 1, 1, 1, 1, 1	6
4	8	1, 1, 1	3
총			48

4 종이접기

표준 문제

1. 모범답안 8개

해설 단계마다 삼각형의 개수가 2개씩 늘어나므로 3단계를 진행했을 때 8개가 됩니다.

2. 모범답안 4㎠

해설 한 변의 길이가 8㎝인 직각이등변삼각형의 넓이는 (8 X 3 X 1) ÷2 =32

3단계를 진행했을 경우 가장 작은 삼각형 하나의 넓이는 처음 직각이등변삼각형 넓이의 $\frac{1}{8}$ 이므로 구하는 넓이는 (32 X 1) ÷ 8 = 4 가 됩니다.

연습 문제

모범답안 모, 옹, 표, 유

해설 선대칭 도형을 나타내는 글자를 찾는 문제입니다. 직접 가운데에 선을 그어 좌우 대칭이 되는지 확인하면 됩니다.

5 쌓기나무

표준 문제

모범답안

최소 개수	최대 개수
17개	21개

해설 앞모양과 오른쪽 옆모양의 쌓기 나무수를 합쳐 윗 모양에 숫자로 표시해 개수를 파악한다.

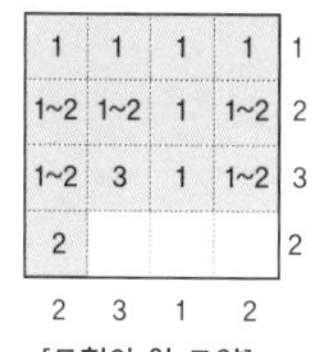

[도형의 윗 모양]

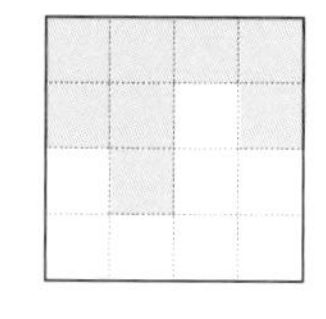
[거울에 비친 앞 모양]

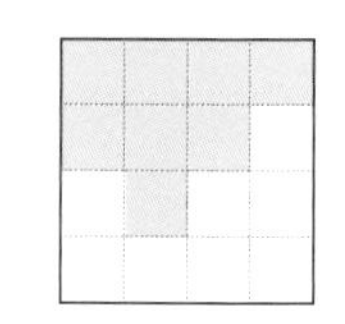
[거울에 비친 오른쪽 옆 모양]

1	1	1	1
1	1	1	2
1	3	1	1
2	0	0	0

[최소]

1	1	1	1
2	2	1	2
2	3	1	2
2	0	0	0

[최대]

연습 문제

모범답안 19개

해설 1층: 1개 2층: 1개 3층: 1개 4층: 15개 5층: 1개

1개+1개+1개+15개+1개 = 19개

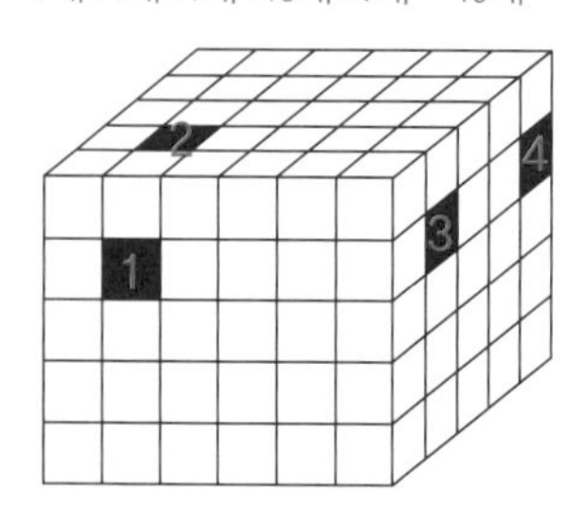

〈4층의 블록 배치〉

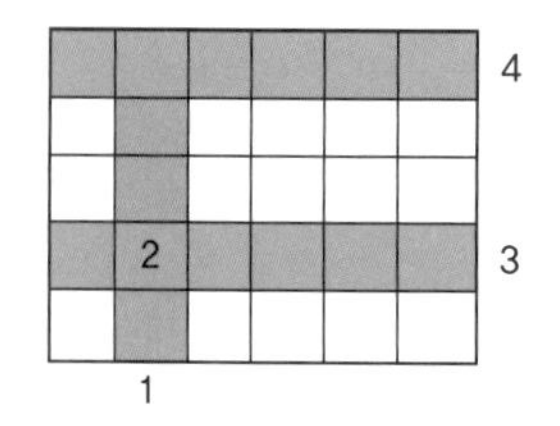

6 기하 패턴

표준 문제

모범답안

경우	배열 상태	타일 중앙에 있는 원의 개수	모통이에서 만들어지는 원의 개수	원의 개수
1	2X15	30	14	44

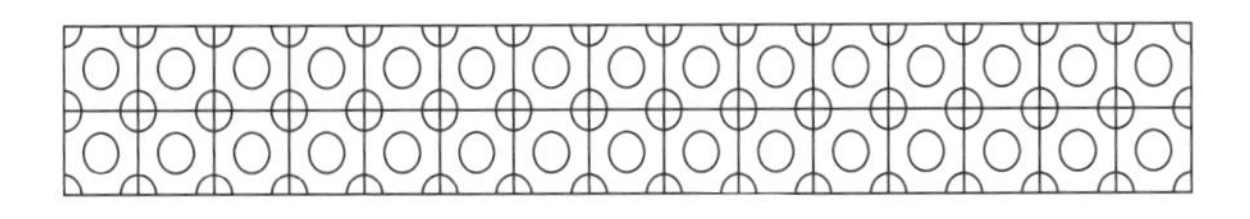

해설 위의 그림에서 원의 개수를 직접 세어볼 수 있습니다.

연습 문제

모범답안

경우	배열 상태	타일 중앙에 있는 원의 개수	모퉁이에서 만들어지는 원의 개수	원의 개수
1	3×10	30	18	48
2	5×6	30	20	50

해설

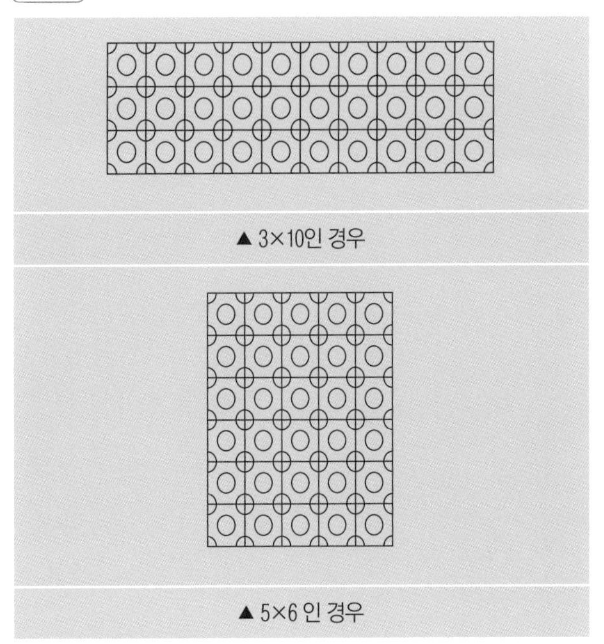

▲ 3×10인 경우

▲ 5×6 인 경우

각각의 경우에 대하여 그림을 그려, 원의 개수를 확인할 수 있습니다. 타일 중앙에 있는 원의 개수는 어떤 방법으로 배열하더라도 무조건 30개입니다. 그리고 모퉁이에서 만들어지는 원의 개수는 가로 길이에서 1을 뺀 것에서 세로 길이에서 1을 뺀 것이 된다는 것을 위의 그림을 통해 알 수 있습니다. 이러한 방법으로 모든 원의 개수를 구할 수 있습니다.

Section 05 발명 영역

1 더하기 발명

표준 문제

모범답안

■ 2개의 물건을 통한 발명

볼펜+시계=볼펜 시계: 시계를 보면서 볼펜처럼 사용할 수 있습니다.

베개 + 자명종 = 자명종 베개: 자명종 기능이 있는 베개를 만듭니다

■ 3개의 물건을 통한 발명[심화 활동]

스탠드+선풍기+독서대 = 다목적 독서대: 스탠드처럼 불빛을 내고 접으면 독서대가 되어서 책을 올려 넣고 읽을 수 있고 선풍기 기능이 있어서 바람을 불어 시원하게 해줍니다.

스마트폰 + 경보 알리미 세트 + 리모컨 = 전천후 알리미 장치: 스마트폰이 주인으로부터 일정 거리 이상 떨어지면 삑삑 소리가 울리면서 찾을 수 있게 하고, 리모컨으로 버튼을 누르면 스마트폰에 불빛이나 진동을 울리게 합니다.

연습 문제

모범답안

스마트폰+교과서: 스마트폰으로 ebook 형태의 교과서를 볼 수 있게 합니다.

책상+포스트잇: 책상 오른쪽 위에 포스트잇을 넣을 수 있는 작은 홈을 만들어 포스트잇을 잃어버릴 염려 없이 편하게 사용하게 합니다.

드론+텔레비전: 드론에 가벼운 텔레비전을 달아서 높이 띄워 올려 지상에서 많은 사람이 텔레비전을 시청하게 합니다.

스마트폰+텔레비전: 스마트폰에 TV 기능을 넣어서 텔레비전을 시청할 수 있게 합니다.

드론+스마트폰+교과서: 전자책 형태의 ebook을 스마트폰에 넣고, 스마트폰을 CPU로 하는 드론을 이용해 섬에 사는 아이에게 전달합니다.

2 모양 바꾸기 발명

표준 문제

모범답안

〈둥글게 말리는 스마트폰〉

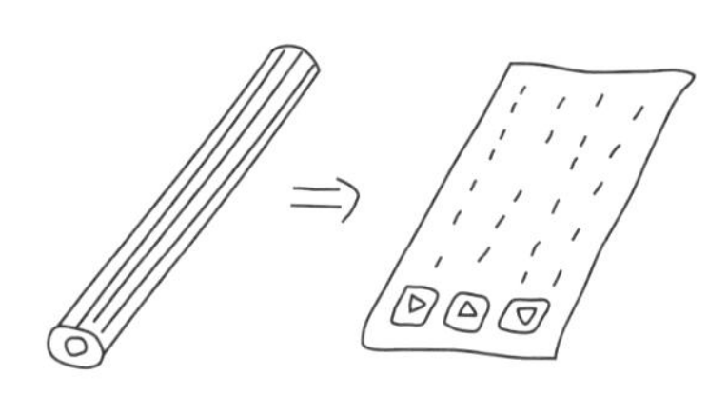

해설 그 외 창의적이면서도 다양한 아이디어로 새로운 스마트폰을 고안해 보세요.

연습 문제

1. 모범답안

〈책상일체형 컴퓨터〉

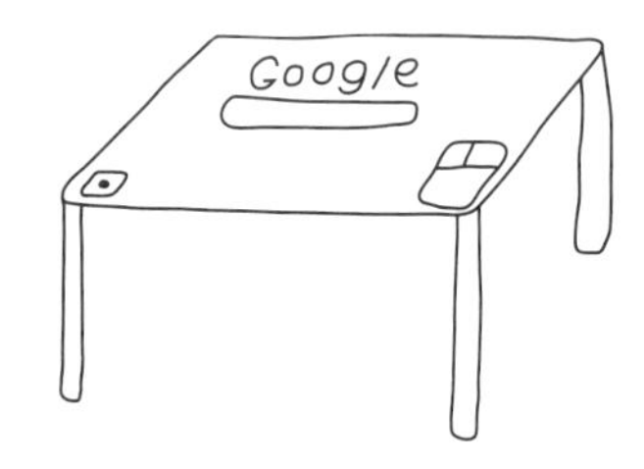

해설 그 외 창의적이면서도 다양한 아이디어로 새로운 컴퓨터 모양을 고안해 보세요.

2. 모범답안

〈바퀴가 없는 자동차〉

해설 그 외 창의적이면서도 다양한 아이디어로 새로운 자동차를 디자인해 보세요.

3 반대로 생각하기 발명

표준 문제

모범답안 장갑은 원래 다섯손가락을 끼울 수 있도록 해야 하나, 벙어리 장갑은 양말처럼 통으로 되어 있습니다. 거꾸로 세우는 화장품은 뚜껑을 여는 윗부분을 아래로 세우도록 화장품의 구조를 반대로 만들었습니다. (이렇게 하면 화장품을 짜서 사용할 필요없이 위쪽 입구에 화장품을 몰리게 해서 화장품을 효과적으로 사용하게 합니다.)

연습 문제

모범답안

〈목소리를 크게 해 주는 마이크〉 〈목소리를 없애주는 마이크〉

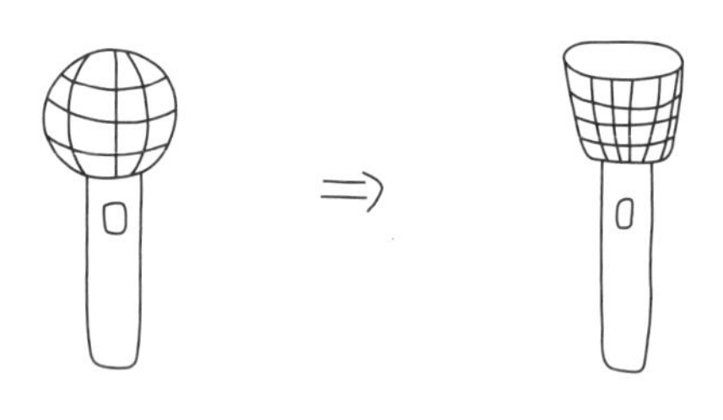

해설 그 외 창의적이면서도 다양한 아이디어로 나만의 발명품을 고안해 보세요.

4 하나를 다용도로 하는 발명

표준 문제

모범답안

설계도 스케치	기능을 구체적으로 설명
	안에 여러 색의 볼펜 심을 끼울 수 있는 원통이 있습니다. 볼펜 심을 선택해서 누르면 하나의 심만 밑으로 나옵니다. 입구가 좁아서 동시에 둘 이상의 심을 선택할 수 없습니다.

연습 문제

모범답안

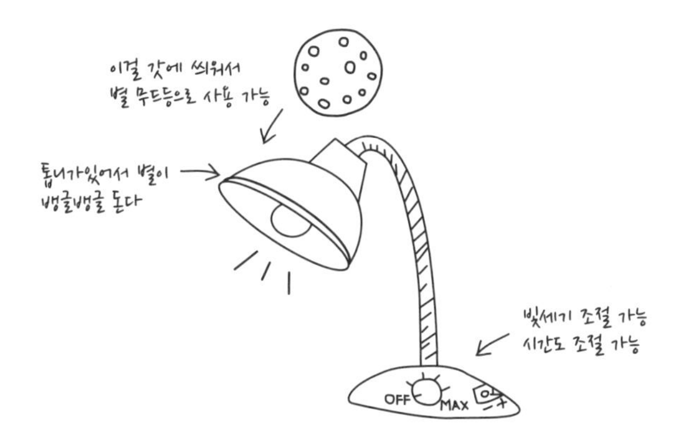

해설 그 외 창의적이면서도 다양한 아이디어로 나만의 멋진 스탠드를 고안해 보세요.

Section 06 언어사고력 영역

1 새로운 문장 만들기

표준 문제

모범답안

- 태평양에 정체불명의 원숭이 로봇이 발견되습니다.
- 원숭이 모양의 로봇을 만들어 태평양에 떨어뜨렸더니 헤엄을 치면서 도망갑니다.
- 구조 로봇이 태평양에 빠져 있는 원숭이를 구하러 출동했습니다.

해설 그 외 다양하고 톡톡 튀는 아이디어로 재미있는 문장을 만들어 보세요.

연습 문제

모범답안

인간과 닮은 인공지능 로봇이 새로 학교 담임 선생님으로 우리 학교에 왔다. 나는 너무 놀란 나머지 어떻게 해야 할지 몰라 컴퓨터로 인터넷에 접속해 방법을 찾아보았다. 나는 그 방법대로 일단 산속으로 올라갔다. 거기서 호랑이를 만나서 우리 담임인 인공지능 로봇을 공격할 것을 명령했다. 그러나, 호랑이는 인공지능 로봇의 적수가 되지 못했다. 인공지능 로봇은 호랑이를 한 방에 두드려 패서 기절시킨 후, 나를 찾으러 산을 뒤지기 시작했다. 나는 발견되어 잡히면 모든 것이 끝나는 줄 알고 경비행기를 통해 미국으로 도망가기 시작했다. 인공지능 로봇은 자체 추진 장치가 있어서 경비행기를 쫓아왔다. 그리고 소형 미사일을 경비행기를 향해 쏘았다. 내가 탄 경비행기는 태평양으로 추락하기 시작했으며 난 살기 위해서 낙하산을 타고 탈출했다.

해설 그 외 다양하고 톡톡 튀는 아이디어로 재미있는 문장을 만들어 보세요.

2 말 이어가기

표준 문제

모범답안

1. 학교 – 종소리 – 지각 – 선생님 – 달린다
2. 희다 – 구름 – 비 – 바다 – 물새

해설 이 문제는 언어를 연속적으로 연상하기 위한 활동입니다. '학교'와 '달린다'는 매우 동떨어진 단어이지만, '등교하고 있는데, 종소리가 들려오니 지각이구나'하는 생각과 함께 선생님의 무서운 얼굴이 떠올라 힘껏 달린다.'처럼 연결지어 단어를 이어나가는 활동을 하면 됩니다.

이와같이 첫 단어에서부터 마지막 단어까지 자연스럽게 연상해 이어

나가는 것입니다.

두 번째 보기는 '희다'를 시작으로 해서, 흰 것은 '구름', 구름에서 '비'가 내리고, 비가 모여서 '바다'로 흘러 가며, 바다에는 '물새'가 있다는 형식으로 연상을 해 단어를 연결지을 수 있겠지요.

연습 문제

모범답안

1. 학교 – 수업 – 방과 후 – 운동 – 야구
2. 축구 – 공 – 찬다 – 도로 – 차
3. 빨갛다 – 피 – 흘리다 – 어지럽다 – 팽이
4. 컴퓨터 – 게임 – 중독 – 병원 – 의사
5. 코끼리 – 천둥 – 번개 – 나무 – 책상

해설 5번의 경우 '코끼리'가 뛸 때는 '천둥'치는 소리가 나고, 천둥이 치는 곳에는 '번개'도 함께 생긴다고 생각해 보세요. 이어서 번개가 '나무'에 떨어지면 나무를 쪼개서 '책상'을 만드는 형식으로 연상활동을 해 보세요. 다른 문제들도 시작 단어로부터 해서 자유로운 연상으로 낱말을 자연스럽게 이어보는 활동을 해보세요.

3 광고 문구 만들기

표준 문제

모범답안

광고는 인터넷 세상에서만 사람들을 만나지 말고, 대면해서 사람들의 온기를 느끼자는 내용을 담고 있습니다. 효과적인 광고 전달을 위해서, 접속과 접촉이라는 발음이 비슷한 단어로 운율을 맞추었고, '많아지면 ~ 줄어듭니다'라고 하여 기억하기도 쉽게 만들었습니다.

연습 문제

모범답안

■ 떨어져 있는 우리, 함께 하는 미래

방역에서 가장 중요한 사회적 거리두기를 위해 현재는 떨어져 있지만, 미래에 코로나19 상황이 완화되면 다 같이 함께 할 수 있다는 뜻을 담았습니다.

■ 마스크를 써요, 미래를 써요!

코로나19 확산 방지에 가장 중요한 마스크 착용을 격려하기 위해 만든 광고 문구입니다. '써요'를 '마스크를 쓰다', '글을 쓰다' 할 때의 '쓰다'로 두 번, 동음이의어를 활용했습니다. 마스크를 써서 코로나19 확산을 막고 코로나 없는 미래로 나아가자는 뜻을 담았습니다.

4 규칙 찾아 단어 잇기

표준 문제

모범답안

자동차→동물원→물고기→고양이→양상추→상상력

휴대폰→대나무→나무꾼→무김치→김장철→장마철

해설 〈보기〉에 나열된 단어들은 앞 단어의 가운데 글자가 뒤 단어의 첫 글자가 되는 규칙이 있습니다.

연습 문제

모범답안

소나무→주소→현악 합주→발현→구둣발→친구→양친

가방→전문가→백과사전→청렴결백→요청→담요→농담

해설 〈보기〉의 단어들은 앞 단어의 첫 글자가 뒤 단어의 끝 글자가 된다는 규칙이 있습니다.

5 언어 논리 1

표준 문제

모범답안 다음과 같이 세가지 경우가 있습니다.

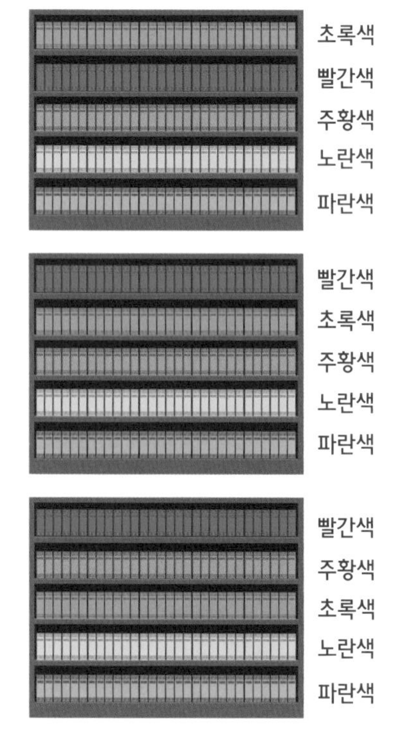

해설 c 규칙에 따라 노란색 책들은 두 번째 단(2단)에 고정합니다.

e 규칙에 따라 초록색 책은 노란색 책 위 세 번째(3단), 네 번째(4단), 다섯 번째(5단) 단에 넣을 수 있습니다.

b와 d 규칙에 따라 항상 주황색 책들과 빨간색 책들은 파란색 책 위에 넣습니다.

만약, 파란색 책들을 세 번째 단(3단)에 넣으면, 주황색 책들은 네 번째 단(4단), 빨간색 책들은 다섯 번째 단(5단)에 넣게 되고, 초록색 책들은 첫 번째 단(1단)에 넣게 되므로 e 규칙에 맞지 않습니다.
만약, 파란색 책들을 네 번째 단(4단)에 넣으면, 다섯 번째 단(5단)에 주황색 책을 넣게 되므로 b, d 규칙에 맞지 않습니다.
만약, 파란색 책들을 다섯 번째(5단)에 넣으면, b 규칙에 맞지 않습니다.
그러므로 세 번째(3단), 네 번째(4단), 다섯 번째(5단) 단은 주황색, 빨간색, 초록색 책들만 넣을 수 있고 첫 번째 단(1단)은 파란색 책을 고정합니다.
위의 가정에 따라 파란색 책들을 첫 번째 단(1단)에, b 규칙에 따라 노란색 책들을 두 번째 단(2단)에 고정합니다.
d 규칙에 따라 빨간색 밑에 주황색이 오는 경우를 생각하여 문제를 해결합니다.

연습 문제

모범답안

[가] ㉡ • ㉠ • ㉢ • ㉣ • ㉤
[나] ㉡ • ㉠ • ㉣ • ㉢ • ㉤
[다] ㉡ • ㉣ • ㉠ • ㉢ • ㉤
[라] ㉡ • ㉣ • ㉤ • ㉠ • ㉢
[마] ㉤ • ㉡ • ㉣ • ㉠ • ㉢

해설 [가]: ㉡이 ㉠을 추월했다.
[나]: 파란 차가 빨간 차 1대를 추월하는 경우는, ㉣이 ㉢을 추월하는 경우뿐입니다.
[다]: 파란 차가 빨간 차 1대를 추월하는 경우는, ㉣이 ㉠을 추월하는 경우뿐입니다.
[라]: 빨간 차가 빨간 차 2대를 추월하는 경우는, ㉤이 ㉢과 ㉠을 순차적으로 추월하는 경우뿐입니다.
[마]: 빨간 차가 파란 차 2개를 추월하는 경우는, ㉤이 ㉡과 ㉣을 순차적으로 추월하는 경우뿐입니다.

6 언어 논리 2

표준 문제

모범답안 여덟 살

해설 여자들을 나이 많은 순으로 W1, W2, W3, W4라 하고, 남자들은 나이 많은 순으로 M1, M2라고 가정합니다.
문제의 조건대로 M1과 W4는 네 살 차이이고 W1과 M2도 네 살 차이입니다. W1을 10살이라고 하면 M2는 6살이고, W4는 4살입니다. W4와 M1은 4살 차이이므로 M1은 8살이라는 것을 알 수 있습니다.
M1을 10살이라고 하면 W4는 6살, M2는 4살입니다. M2와 W1은 4살 차이이므로 W1이 8살이 됩니다. 이렇게 되면 여자들의 나이는 6살~8살 사이이므로 나이가 모두 달라야 하는 조건에 맞지 않습니다.

연습 문제

모범답안 ③

해설 디기를 제외한 아이들은 자기 앞에 최소한 한 명이 있습니다. 그러므로 디기는 무조건 맨 앞에 있어야 합니다. 그리고 디기의 뒤에는 더 키가 큰 아이들이 없으므로 디기가 가장 키가 큽니다.
비비는 최소 3명의 더 키가 큰 아이가 앞에 있고, 최소한 1명의 더 키가 큰 아이가 뒤에 있습니다. 그러므로 비비는 무조건 4번째 자리에 있어야 하고, 가장 키가 작습니다.

디기(5)			비비(1)	

에리는 뒤에 더 키가 큰 사람이 2명(커트리 또는 에리) 있습니다. 그리고 비비는 에이미보다 작습니다. 그래서 에이미는 두 번째 자리에 있어야 합니다.

디기(5)	에이미(2)		비비(1)	

에리는 뒤에 자기보다 키가 큰 사람이 없습니다. 그래서 그녀는 무조건 커트리 뒤에 있어야 하고, 제일 끝자리에 와야 합니다.

디기(5)	에이미(2)	커트리(4)	비비(1)	에리(3)

Section 07 논리사고력 영역

1 계열화 논리

표준 문제

모범답안 6

해설 3을 더하고, 3을 나누고, 3을 곱하고, 3을 빼는 규칙이 반복됩니다. 그러므로 ?에는 이전 숫자 3에서 3을 더한 값, 6이 와야 합니다.

연습 문제

1. 모범답안 H

해설 알파벳 대신 나열된 알파벳의 순서로 써보면 3→ 6→ 4→ 7→5가 됩니다.

3을 더하고, 2를 빼는 규칙이 반복되므로 ?에는 5에서 3을 더한 8에 대응하는 문자, 즉 H가 와야 합니다.

2. 모범답안 ①

해설 홀수 번호의 규칙과 짝수 번호의 규칙이 개별적으로 진행됩니다. 규칙에 따라 번호 순서대로 자료의 번호를 나타내면 아래 표와 같습니다.

번호	1	2	3	4	5	6	7	8	9	10	11	12
자료	2	7	4	4	8	1	16	−2	32	−5	64	−8

그러므로 11번째 자료에는 64, 12번째 자료에는 −8이 옵니다.

2 비례 논리

표준 문제

모범답안 ③

해설 기어의 톱니 수와 회전수는 반비례합니다. 톱니 수가 많을수록 한 바퀴 도는데 많은 시간이 필요하기 때문입니다. 큰 기어가 1분당 40번 회전하므로, 톱니수가 큰기어의 $\frac{1}{4}$ 인 작은 기어는 1분당 160번 회전합니다.

그러므로 작은 기어는 10분에 160×10=1600번 회전합니다.

연습 문제

모범답안 ①

해설 회전수가 같아지려면, 기어의 지름이 같아야 합니다. 보기 중에 처음 기어와 마지막 기어의 지름이 같은 것은 ①번 보기뿐입니다.

3 확률 논리

표준 문제

모범답안 ④

해설 특정 사건이 발생할 확률은 (특정 사건이 발생하는 경우의 수 ÷ 사건의 모든 경우의 수)로 구합니다. 주머니 속에는 모두 7개의 구슬이 있고, 이 중에 초록 구슬은 2개입니다. 그러므로 구슬의 전체 개수가 모든 경우의 수, 초록 구슬의 개수가 특정 사건에 관한 경우의 수가 됩니다. 그러므로 확률은 $\frac{2}{7}$ 입니다.

연습 문제

모범답안 ①

해설 바구니 2,400개 중 합격 제품이 400개이므로, 기계가 합격 제품을 생산할 확률은 $\frac{400}{2400}$, 즉, $\frac{1}{6}$ 입니다. 그러므로 30개의 과일 바구니를 만들었을 때, 5개의 합격 제품이 나올 것입니다.

4 변인통제 논리

표준 문제

모범답안 ①

해설 바퀴의 지름은 커졌는데, 회전속도는 같습니다. 그러므로 같은 한 바퀴를 돈다고 하더라도 큰 바퀴가 더 많이 이동합니다. 즉, 속도가 증가했다고 볼 수 있습니다.

연습 문제

1. **모범답안** ①

해설 받침점과 작용점의 거리가 가까울수록 적은 힘으로 물건을 쉽게 들어 올릴 수 있습니다. 받침점과 작용점 사이의 거리가 가장 짧은 것은 1번 보기입니다.(작용점: 지레가 움직여 물체에 힘이 작용하는 지점)

2. **모범답안** ②

해설 자동차가 오른쪽으로 회전하므로, 오른쪽 바퀴는 역으로 회전하고 왼쪽 바퀴는 정방향으로 회전해야 가장 작은 회전 반경으로 돌 수 있습니다.

5 조합 논리

표준 문제

모범답안 ③

해설 A 지점에서 B 지점으로 가는 경우의 수는 3가지, B 지점에서 C 지점으로 가는 경우의 수는 4가지입니다. 두 종류의 경우의 수가 동시에 시행되어야 하므로 이를 곱해야 합니다. 그러므로 A에서 B를 거쳐 C로 가는 모든 경우의 수는 3×4=12가지입니다.

연습 문제

모범답안 ④

해설 각 굴뚝에 대하여 가능한 경우의 수는 연기가 있는 경우와 없는 경우 총 2가지입니다. 3개의 굴뚝에 대한 경우의 수가 동시에 시행되어야 하므로, 이를 곱해야 합니다. 즉 정보를 전달할 수 있는 모든 경우의 수는 2×2×2=8가지입니다.

6 명제 논리

표준 문제

1. **모범답안** ③

해설 시작점에서 기억장소 1번으로 오는 경로를 살펴봅시다. X〉Y 아니오, X〉Z 아니오, Y〉Z 아니오의 조건이 있습니다. 그러므로, X〈Y, X〈Z, Y〈Z입니다. 이를 종합해보면 X〈Y〈Z입니다.

2. **모범답안** ①

해설 시작점에서 기억장소 3번으로 오는 경로를 살펴봅시다. X〉Y 아니오, X〉Z 예의 조건입니다. 그러므로, X〈Y. X〉Z입니다. 이를 종합해보면 Z〈X〈Y입니다.

3. **모범답안** ④

해설 시작점에서 기억장소 4번으로 오는 경로를 살펴봅시다. X 〉Y 예, X 〉Z 아니오, Y 〉Z 아니오의 조건입니다. 그러므로 X 〉Y, X 〈 Z, Y 〈 Z 입니다. 이를 종합해보면 Y 〈 X 〈Z입니다.

Section 08 자료구조 영역

1 트리(Tree)

표준 문제

1. 모범답안 5번째 레벨

해설 레벨 수가 증가하면서 각 성분의 갈래는 2개씩 생깁니다. 그러므로 n 레벨의 갈래 수는 n-1 레벨의 갈래 수의 2배입니다. 즉 1 레벨의 갈래 1개 2레벨의 갈래 2개, 3레벨의 갈래 4개와 같은 규칙으로 진행합니다.

해당 문제에서는 알파벳이 순서대로 왼쪽에서 오른쪽으로 채워지고 있습니다. Z는 알파벳에서 26번째 문자에 해당하는데, 먼저 4레벨의 가장 오른쪽 문자는 1+2+4+8=15번째에 해당하고, 5레벨에서는 16개의 문자가 오므로 Z는 5레벨에 위치합니다.

2. 모범답안 4레벨

해설 레벨 수가 증가하면서 각 성분의 갈래는 3개씩 생깁니다. 그러므로 n 레벨의 갈래 수는 n-1 레벨의 갈래 수의 3배입니다. 즉 1 레벨의 갈래 1개, 2레벨의 갈래 3개, 3레벨의 갈래 9개와 같은 규칙으로 진행합니다.

해당 문제에서는 알파벳이 순서대로 왼쪽에서 오른쪽으로 채워지고 있습니다. Z는 알파벳에서 26번째 문자에 해당하는데, 먼저 3레벨의 가장 오른쪽 문자는 1+3+9=13번째에 해당하고, 4레벨에서는 27개의 문자가 오므로 Z는 4레벨에 위치합니다.

연습 문제

1. 모범답안 12단계

해설 경로를 단계별로 표시하면 다음과 같습니다.

단계	경로	단계	경로
1	A→B	7	A→E
2	B→C	8	E→F
3	C→B	9	F→E
4	B→D	10	E→G
5	D→B	11	G→E
6	B→A	12	E→A

그러므로 총 12단계입니다.

2. 모범답안 28단계

해설 경로를 단계별로 표시하면 다음과 같습니다.

단계	경로	단계	경로
1	A→B	15	A→E
2	B→C	16	E→F
3	C→H	17	F→L
4	H→C	18	L→F
5	C→I	19	F→M
6	I→C	20	M→F
7	C→B	21	F→E
8	B→D	22	E→G
9	D→J	23	G→N
10	J→D	24	N→G
11	D→K	25	G→O
12	K→D	26	O→G
13	D→B	27	G→E
14	B→A	28	E→A

그러므로 총 28단계입니다.

해법풀이

포화이진트리에서의 탐색 단계의 규칙을 발견해 봅시다.

2레벨일 경우 탐색단계: 4단계

3레벨일 경우 탐색단계: 4 + 8 = 12단계

4레벨의 경우 탐색단계: 4 + 8 + 16 = 28단계

2레벨일 경우 2의 제곱,

3레벨의 경우 2의 제곱 + 2의 세제곱

4레벨의 경우 2의 제곱 + 2의 세제곱 + 2의 네제곱

......

n레벨의 경우 2의 제곱 + 2의 세제곱 + ··· 2의 n제곱

의 단계가 있음을 알 수 있습니다

2 그래프

표준 문제

1. 모범답안 9 − 4 = 5

2. 모범답안 A→C: 3가지 경로, C→B: 2가지 경로, 3×2=6가지

연습 문제

모범답안 '아래 해설을 참고하세요.'

해설 4개의 지역을 A, B, C, D로 나누고, 다리를 건너는 이동 경로를 선으로 나타내어 봅시다.

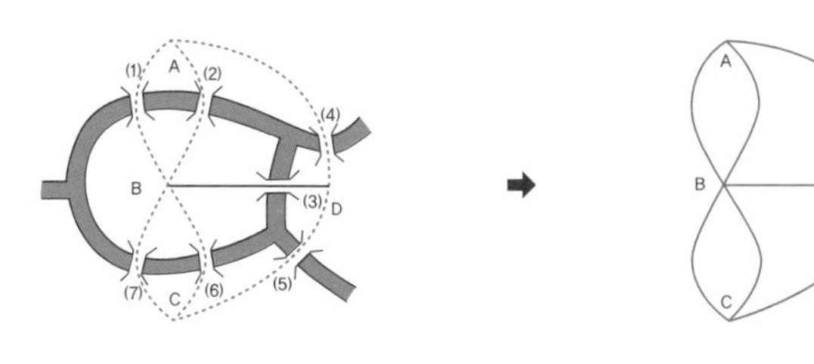

간략하게 나타낸 도형을 관찰하면, 선 3개가 만나는 홀수점이 3인 곳이 세 군데(A, C, D) 있고 홀수 점이 5인 곳이 한 군데(B)가 있음을 알 수 있습니다.

모든 선을 한 번씩만 지나서 제자리로 돌아오려면 홀수점이 0이어야 하고, 만일 홀수점이 2개라면 하나의 홀수점에서 출발해서 다른 홀수점에서 끝나게 됩니다.

그런데, 이 도형은 홀수점이 4개이므로 모든 선을 한 번씩만 지나 원래의 자리로 돌아오는 것은 불가능합니다.

3 정렬

표준 문제

1. 모범답안 2가지

해설 작은 막대부터 점차 큰 순서로 세우는 방법과, 큰 막대를 먼저 세운 다음 점차 작은 막대 순서로 세우는 방법이 있습니다.

2. 모범답안 ② ⑤ ① ① ④ ③

3. 모범답안 서로 이웃한 막대의 크기를 비교해서 크기가 작은 막대는 앞으로, 크기가 큰 것은 뒤로 보내는 것을 반복하면 됩니다.

연습 문제

정답 8번

해설 〈처음 상태〉에서 〈목표 상태〉로 가기 위해서 최소한으로 이동하려면 불필요한 이동을 최대한 줄여야 합니다. 우선 〈처음 상태〉를 기준으로 〈목표 상태〉로 가기 위해선 모든 숫자를 최소한 1번씩은 이동해야 합니다. 왜냐하면, 같은 위치에 있는 숫자가 한 개도 없기 때문입니다. 하지만 각 숫자가 각자 가야 할 자리로 한 번에 가지 않고 다른 곳을 거쳐서 간다면 그것은 불필요한 이동이라고 할 수 있습니다. 따라서 각 숫자가 목표하는 자리로 한 번에 이동한다면 가능한 최소의 이동이 될 것입니다.

5	7	1	2	6	3		4
5		1	2	6	3	7	4
5	2	1		6	3	7	4
5	2	1	4	6	3	7	

여기까지 이동하고 나면 7번째 칸까지 빈 곳이 없으므로 어쩔 수 없이 불필요한 이동이 발생할 수밖에 없습니다. 이때 아직 본 자리를 찾지 못한 수 중 임의로 1을 마지막 자리로 이동합시다.

5	2		4	6	3	7	1
5	2	3	4	6		7	1
5	2	3	4		6	7	1
	2	3	4	5	6	7	1
1	2	3	4	5	6	7	

그다음부터는 원래 방식대로 빈자리에 목표 숫자가 가도록 이동하면 불필요한 이동을 최소화해서 목표 상태를 만들 수 있습니다.

총 8번의 이동이 필요합니다.

4 해밀턴 경로

표준 문제

모범답안

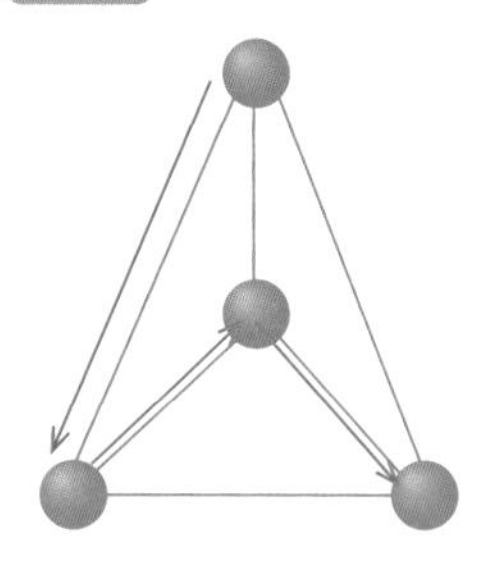

※ 정답외에 다른 경로를 이용할 수도 있습니다.

연습 문제

1. **모범답안** 2300

해설 회사와 각 지점을 아래와 같이 기호로 표시합니다.

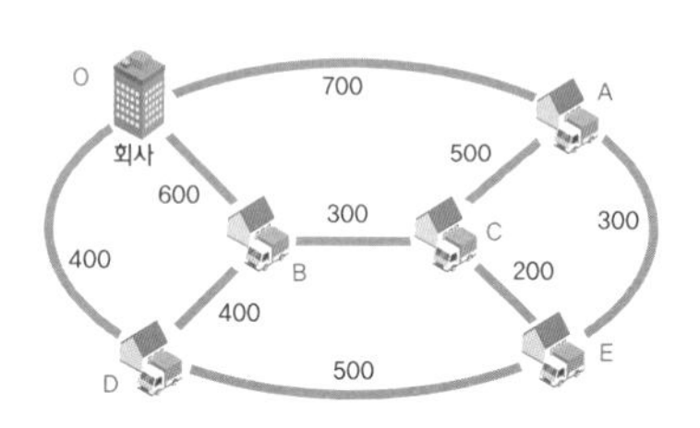

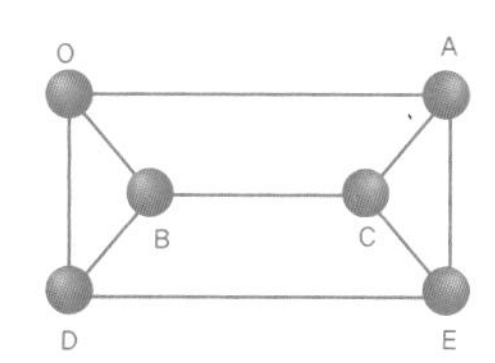

원래 그림의 경로를 정점과 간선으로 이루어진 간단한 그래프 형태로 만들어 봅시다. O → A → E → C → B → D → O를 지나는 경로가 최소 비용으로 이동할 수 있는 경로입니다.
700+300+200+300+400+400 =2300

2. **모범답안**

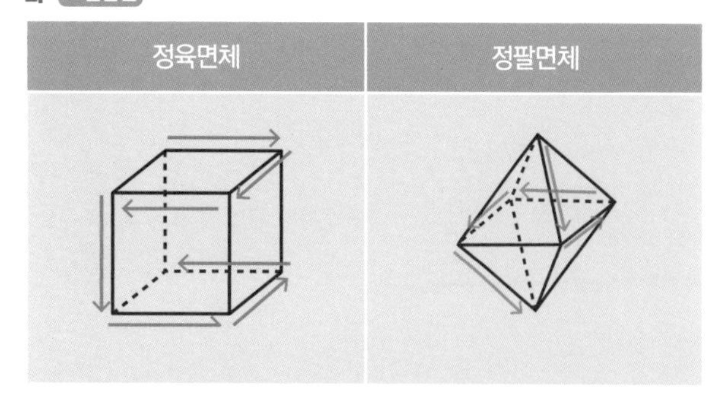

※해밀턴 경로는 여러가지가 있습니다.

Section 09 이산수학 영역

1 한붓그리기

표준 문제

모범답안 두 그림 모두 한붓그리기가 가능합니다.

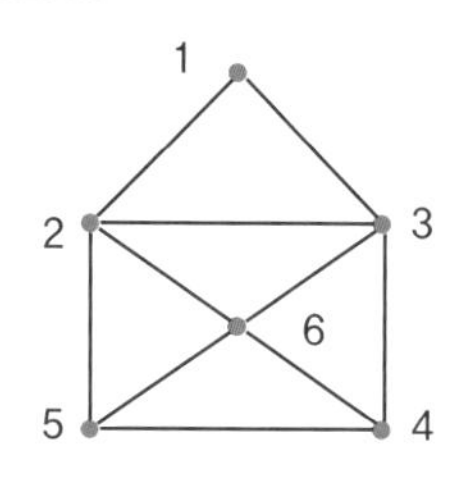

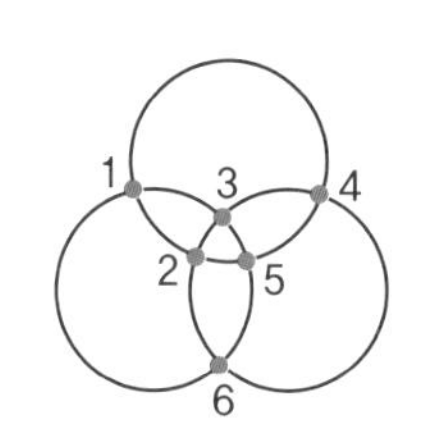

※한붓그리기가 가능한 도형은 홀수점이 2개일 때와 모두 짝수점인 경우입니다. 홀수점이 2개일 경우는 하나의 홀수점을 출발점으로 해서 한붓그리기를 하면 다른 홀수점이 도착점이 되어 한붓그리기가 끝나게 됩니다.

해설 왼쪽 도형은 홀수점이 두 개입니다.(4,5) 그림에서는 출발점을 5, 도착점을 4로 하여 5 → 6 → 3 → 2 → 1 → 3 → 4 → 6 → 2 → 5 → 4의 경로로 한붓그리기를 할 수 있습니다.

오른쪽 도형은 홀수점이 없습니다.

출발점을 1로 해서 그려나가면, 1 → 6 → 4 → 1 → 2 → 6 → 5 → 4 → 3 → 1의 경로로 한붓그리기를 할 수 있습니다.

연습 문제

1. **모범답안** 16

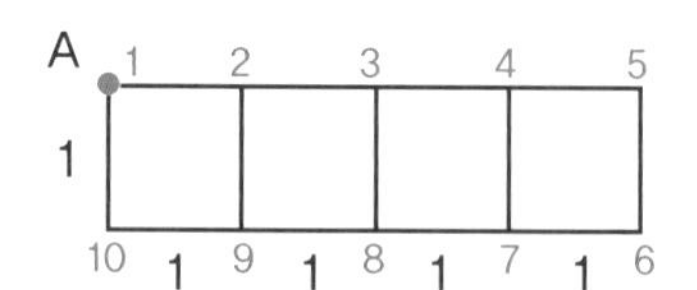

해설 시작점을 1로하여, 1 → 2 → 9 → 8 → 3 → 4 → 7 → 6 → 5 → 4 → 7 → 8 → 3 → 2 → 10 → 1의 경로로 그리기를 하면 최소 경로는 16이 되고 중복되는 선분은 4 - 7, 3 - 8, 2 - 9가 있습니다.

2. **모범답안** 2개

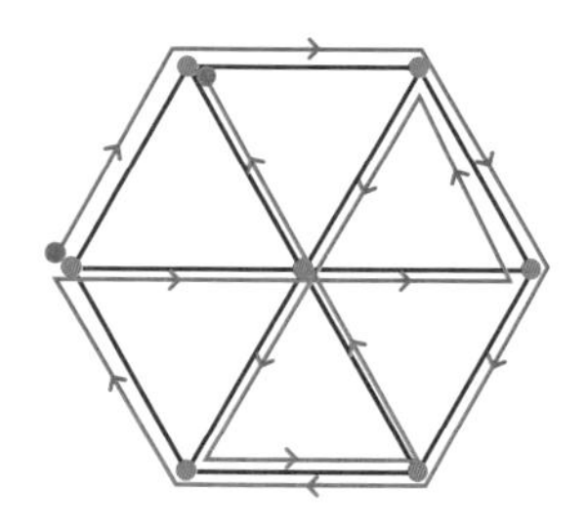

해설 이 그림대로 경로를 그리면 최소한의 중복으로 지날 수 있습니다. 따라서 중복하여 지나간 선분의 개수는 총 2개입니다.

2 비둘기집의 원리

표준 문제

모범답안 5번

해설 종류별로 하나씩 꺼내면 4가지, 5번째 구슬을 임의로 하나 선택하면 같은 종류의 구슬이 반드시 2번이 나옵니다.

연습 문제

1. **모범답안** 4개

해설 3개의 양말을 꺼낼 경우를 생각해 봅시다. 같은 사람의 양말 3개 또는 같은 사람의 양말 2개와 다른 사람의 양말 1개가 나올 수 있습니다. 하지만 최악의 경우 아빠, 엄마, 동생의 양말이 1개씩 나올 수도 있습니다. 이 경우, 1개의 양말을 더 꺼내면 아빠, 엄마, 동생 중의 누군가의 양말이므로 이때 같은 사람의 양말이 무조건 2개가 됩니다. 그러므로 같은 사람의 양말이 2개가 나오려면 적어도 4개의 양말을 꺼내면 됩니다.

2. **모범답안** 22개

해설 21개의 구슬을 꺼냈다고 생각해 봅시다. 최악의 경우에는 7가지 색깔의 구슬이 모두 3개씩 나왔을 때입니다. 이때, 한 개의 구슬을 더 꺼내면 무조건 한 가지 색깔의 구슬은 4개가 됩니다. 그러므로 같은 색의 구슬이 4개가 되기 위해서는 최소한 22개의 구슬을 꺼내면 됩니다.

3 규칙적 배열

표준 문제

모범답안 A: 7　B: 6

해설 삼각형 안에 동그라미가 있는 것은 위쪽 꼭지점의 수가 아래 두 개의 꼭지점의 수보다 1이 더 크고, 삼각형 안에 네모가 있는 것은 위쪽 꼭지점이 수가 아래 두 개의 꼭지점의 수보다 1이 더 작다는 규칙이 있습니다.

연습 문제

모범답안

ㄱ	ㄴ	ㄷ	ㄹ	ㅁ
ㅂ	ㅅ	ㅇ	ㅈ	ㅊ
ㅋ	ㅌ	ㅍ	ㅎ	

표의 숫자칸 일부를 위의 기호로 나타냅니다.

규칙1: 대각선의 합 ㄴ + ㅂ = ㅅ, ㄷ+ㅅ = ㅇ

4개의 칸을 하나의 사각형으로 만들었을 때 대각선으로 이루어진 칸(2,3)의 합은 대각선 오른쪽칸(4)의 수와 크기가 같습니다.

규칙2: 가로 합 ㄱ + ㄴ = ㅅ, ㄱ +ㄴ + ㄷ = ㅇ

가로로 연결된 칸의 숫자합은 가로가 끝나는 부분의 바로 아래 칸의 숫자와 같습니다.

규칙3: 세로 합 ㄱ + ㅂ = ㅅ, ㄱ + ㅂ + ㅋ = ㅌ

세로로 연결된 칸의 숫자합은 세로가 끝나는 부분의 바로 우측 칸의 숫자와 같습니다.

4 색칠하기

표준 문제

모범답안 3가지

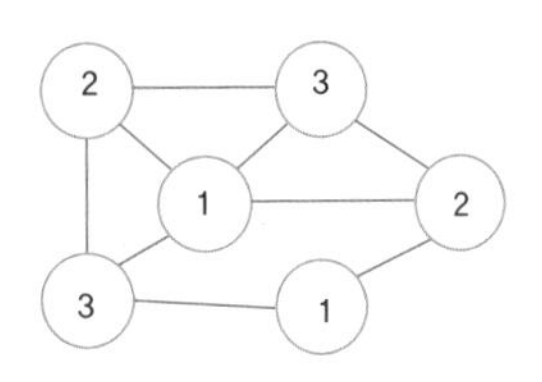

해설 1은 첫 번째 색깔, 2는 두 번째 색깔입니다. 3은 1, 2에 칠한 색이 아닌 제3의 색을 칠합니다.

연습 문제

모범답안 3가지

해설 가운데에 A 색을 칠한다. 그리고 바깥의 4개 부분 중 인접하지 않은 2개 부분에 B 색을 칠한 뒤, 남은 2개 부분에 C 색을 칠하면 최소의 색으로 그림을 채울 수 있습니다. 그러므로, 3가지 색이 필요합니다.

5 함수 규칙

표준 문제

1. 모범답안

넣은 동전의 수	1	2	3	4	5	6
나온 사탕의 수	1	3	7	15	31	63

해설 나온 사탕의 수=전 단계 사탕의 수에서 순서대로 2개, 4개, 8개, 16개, 32개씩 증가

2. 모범답안

넣은 동전의 수	1	2	3	4	5	6
나온 사탕의 수	1	3	7	13	21	31

해설 나온 사탕의 수 = 동전의 수 X 2 + 전 단계의 사탕의 수

연습 문제

모범답안 400

해설 x ⊕ y = (x+y)+(x+y)=2(x+y)

따라서 (x ⊕ y) ⊗ x=2(x+y) ⊗ x

2(x+y) ⊗ x=(2(x+y)×x)×(2(x+y)×x)

=2×2×(x+y)×(x+y)×x×x

x에 2, y에 3을 대입하면

=4×5×5×2×2

= 400

※처음부터 x=2, y=3으로 놓고 풀면 계산이 더 편리하다.

6 ON, OFF

표준 문제

모범답안 1→2→3→7

해설 1, 2, 3, 7번 전구 옆의 스위치들을 차례로 한 번씩만 누르면, 모든 전구의 불을 켤 수 있습니다.

전구		1	2	3	4	5	6	7
(초기상태)		X	X	O	X	O	X	O
1	ON	O	O	O	X	O	X	X
2	ON	X	X	X	X	O	X	X
3	ON	X	O	O	O	O	X	X
7	ON	O	O	O	O	O	O	O

연습 문제

모범답안

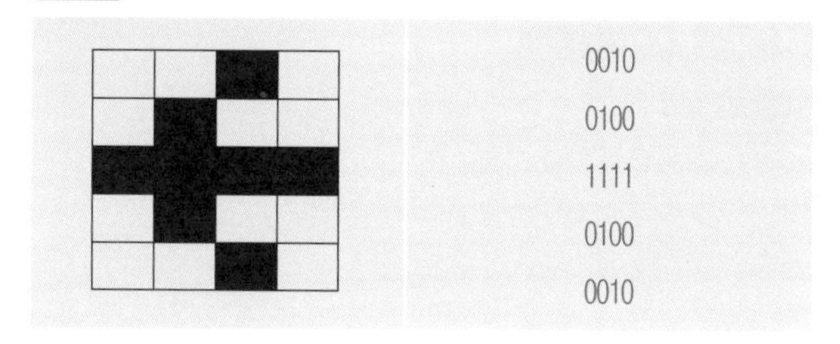

7 이진법 체계

표준 문제

모범답안 12월 14일

해설 12월 1일에 1명 확진자 발생, 12월 2일에 2명 감염, 12월 3일에 4명 감염, 12월 4일에 8명 감염이 되는 형태로 감염숫자는 전날보다 2배씩 늘어납니다. 누적되는 감염자수를 구해야 하므로, 1+2+4+8+16+32+64+128+256+512+1024+2048+4096+ 8192 = 16383명 이 되어서 12월 14일에 10,000명의 시민이 모두 감염됩니다.

연습 문제

모범답안

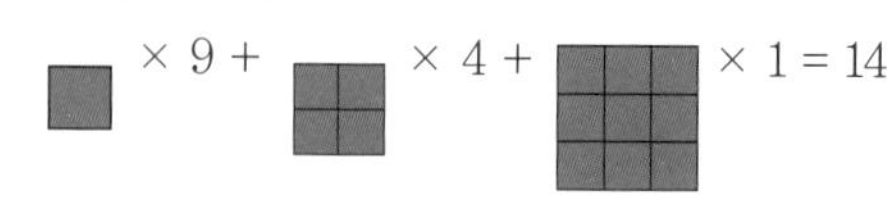

해설 이진법으로 생각해서 차례대로 (00001 – 00010 – 00011 – 00100 – 00101 – 00110(1–2–3–4–5–6)에 해당하며, 마지막에는 이진수 00110에서 이진수1에 해당하는 칸을 색칠하면 됩니다.

8 격자에서 정사각형의 개수 구하기

표준 문제

모범답안 14개

× 9 + × 4 + × 1 = 14

해설 정사각형 형태로 격자가 늘어날 때 자연수의 거듭제곱의 합을 이용해 정사각형의 총 개수를 구할 수 있습니다.

가로 X 세로 = 3 X 3의 격자모양의 정사각형은 1 + 4 + 9 = 14개의 정사각형을 구할 수 있습니다.

연습 문제

모범답안 30개

해설 제일 작은 정사각형으로 16개, 4개짜리 정사각형으로 9개, 9개짜리 정사각형으로 4개, 16개짜리 정사각형으로 1개. 16+9+4+1=30. 대각선으로 이루어진 정사각형을 고려하지 않으면 30개입니다.

9 리그와 토너먼트

표준 문제

모범답안 12번

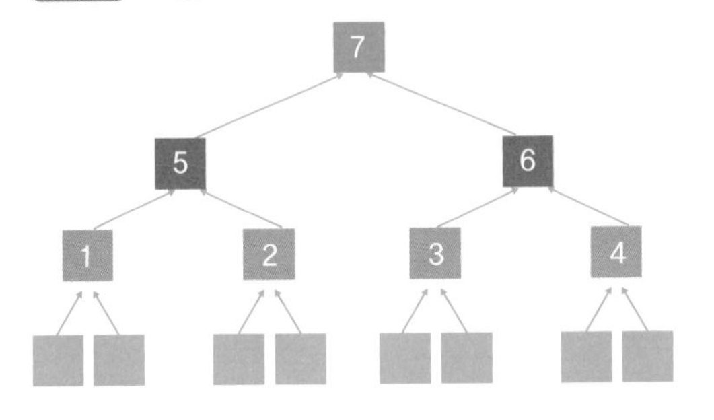

해설 토너먼트의 경우 8강은 4번, 4강은 2번, 결승전 1번해서 총 7번 경기를 하게 됩니다
8강에서 진 4개의 팀이 4번의 경기를 하고, 4강에서 진 팀끼리 1번의 경기를 하면 총 12번 경기를 하게 됩니다.

연습 문제

모범답안 28번

해설 리그 방식의 경우 1반은 7번, 2반은 6번, 3반은 5번, 4반은 4번, 5반은 3번, 6반은 2번, 7반은 1번의 경기
를 하면 되므로 총 28번 경기를 하게 됩니다.

Section 10 컴퓨팅 사고력 영역

1 미로 찾기

표준 문제

모범답안 ④

해설 주어진 보기에서 최대 명령의 개수는 6개입니다. 아래와 같이 로봇이 물체에 도달할 수 있는 가장 가까운 경로는 두 가지가 있는데, 이 경로를 따라가려면 명령이 6개 필요합니다. 그러므로 답은 6개의 명령이 있는 ④번 보기입니다.

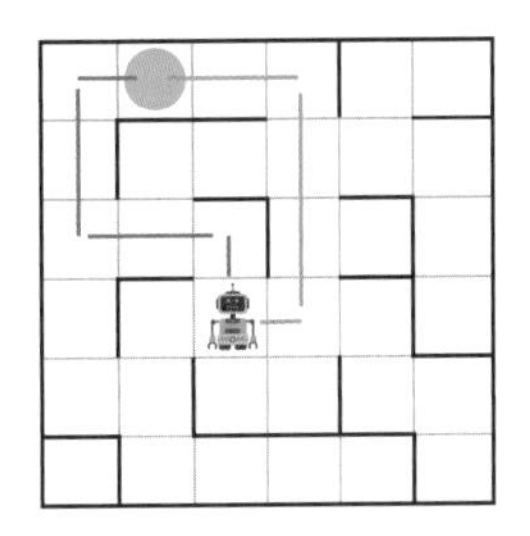

파란색 경로는 위-왼쪽-왼쪽-위-위-오른쪽, 주황색 경로는 오른쪽-위-위-위-왼쪽-왼쪽인데, 주황색 경로의 위-위-위를 나타내는, 연속된 3개의 같은 명령을 가진 보기는 없으므로, 파란색 경로에 대한 명령이 시행되었다고 보아야 합니다. 이때, Ha'를 위쪽 한칸, ppp를 왼쪽 2칸, Ha Ha를 위쪽 2칸, sse를 오른쪽 1칸으로 대응하면 조건을 만족합니다. 그러므로 답은 ④입니다.

연습 문제

모범답안 ③

해설 민수가 초록색 엑스 중 어디에 있는지 알 수 없으므로 최소, 최대 얼마나 걸리는지 찾아야 합니다. 집에서 가장 가까운 초록색 엑스는 첫째 줄 6번째이고, 블록 거리는 20개입니다. 그러므로 총 60분이 걸립니다.
집에서 가장 먼 초록색 엑스는 셋째 줄 4번째이고 가장 가까운 블록에서 4칸 떨어져 있으므로 블록거리는 24개입니다. 그러므로 총 72분이 걸립니다.

2 나무 패턴

표준 문제

모범답안 ④, 57개

해설 3-나무를 보면 좌우로 가지를 뻗으면서 발자국의 수가 3개, 2개, 1개로 줄어드는 것을 볼 수 있습니다.
4-나무는 우선 발자국을 4개 찍고, 좌우로 가지를 뻗어 발자국을 3개씩 찍고, 또 좌우로 뻗어 2개씩 찍고, 또 좌우로 뻗어 1개씩 찍습니다.
완성되는 나무의 모양은 4번입니다.

1-나무는 발자국 1개, 2-나무는 발자국 2개+(1-나무의 발자국×2), 3-나무는 발자국 3개+(2-나무의 발자국×2)이므로, 5-나무는 발자국 5개+(4-나무의 발자국×2)입니다.
2-나무의 발자국은 2+1×2=4, 3-나무의 발자국은 3+4×2=11, 4-나무의 발자국은 4+11×2=26이므로, 5-나무의 발자국은 5+26×2=57개입니다.

연습 문제

모범답안 ①

해설 전체 모양에서 반복되는 패턴을 찾아보면 ①번 보기가 알맞습니다.

3 네트워크

표준 문제

모범답안 3개

해설 5G 신호는 모든 집을 포함하기만 하면 되고, 겹치는 범위가 있어도 무방합니다. 아래 그림처럼 네트워크 타워를 설치하면 모든 집에 5G 서비스를 제공할 수 있습니다.

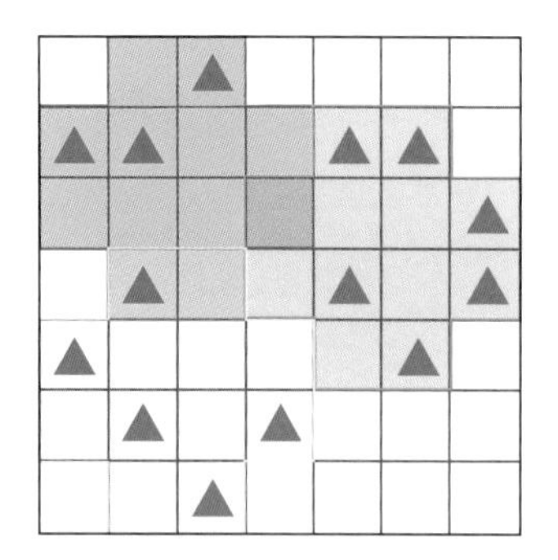

연습 문제

모범답안 ③

해설 매트릭스를 그래프로 바꿔서 생각하면 좋습니다. 매트릭스는 대각선으로 대칭인 것을 파악하여 그래프로 그리면 아래와 같습니다. A가 G와 친구가 되고 싶다면, E와 D, B 또는 E와 D, C에게 소개받는 방법이 최소입니다.

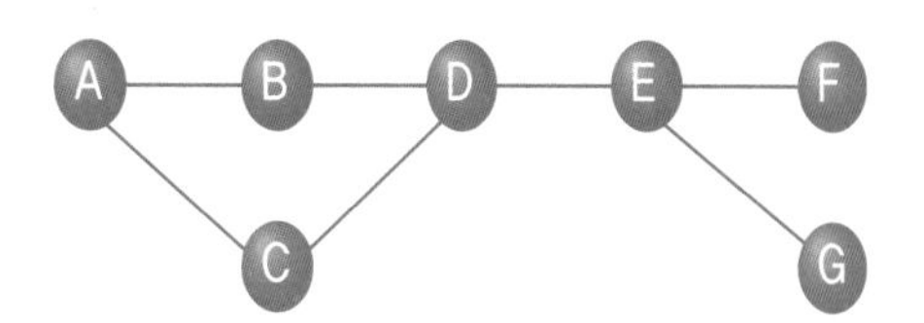

4 좌표 패턴

표준 문제

모범답안 ④

해설 파란색이 무조건 빨간색 밑에 있으므로 1번 보기는 거짓입니다. 원보다 위에 있는 사각형이 있으므로 2번 보기는 거짓입니다. 모든 빨간색이 파란색보다 크지 않으므로 3번 보기는 거짓입니다. 참인 문장은 4번 보기뿐입니다.

연습 문제

모범답안 ④

해설 열쇠의 앞면과 뒷면의 패턴이 정확히 같아야 한다는 말에 집중하면 열쇠가 특정한 패턴이 반복되고 있음을 알 수 있습니다. 아래 그림의 삼각형이 좌우, 대각선으로 대칭이므로 열쇠의 경우의 수는 2^{15}인 32768개입니다.

동그라미 하나는 뚫려있는 경우와 뚫려있지 않은 경우 2가지로 표시할 수 있습니다. 동그라미 2개로 표시할 수 있는 패턴의 가지수는 2의 제곱, 4가지입니다. 동그라미 3개로 표시할 수 있는 패턴의 가지수는 2의 세제곱, 8가지입니다. 마찬가지로 동그라미 n개로 표시할 수 있는 패턴의 가지수는 2의 n제곱임을 알 수 있습니다.

1 순서도

표준 문제

모범답안 ②

해설 ㄱ이 '아니오'일 때, 전구를 꽂으므로 ㄱ은 보기 2와 3이 가능합니다. '전구가 탔는가?'에 '예'일 때 ㄴ이고, '아니오'일 때 '전구를 수리하시오'이므로 ㄴ은 '전구를 교체하시오'입니다. 따라서 정답은 2번입니다.

연습 문제

1. 모범답안

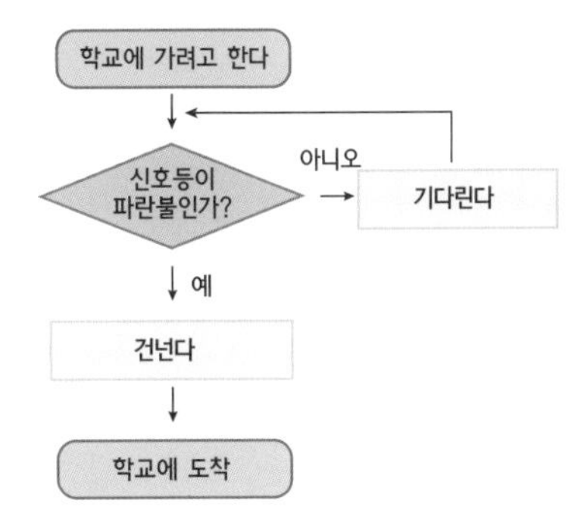

2. 모범답안

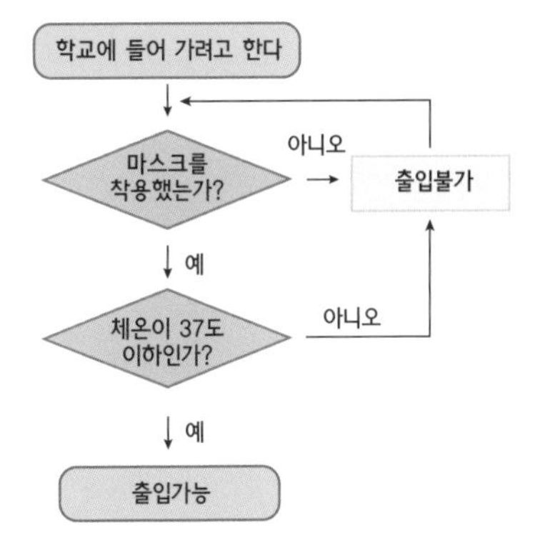

3.

❶ 모범답안 아래 왼쪽 그림처럼 로봇청소기가 움직이면 골고루 방안을 모두 청소할 수 있습니다. (모든 공간을 일정한 패턴대로 골고루 이동하며 청소)

오른쪽 그림처럼 로봇청소기가 움직이면 이미 청소했던 영역이 중복되고 빈 공간이 생겨서 비효율적입니다.

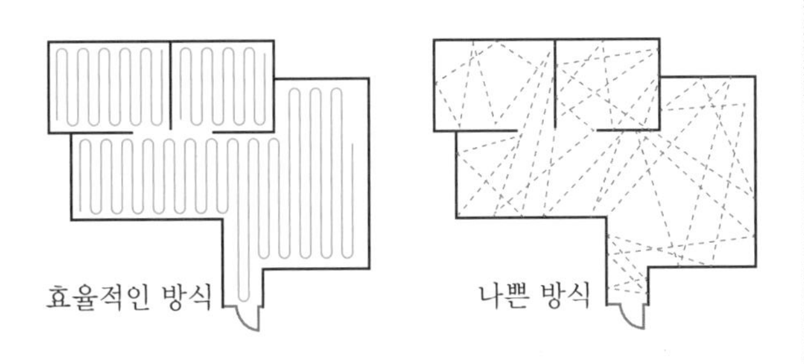

❷ 모범답안

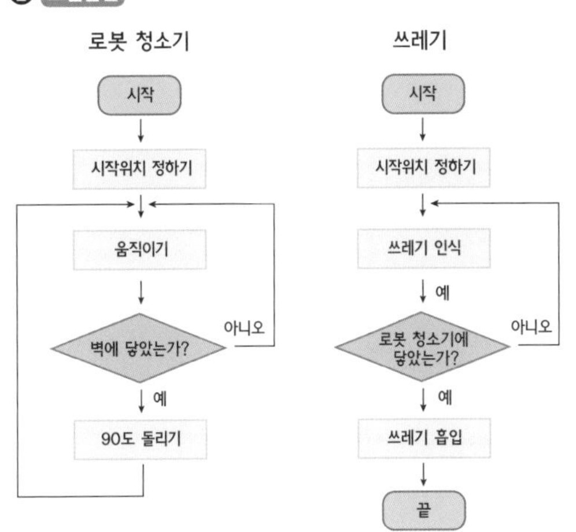

❸ 모범답안

■ 기능 개선

아래쪽으로 향하는 계단(낭떠러지)을 인식할 수 있도록 바닥 쪽에 적외선 거리 센서를 달도록 한다.

동작 알고리즘

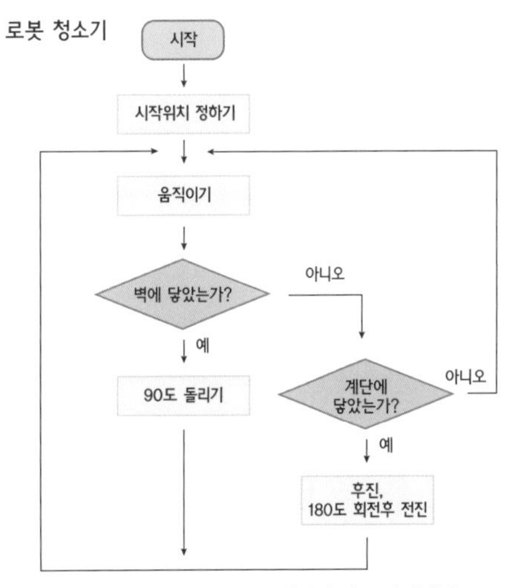

*계단: 아래쪽으로내려가는 계단의 입구(낭떠러지)

4. 모범답안

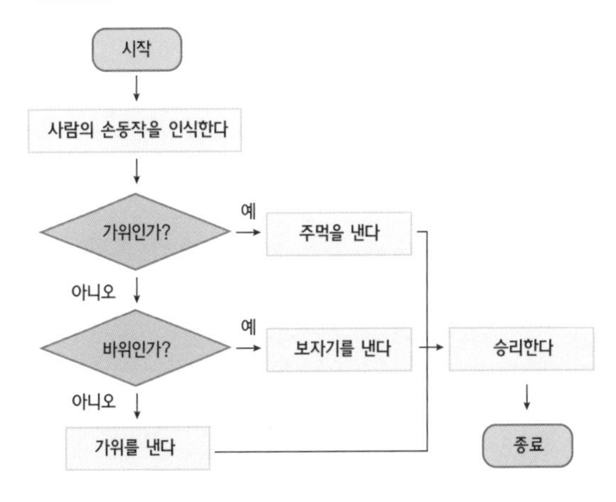

5. 모범답안

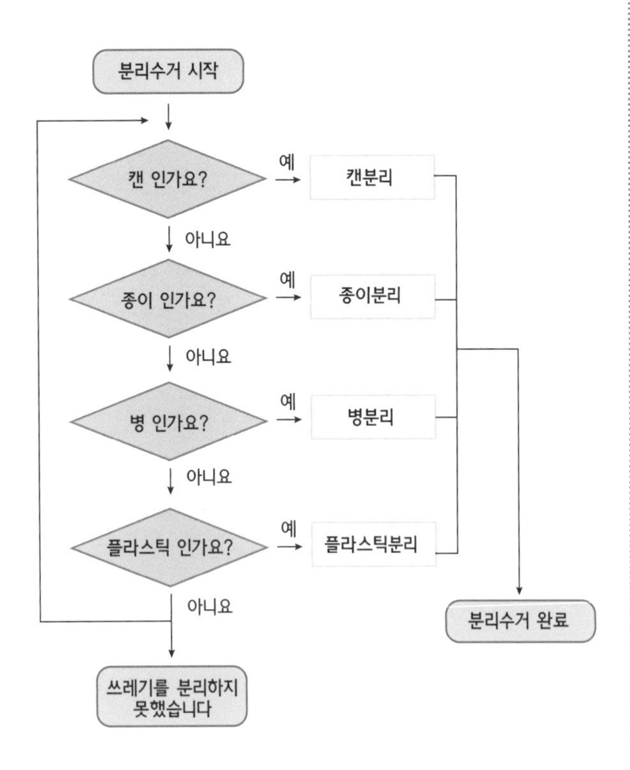

2 최단 경로(격자 형태)

표준 문제

모범답안 19번

해설 처음 시작 위치에서 출발해 반시계방향으로 돌면서 이동하면 최소의 명령으로 해당 지역을 모두 방문할 수 있습니다. 총 전진 횟수는 3+4+3+2+1+1=14이고, 회전 횟수는 5번이므로 최소 명령 수는 14+5=19입니다. 또다른 경로도 있다면 마찬가지로 19번의 명령이면 됩니다.

연습 문제

1. 모범답안

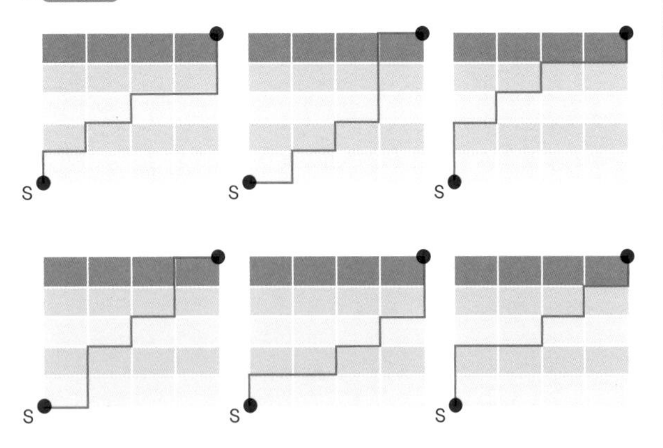

해설 로봇이 한 칸을 움직이는 데 1초가 걸리고, 가로 4칸, 세로 5칸이므로 출발해서 도착까지 한 번 방향을 바꿔서 도착할 수 있는 최소 시간은 10초입니다.

로봇이 15초가 걸려서 이동하려면 9칸 이동(9초)을 하고 6번 방향을 바꾸어야(6초) 하므로 위와 같은 경로로 나타내면 됩니다.

2. 모범답안 20가지

해설 아래와 같이 최단 경로의 가짓수를 계산할 수 있습니다.

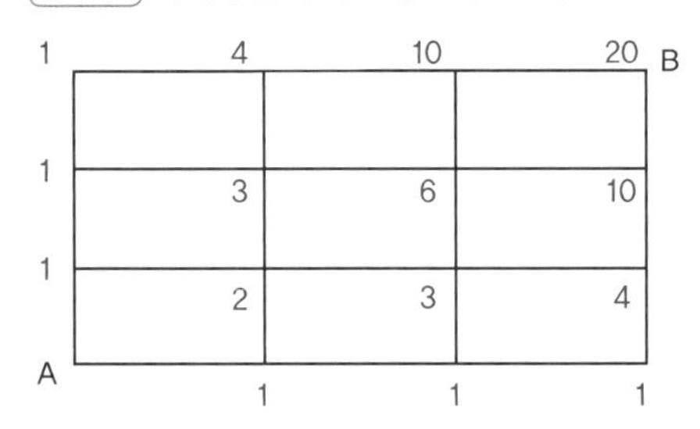

3 그래프 알고리즘

표준 문제

1. 모범답안

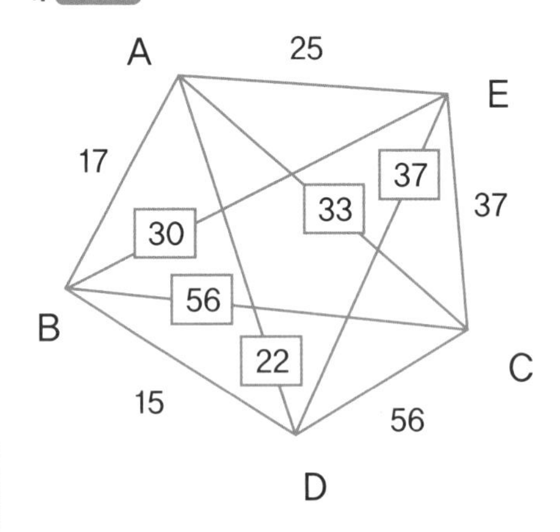

2. 모범답안 C→E→A→B→D 또는 D→B→E→A→C

해설 걸리는 시간을 계산하면 37+25+17+15=94분입니다.

연습 문제

1. 모범답안 집→B→E→학교, 집→B→E→D→학교

해설 속력=이동 거리/걸린 시간, 걸린 시간=이동 거리/속력

각 구간의 거리는 같으므로 거리를 1이라고 해봅시다.

집 → B → E → 학교: 1/60+1/30+1/15=7/60

집 → B → E → D → 학교: 1/60+1/30+1/30+1/30=7/60

로 이동 시간이 같습니다.

2. 모범답안 A → ③ → ⑦ → ⑩ → B

해설 A 지점에서 B 지점까지 가는 방법과 거리를 알아봅시다.

방법	거리
A→①→⑧→B	28
A→②→⑥→B	27
A→③→⑦→⑨→B	27
A→③→⑦→⑩→B	22
A→④→⑦→⑨→B	28
A→④→⑦→⑩→B	23
A→⑤→⑩→B	25

3. 모범답안 13가지

해설 1에서 2로 가는 경로는 1가지, 1에서 3으로 가는 경로는 1에서 바로 오는 경우와 2를 거쳐오는 경우를 합친 2가지가 됩니다. 이런 식으로 1에서 6으로 가능 방법은 1에서 오는 방법과 2나 4를 거쳐오는 방법을 합치면 모두 4가지입니다. 1에서 7로 가는 방법은 2~ 6까지의 숫자에 적힌 가짓수를 합치고 1에서 바로 오는 방법 1가지를 더한 13가지입니다.

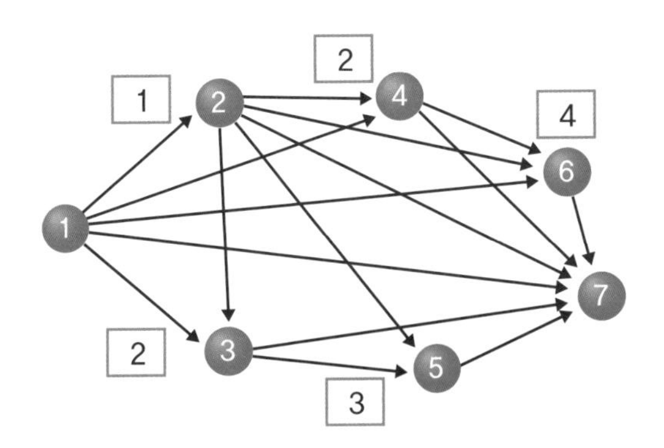

4 알고리즘의 적용(번식)

표준 문제

모범답안 8년

해설

주어진 내용: 한 마리→1년 뒤 2마리로 번식하고 번식 중지, 계속 반복

원하는 결과: 270마리가 되는 최소 년 수?

2진 트리의 특성 구조를 그려보면 각 레벨은 필요한 연수를 나타내고, 그때까지 최대 수가 노드로 표현됩니다. 각 레벨에서 노드의 개수는 1, 2, 4, 8, 16, 32, 64, 128, 256 …으로 계속 증가합니다. 그 합이 270을 넘어갈 때는 최소 8년이 지나면 됩니다. 공식보다는 구조 자체만으로 쉽게 해결할 수 있습니다.

연습 문제

모범답안 9일 후

해설 암컷은 새로운 암컷 두 마리와 수컷 한 마리를 만듭니다. 암컷은 매일 2배로 늘어나고, 수컷은 새롭게 생기는 암컷의 수만큼 늘어나므로, 맨 처음에 있던 암컷을 제외한 암컷 −1의 수만큼입니다. 따라서 9일 차에 1,023마리로 1,000마리를 넘어갑니다.

날짜	1일 후	2일 후	3일 후	4일 후	5일 후	6일 후	7일 후	8일 후	9일 후
암컷	$2=2^1$	$4=2^2$	$8=2^3$	16	32	64	128	256	512
수컷	1	3	7	15	31	63	127	255	511

Section 12 로봇 영역

1 로봇 발명

표준 문제

모범답안

강아지: 애견 로봇. 귀여운 강아지의 모습을 본떠 아이들이 나 노인들에게 정서적 안정을 주는 로봇

물고기: 수중 탐지 로봇. 물고기들의 유선형 몸과 지느러미 등을 활용하여 물속에서 효율적으로 탐지를 수행하는 로봇

개미핥기: 벌레잡이 로봇. 개미핥기의 신체 구조를 활용하여 효과적으로 벌레를 잡는 로봇

기타: 지렁이 로봇, 캥거루 로봇 등

연습 문제

모범답안

1단계

개미는 크기에 비해 단단한 골격을 가지고 있어서, 큰 물체를 들고 움직이는 힘을 낼 수 있을 것입니다.

개미는 절지동물의 입 부위인 구기로 물체를 들어 올린 후, 목 관절에서 흉부로 물체를 옮긴다고 합니다. 이때 6개의 다리 끝에는 갈고리처럼 생긴 발톱이 걷는 곳의 표면을 찌르고 발목마디인 부절에 힘이 분산되면서 개미가 그 무게를 지탱할 수 있다고 합니다.

2단계

1) 로봇 슈트의 팔다리에 유압기 형식의 구조를 설치해서 무거운 물체를 순간적인 큰 압력으로 들어 올리게 합니다.

2) 강력 스프링 등을 이용해 물체를 들어올릴 때 탄성의 힘으로 쉽게 들어 올리게 합니다.

3) 강력한 힘을 순간적으로 내는 모터를 팔다리 관절 부위에 장착해 무거운 물체를 쉽게 들어 올립니다.

해설 로봇 슈트는 어떤 기술이 적용되었는지에 따라 다양한 방법으로 물체를 쉽게 들어 올릴 수 있는 구조와 기능이 있습니다. [참조 기사]

지난 7일 일본 도쿄 하네다(羽田)공항 제1터미널. 공항리무진 버스가 들어오자 회색 작업복을 입은 도쿄공항교통 직원 마쓰다 씨가 허리에 착용한 기계를 점검했다. 굵은 원통 모양으로 허리를 감싸듯 받친 이 기계의 전원을 켜자 골반 양쪽에 있는 모터에 파란색 불이 들어왔다. 승객 짐을 버스에 싣기 위해 상반신을 숙였다 일으킬 때마다 모터에선 '윙~' 소리가 났다. 30분 동안 버스 6대에 짐을 실었지만 힘든 기색은 거의 없었다. 마쓰다 씨는 "허리에 '아이언맨 슈트'를 찬 것처럼 힘이 세진다."하며 "짐을 들 때, 마치 누군가 뒤에서 허리를 잡고 당겨주는 느낌"이라고 했다.

마쓰다 씨가 착용한 기계는 일본의 로봇 제조 벤처기업 사이버다인(Cyberdyne)이 무거운 짐을 싣고 내리는 작업자를 위해 개발한 '로봇 슈트'로, 모델명은 '할(HAL)'이다. 공항리무진 버스를 운영하는 도쿄공항교통이 지난달 24일 버스터미널 수화물 작업 요원들을 위해 10대를 들여왔다.

이 로봇 슈트는 허리에 부착된 센서를 통해 뇌가 근육을 움직일 때 보내는 전기신호와 미세한 근육 움직임을 포착해 근육이 움직이는 방향으로 힘을 더해준다. 무거운 물건을 들거나 움직일 때 허리에 가해지는 부담을 줄여주는 것이다. 작년부터 공장이나 물류창고 등에서 활용되기 시작하다, 올해는 처음으로 공항에도 도입됐다.

로봇 슈트 '할'은 3㎏ 정도로 가벼웠지만, 효과는 뛰어났다. 모터 출력을 최고 단계인 5단계까지 올리면 허리에 가해지는 부담을 최대 40%까지 줄일 수 있다. 무게 50㎏의 짐을 운반한다면 로봇 슈트가 20㎏ 정도를 감당해주는 셈이다.

7일 일본 도쿄 하네다공항 내 리무진 버스 정류장에서 버스회사 직원이 허리에 가해지는 부담을 덜어주는 로봇 슈트 '할'을 착용하고 승객 짐을 버스에 싣고 있다(왼쪽 사진). 오른쪽 사진은 일본 쓰쿠바대 병원에서 하반신 마비 환자가 로봇 슈트를 착용하고 재활 훈련을 하는 모습. / 최인준 특파원 _ 쓰쿠바대 병원

도쿄공항교통은 지난해 9월 로봇 슈트 '할'을 시범 도입한 뒤 직원들의 반응이 좋자, 한 대당 월 7만8000엔(약 80만 원)의 임차비를 내고 본격적으로 도입했다. 하네다공항은 드나드는 버스가 하루 450여 대로, 오르내리는 승객 짐만 6,000여 개에 이른다. 도쿄공항교통 측은 "매일 300여 차례 허리를 숙인 채 무거운 짐을 옮기느라 허리 통증을 호소하는 직원이 많았다"라며 "로봇 슈트 '할'을 착용한 이후 이런 문제가 크게 줄었다"고 했다.

하네다공항의 로봇 슈트 '할' 도입은 로봇 기술이 일상생활 속에 본격적으로 적용되기 시작했다는 의미가 있다. 무거운 짐을 들어 옮기는 작업 현장에 보조기구로 투입되거나 거동이 불편한 고령자와 환자의 재활을 돕는 용도 등으로 활용되는 것이다. 일본은 그동안 사람처럼 걷거나 뛸 수 있는 '인간형 로봇'이나 어른들을 위한 애완용 로봇 등을 내놓으며 기술력을 인정받았지만, 일부에선 '비싼 돈 들여 쓸데없는 로봇만 만든다'라는 비판도 있었다.

사이버다인이 개발한 하체형 로봇 슈트는 지난해부터 지자체 재활센터 4곳과 대학병원 7곳 등에 도입돼 척추가 손상됐거나 뇌졸중을 앓는 환자의 보행 훈련용으로 활용되고 있다. 이 로봇 슈트는 양다리를 감싸는 기계의 동력을 활용해 보행이 불편한 환자들의 보행 기능을 향상하고,

앉은 상태에서 일어날 때도 도움을 준다. 다리가 불편한 노인이나 환자들의 일상생활을 돕는 동반자가 된 것이다. 일본 정부는 지난해 이 로봇 슈트를 의료기기로 승인하고, 지난 4월에는 공공의료보험 적용 대상에 포함했다.

아베 내각은 지난해 발표한 '로봇 신전략'을 통해 '2020년까지 정부와 민간기업이 1,000억 엔(약 1조 원)을 로봇 개발에 투자하고 관련 산업 시장 규모를 2조4000억 엔까지 성장시킬 것'이라고 했다. 또 오는 2025년까지 노약자 생활 지원을 위해 슈트형 로봇 940만대를 보급한다는 계획도 세웠다. 다도코로 사토시 도호쿠대 공학부 교수는 "고강도 육체노동자나 거동이 불편한 사람들이 로봇 슈트를 활용하게 되면 인간의 활동 영역이 크게 확장될 수 있을 것"이라고 했다.

출처: http://news.chosun.com/site/data/html_dir/2016/12/13/2016121300 267.html

2 창작 로봇 설계

표준 문제

모범답안

로봇 이름: 엘 SOS 로봇

로봇에 사용된 재료: 캐터필러, 아두이노, 거리센서 등

로봇 모양:

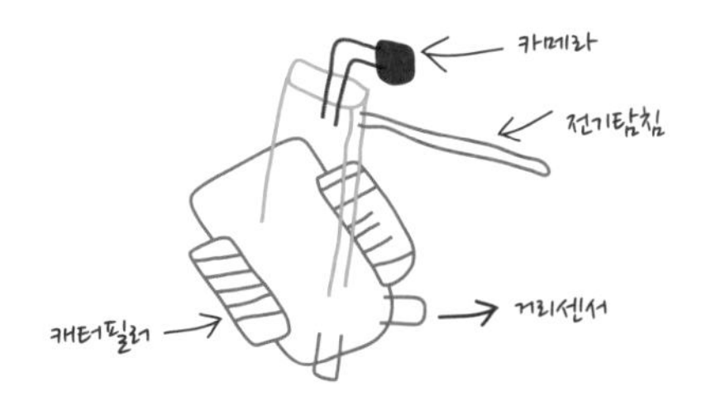

로봇은 캐터필러 형태의 바퀴 모양이며, 거리 센서가 있어서 정면의 물체를 감지합니다. 정면에 전기 탐침 집게 장치가 있어서 문이 열리지 않을 때 전기적인 문제를 해결해 문을 열어줍니다.

로봇의 쓰임새: 엘리베이터의 고장 해결

연습 문제

모범답안

로봇 이름: 응급 심장 살리봇

로봇에 사용된 재료: 심장 충격기, 산소공급기, 자동차 모듈

로봇 모양:

로봇의 쓰임새: 거리에서 사람이 쓰러지면 카메라를 통해 재빨리 사람이 있는 곳으로 다가가 심장 충격기를 통해 심장 마사지를 하고, 산소호흡기로 산소를 공급해 호흡하도록 응급 조치를 취한다.

3 로봇 과학

표준 문제

모범답안 거미 로봇이 움직일 때 바닥의 마찰력 때문에 미끄러지지 않고 움직일 수 있습니다.

해설 마찰력은 물체가 어떤 면과 접촉하여 운동할 때 그 물체의 운동을 방해하는 힘을 말합니다.

연습 문제

1. **모범답안** 왼쪽 로봇

해설 다음과 같은 속력 공식을 적용하자.

속력=이동 거리÷걸린 시간

왼쪽 로봇의 속력= 30m÷5초= 6m/초

왼쪽 로봇의 속력= 120m÷60초= 2m/초

따라서, 왼쪽 로봇이 초당 4m가 더 빠름을 알 수 있습니다.

2. **모범답안** 아래 로봇은 좌우 대칭으로 균형이 이루어져 있습니다. 이족 보행 로봇은 로봇 본체의 가운데 조금 아랫부분에 무게 중심이 있습니다. 로봇이 보행할 때 무게 중심이 항상 안쪽에 있어서 좌우로 뒤뚱거리며 걸어도 균형을 잃지 않고 걸을 수 있습니다.

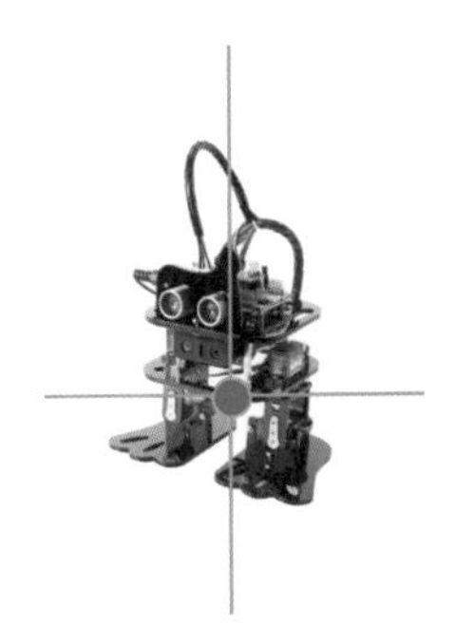

* 이족보행로봇: 두 발로 걷는 로봇

3.

❶ **모범답안** 배틀로봇에는 서로 미는 힘과 마찰력이 중요합니다. 서로 밀 때 힘의 균형이 깨지며 어느 한쪽으로 밀리게 됩니다. 우리 편의 로봇이 마찰력이 강하면 지탱하는 힘이 강하기에 밀리지 않습니다. 상대편 로봇의 마찰력이 약하면 밀리게 되어 우리 편이 이기게 됩니다.

❷ **모범답안**

전략 1: 로봇의 앞부분을 최대한 경기장 바닥에 닿도록 낮게 만들어 상대 로봇 밑으로 파고들어 바퀴를 들어 올려 밀어낸다.

전략 2: 앞으로 전진하면서 재빨리 상대방 로봇의 측면으로 공격해 밀어버립니다.

4 로봇과 인공지능

표준 문제

모범답안 로봇에 인공지능 기술이 결합되면 로봇에 학습 능력이 생겨서 스스로 판단하는 능력이 향상되어 인간의 감정을 모방하는 흉내를 낼 수도 있습니다.

연습 문제

1. 모범답안 원하는 장소로 이동할 수 있으므로 주인이 편리하게 사용할 수 있습니다. 주인을 따라 다니거나 아니면 기가지니가 스스로 판단해 원하는 곳에 가서 주인의 명령을 기다립니다.

2.

❶ 모범답안 비전 센싱 기술과 인공지능 기술이 있으면 될 것입니다. 비전 센싱은 사람 얼굴의 세밀한 감정을 읽고, 인공지능 기술은 사람의 얼굴 감정을 기억했다가 감정에 대한 학습을 한 후 로봇 자신의 감정을 표현하는 행동을 할 때 사용할 것입니다.

❷ 모범답안 외로운 사람들과 대화를 하는 용도로 사용합니다. 자폐증에 걸린 사람들을 치유하는 데 사용합니다.

해설 인간의 감정을 읽는 '인공지능'은 다음과 같은 활용분야가 있습니다.

1. 정신의학계
- 사람의 기분에 따른 근육 움직임, 심장 박동수 등의 표준화된 데이터가 있을 것입니다. 이를 수집하여 행복도를 추측하거나, 심리치료, 우울증 진단에 활용할 수 있습니다.
- 의사소통이 불가능하거나 어려운 영유아에게도 그 안전성이 충분히 입증된다면, 효과적인 행동발달에 기여할 수 있을 것입니다.

2. 산업계
- 기존의 산업과 융합하여 인간의 만족을 극대화하는 방향으로 사용될 수 있습니다.
- 사람의 맥박, 심신 상태 등을 파악하여 그 기분에 맞는 향기와 효능의 차를 추천해줄 수 있습니다.
- 사람의 감정을 읽고 그에 맞는 피드백을 해줄 수 있는, 사람과 비슷한 모습의 감성 로봇이 나타날 수 있습니다.

3. 범죄 및 사고 예방
- 범죄자가 의사소통으로 드러내지 않는 부분을 추측하여 수사에 활용할 수 있습니다.
- 운전자의 기분 상태가 좋지 않을 때, 자동차가 이를 인식하여 그에 맞는 운전 습관을 추천해서 알려줌으로써 운전자의 안전을 도울 수 있습니다.

5 로봇과 현실 세계의 문제해결

표준 문제

모범답안 로봇 청소기에 무선 통신 장치가 있고 이 장치는 스마트폰과 연결되어 있습니다. 주인의 스마트폰에는 로봇 청소기를 원격제어하는 애플리케이션이 깔려있고 로봇 청소기의 카메라를 통해 모션 감지기능과 앱의 알림기능으로 집안 내부의 상황을 파악할 수 있습니다.

연습 문제

1. 모범답안 가정 내에서 활용하므로, 짧은 거리에서의 통신 기술만 있으면 됩니다. 음성명령을 내렸을 때 주인의 목소리만 인식하고, 언어를 정확하게 인식하는 알고리즘 기술이 필요합니다.
음성명령이 실행된 후, 일정한 장소로 이동해야 하므로 공중에 떠다니는 방법이 아니라면, 긁힘 방지를 위해 바퀴와 같은 동력 장치가 필요합니다. 그리고 이동 중 추락 또는 충돌이 없어야 하므로 주변의 물체를 인식하여 피하는 알고리즘이 필요합니다. 또한, 이동 후 위치할 거치대가 필요합니다.
자신의 위치를 파악할 때는, 음성이 어디서부터 왔는지 인식하는 기술, 사람의 체온을 인식하는 기술을 쓸 수 있습니다. 그것이 어렵다면, 비콘을 소지하여 스마트폰이 직접 자기 위치를 알아내는 방법도 가능할 것 같습니다.
집안의 원하는 위치에 가도록 하려면, 대표적인 위치에 마찬가지로 비콘을 설치하여 같은 방법으로 이동해야 할 위치를 인식하도록 합니다.

2. 모범답안 소방로봇은 불꽃을 감지 후 물을 발사하는 구조로 설계해야 합니다.

해설 참고자료: 고층 빌딩 소방로봇

https://blog.naver.com/kips1214/221459828534

3. 모범답안 비가 많이 올 때 우비 형태로 몸을 감싸는 비닐이 내려오게 합니다. 우산 로봇은 기본적으로 제어기와 물방울의 세기와 양을 감지하는 센서–구동장치–전원부로 구성된 로봇 시스템입니다.

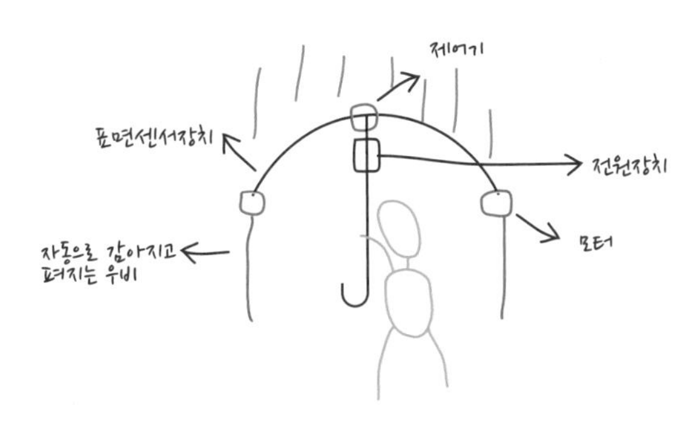

4. 모범답안

로봇에 사용된 재료: 전원장치, 모터, LCD 디스플레이, 라이다 센서, 적외선 센서, 통신 장치, 소독제 및 자가진단 키트 내부 보관시설, QR코드 인식기

로봇의 구조:

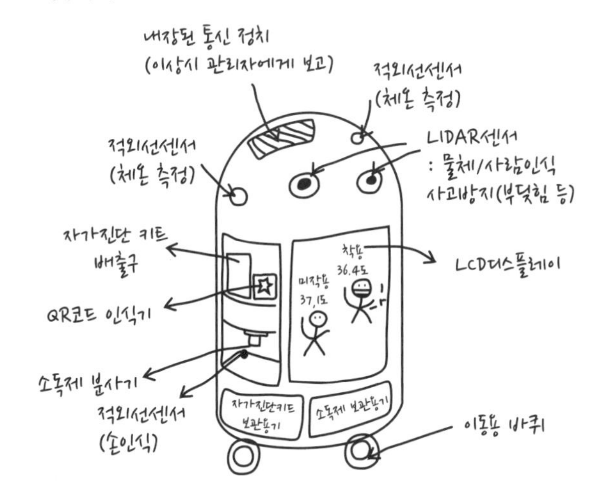

로봇의 기능:

• 로봇의 반경 20m 안에서, 사람들의 마스크 착용 여부 및 체온을 확인합니다. 이상 시 관리자에게 알림을 자동으로 전송합니다.

• 로봇의 소독제 분출구 앞에 손을 갖다 대었을 때, 소독제를 일정량 분사합니다.

• 인앱 결제 후 QR코드를 제시했을 때, 자가진단 키트를 제공합니다.

* Lidar

라이다는 레이저 펄스를 발사하고, 그 빛이 주위의 대상 물체에서 반사되어 돌아오는 것을 받아 물체까지의 거리 등을 측정함으로써 주변의 모습을 정밀하게 그려내는 장치이다.

Section 13 융합 문제해결 영역

1 증강 현실, 가상 현실

표준 문제

모범답안 증강 현실 기기가 작동할 때 GPS, WiFi를 이용해 기기의 위치 정보, 기울기 센서에 의한 사진의 왜곡 정도, 기타 물체의 대표적인 특징, 바코드나 QR코드 등이 데이터베이스로 전송됩니다. 그러면 데이터베이스에서 전송된 장소와 일치하는 장소의 관련 정보를 탐색해서 관련 정보가 다시 기기로 전송됩니다. 증강 현실 기기가 물체를 인식하고 있는 동안 전송받은 정보가 화면에 나타납니다.

해설 GPS는 나의 위치를 파악하기 위해 사용합니다.

AR카메라에서 Depth 를 인식해 해당건물과 내 핸드폰과의 거리를 측정합니다.

WiFi를 통해 내 GPS 좌표로부터 해당거리에 있는 건물이 무엇인지 검색한 후 해당 건물에 대한 정보가 웹상에 존재한다면(예를들어 구글 DB 에 저장되어 있다면) 그 건물에 대한 정보를 화면에 출력해줍니다.

연습 문제

모범답안 특정 GPS 위치에 포켓몬스터를 미리 배치하고 사용자의 기기가 특정 위치에 가까워지면 포켓몬스터의 시각화 정보를 실제 화면에 겹쳐 보이게 제공합니다. 스마트폰을 흔들면 기울기 센서를 통해 움직임을 감지해서 몬스터 볼이 나가도록 애니메이션을 보여줍니다.

2 자연현상의 융합 원리

표준 문제

모범답안 과학–②, 수학–④, 기술–③, 공학–①

해설 과학은 자연의 성질을 연구하는 학문이고, 공학은 물건을 만들기 위해 과학지식의 응용법을 연구하는 학문입니다. 기술은 공학적 연구 결과를 바탕으로 실제 물건을 만드는 것입니다.

연습 문제

1. 모범답안 과학–③, 수학–④, 기술–①, 공학–②

2 모범답안

〈초음파 안마 매트리스〉

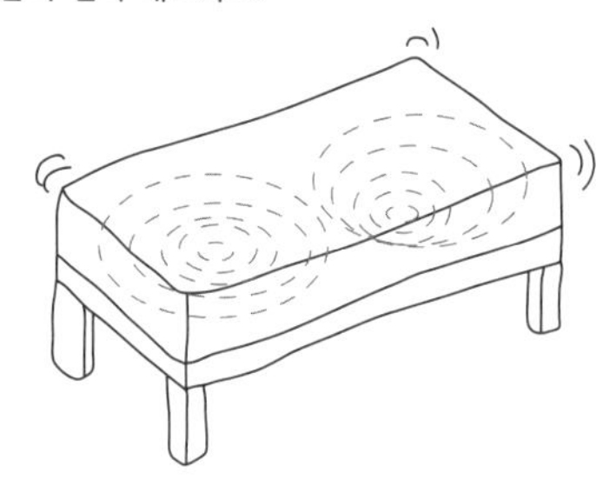

초음파가 발생하며 안마를 자동으로 해주는 매트리스를 만들어 볼 수 있습니다.

3 사회현상의 융합 원리

표준 문제

모범답안 과학: 지문 인식 및 유전자 분석

기술: 가상 몽타주를 3D 입체로 표현

연습 문제

모범답안

❶ 과학: 코로나바이러스는 그 증상이 감염 후 바로 나타나지 않고, 평균 2주 정도의 잠복기를 가집니다. 그 시기 동안은 증상이 나타나지 않아, 바이러스에 감염되었는지 그 여부를 알기 쉽지 않습니다.

❷ 수학: 코로나바이러스 전파 확률과 중증 환자의 수를 낮출 수 있습니다. 다른 사람과의 동선을 최소화하고 국가의 특별한 관리를 받는다면, 감염 확산의 확률을 줄일 수 있습니다. 증상 나타났을 때, 빠르게 치료함으로써 후유증이 남을 확률이 낮아집니다.

❸ 기술: 자가격리를 하는 동안 자가진단 애플리케이션으로 자가격리자의 감염 여부와 건강상태를 체계적으로 확인, 관리할 수 있습니다.

❹ 공학: 자각 격리자의 이동 동선을 시뮬레이션해서 코로나 확산 예측 모델을 연구합니다.

4 기술 중심의 융합 원리

표준 문제

모범답안 사람은 운전하는 동안 표지판과 차선뿐만 아니라 같은 도로에 있는 모든 차량의 주행 상태에 집중해야 합니다. 사람은 수많은 정보를 시각을 통해 받아들이므로 안 좋은 날씨(폭우, 안개 등)에는 위험합니다. 하지만 자율주행 자동차는 시각적 데이터와 GPS 데이터를 동시에 활용하므로, 인간보다 빠르게 데이터를 처리하여 도로 상황의 위험 요소를 빠르게 인식할 수 있습니다. 자율주행차에 인공지능 기술이 적용되면 전 세계의 운전사고가 크게 줄어들 수 있습니다.

연습 문제

모범답안

❶ S(과학): 인공지능 스피커가 음성인식을 할 때 혹은 인공지능 스피커가 말할 때 소리는 파동 형태로 전달

❷ M(수학): 빅 데이터의 분류, 정보 데이터베이스의 조합

❸ T(기술): 인공지능 칩 기술, 인공지능 네트워크 기술, 인공지능의 가전 제어 기술

❹ E(공학): 인공지능 프로그램, 머신러닝

❺ A(예술): 인공지능 스피커의 외부 디자인

해설 인공지능 스피커가 말할 때의 소리는 파동으로 전달되기에 이것은 '과학'이 적용된 것이며, 인공지능에 사용된 네트워크 연결이나 가전제품을 제어하는 것은 '기술'이 적용된 것입니다. 인공지능에 사용된 프로그램이나 인공지능을 학습시키기 위한 머신러닝은 '공학'이 적용된 것이고, 인공지능 스피커의 외부 모양에 대한 3D 모델링은 '예술'이 적용된 것입니다.

마지막으로 인공지능이 주인의 명령에 따라 답하고 여러 기기를 조작하기 위한 판단을 내릴 때 분류기법을 사용하는 데 이것은 '수학'적 원리가 적용된 것입니다.

정보(SW, 로봇) 영재를 위한 심층 면접

Section 14 인성 영역

1 가치 판단 1

표준 문제

모범답안

옳다는 의견: 남에게 피해를 주고 부자가 된 악한 사람의 예금을 해킹으로 빼앗아 가난한 사람에게 나누어주는 것은 옳은 일이라고 생각합니다.

옳지 않다는 의견: 옳지 않다고 생각합니다. 남의 은행 예금을 해킹으로 인출하는 것은 도둑질이며, 해킹을 당한 사람에게 피해를 주기 때문입니다.

연습 문제

1. 모범답안

• 노인들은 컴퓨터나 인터넷에 서툽니다. 청소년들이 노인들에게 컴퓨터를 가르쳐주는 봉사활동을 합니다.

• 몸이 불편한 장애인들이 다른 곳에 가려고 할 때 자동으로 택시를 불러주는 기술을 만들어서 편리하게 이동할 수 있게 합니다.

• 노인들은 치매로 고생합니다. 컴퓨터와 로봇을 연결해 노인과 재미있게 대화하는 시스템을 만들어 치매 예방에 도움을 줄 수 있습니다.

2. 모범답안

• 인터넷 사이트를 만들어 다른 나라 친구들에게 도움을 줄 수 있는 돈을 모금합니다.

• 가난해서 학교에 가지 못하는 어린이들이 컴퓨터로 공부할 수 있게 도와줍니다.

• 인터넷에 다른 나라의 가난한 어린이의 어려움을 알리는 광고를 합니다.

2 협동심

표준 문제

모범답안

• 쉬는 시간에 친구에게 수업에 집중하자고 조용히 얘기하든지, 쪽지를 써서 '어렵게 들어 온 정보영재원인데 열심히 함께 공부하자'라는 메시지를 전달하겠습니다.

• 만약 친구가 공부가 너무 어려워서 게임을 하는 것이라면, 친구가 어려워하는 부분을 알려주고 같이 수업을 열심히 듣겠습니다.

연습 문제

1. 모범답안 일단, 제가 먼저 다가가서 친해진 다음, 팀 프로젝트에 적극적으로 참여할 수 있도록 유도해서 함께 즐겁게 공부할 수 있는 분위기를 만들어 주겠습니다.

2. 모범답안 우석이에게 왜 역할놀이가 하기 싫은지 먼저 물어봐야 합니다. 그리고 그 이유가 모둠원들과 함께 해결할 수 있는 문제이면 같이 해결합니다. 모둠원끼리 해결할 수 없으면, 선생님이 해결해주실 수 있는지 묻습니다. 만약, 선생님도 해결할 수 없는 문제라면 선생님께 양해를 구하고, 우석이와 함께 그림을 그리며 우석이의 감정을 좋게 만듭니다. 우석이의 감정이 나아지면 그때부터 같이 역할놀이를 합니다.

3. 모범답안 학생들에게 본받을 만한 첫 번째는 장애가 있는 학생이 자신과 다르다고 해서 차별하지 않은 것입니다. 두 번째는 다른 여섯 명의 친구들이 협동심을 발휘하여 장애 친구와 함께 결승선을 통과한 것입니다.

3 과제 집착력

표준 문제

모범답안

• 코딩의 구문 에러를 발견 후, 올바른 구문이 나올 때까지 끝까지 코딩한 과정을 제시합니다.

• 원하는 코딩 구현이 되지 않을 때 문제점을 발견 후 완성이 될 때까지 끝까지 노력한 과정을 제시합니다.

• 어려움을 극복하고 완성했을 때의 성취감을 제시해도 좋습니다.

연습 문제

1. 모범답안 저는 로봇 대회에 나가기 위해 로봇을 만든 적이 있습니다. 로봇을 모두 만들었으나 마음대로 움직이지 않았습니다. 저는 열심히 노력해서 부품 하나가 잘못 조립되었다는 것을 알아내고 다시 조립해서 해결했습니다. 로봇이 제대

로 움직일 때는 정말 뿌듯했고, 앞으로도 이런 일이 있으면 끝까지 생각해서 완성해야겠다고 결심했습니다.

2. 모범답안
• 바이러스 치료 프로그램을 통해 컴퓨터를 치료한 다음 과제를 마칩니다.
• 바이러스 치료가 되지 않으면, 다른 컴퓨터를 이용해 작업하거나 친구의 컴퓨터를 빌려서 작업합니다.
• 스마트폰 문서 편집 프로그램을 이용해서 과제를 마칩니다.

3. 모범답안 평소에 학교 시험 준비를 잘해 놓아서, 영재원 과제 제출이 겹쳐도 두 가지 모두 성공적으로 수행할 자신이 있습니다.

4 가치 판단 2

표준 문제

모범답안

찬성 의견: 저는 '노 키즈 존'을 찬성합니다. 그 이유는 세 가지입니다. 첫째, 식당이나 카페는 여러 사람이 사용하는 시설입니다. 그러한 곳에서 피해를 주는 어린아이들의 입장을 막는 것은 다른 사람들을 위해 올바른 일입니다. 둘째, 식당과 카페는 주인의 것입니다. 주인이 받고 싶지 않은 손님을 받지 않는 것은 주인의 권리입니다. 마지막으로, 아이들의 안전을 위해서 '노 키즈 존'은 필요합니다. 아이들이 식당과 카페에서 뛰어다니면 뜨거운 것에 데이거나, 날카로운 것에 부딪히거나 베이는 안전사고가 있을 수 있습니다. 그런 장소에서 '노 키즈 존'을 하면 아이들이 다치는 일이 줄어들게 됩니다.

반대 의견: 저는 '노 키즈 존'을 반대합니다. 그 이유는 세 가지입니다. 첫째, 누구나 가고 싶은 곳에 갈 수 있는 자유가 있다고 생각합니다. 그러한 자유를 나이가 어리다는 이유로 막는 것은 부당합니다. 둘째, 모든 아이가 시끄러운 것은 아니기 때문입니다. 아이라고 해서 시끄러울 것이라고 미리 생각하고 받지 않는 것은 오해입니다. 셋째, '노 키즈 존'은 아이를 차별하는 것입니다. 사람의 피부색을 보고 판단하는 인종 차별과 같이 아이를 겉모습만 보고 판단하는 것 또한 차별이라고 생각합니다.

연습 문제

1. 모범답안

입장 1: 저는 동물실험을 찬성합니다. 왜냐하면, 생명과학 실험에서 동물실험은 필수이기 때문입니다. 아직 생명과학 실험에서 컴퓨터 시뮬레이션이나 조직 실험으로 생명체를 완전히 파악하는 데는 한계가 있습니다. 또한, 동물실험으로 더 많은 사람과 동물을 살릴 수 있습니다.

입장 2: 저는 동물실험을 반대합니다. 왜냐하면, 실험체들과 사람은 생물학적으로 다르므로 동물실험의 한계가 있기 때문입니다. 또한, 동물에게도 인간과 마찬가지로 권리가 존재합니다. 동물실험은 현재 너무 과도하고 잔인하게 이루어지고 있습니다. 이러한 동물실험은 동물의 권리를 생각하지 않는 것입니다.

2. 모범답안 연주자의 바른 행동은 첫 번째로 실수를 했을 때, 자신의 실수를 인정하는 것입니다. 실수를 인정한 이후, 빠르게 다른 연주자에게 맞추어 연주하거나 오케스트라에 양해를 구하고 그 부분을 다시 연주합니다.
두 번째로, 연주 이후 실수에 대해서 관객에게 사과하는 것입니다. 자신의 연주를 보러온 관객들에게 자신이 실수해서 공연에 지장이 있었다고 죄송하다고 말해야 합니다.
세 번째로, 앞으로 실수하지 않도록 더욱더 노력해야 합니다. 실수는 어쩔 수 없을 때도 있지만 노력의 부족으로 일어날 때도 있습니다. 그러므로 공연 전 최대한 노력하여 실수하지 않도록 해야 합니다.

Section 15 자기소개서 영역

※ 주의사항

본 해설지에 나온 자기소개서 예시 답변은 참고로만 해야 합니다. 교재 내용 그대로 또는 상당 부분을 자기소개서에 그대로 사용하기보다는 학생 자신만의 독창적인 내용으로 접목 및 변경할 수 있도록 해주세요.

초등 3, 4학년은 주어진 예시 답변보다 좀 더 쉬운 용어로 문장을 구성해야 합니다.

1 지원 동기

표준 문제

모범답안

• 저는 정보영재원에서 프로그래밍 공부나 컴퓨터 과학을 심도 있게 배워서 컴퓨터 공학자라는 저의 목표를 이루기 위해 지원했습니다. 그러나 저의 코딩 실력은 아직 완벽하지 못합니다. 저는 영재원에서 부족한 저의 코딩 실력을 키워 훌륭한 컴퓨터 공학자가 되겠습니다.

• 알고리즘적 사고가 앞으로 우리 사회의 문제를 해결하는 능력이라고 생각합니다. 정보영재원에서 체계적으로 컴퓨터 기술과 알고리즘 능력을 길러 세상을 변화시키는 소프트웨어를 만들고 싶어서 지원하게 되었습니다. 이것을 이루기 위해 부족한 컴퓨터 기술을 영재원에서 배워 사회 문제를 해결하는 CEO가 되고 싶습니다.

• 대한민국에서 국민이 제일 많이 사용하는 애플리케이션은 카카오톡입니다. 저 또한 카카오톡을 통해 친구들과 연락을 주고받고 있습니다. 저도 카카오톡을 만든 김범수 사장처럼 사람들이 많이 사용하고 편리하게 사용할 수 있는 소프트웨어를 만들고 싶어 영재원에 지원하게 되었습니다.

해설 지원동기는 아주 중요하며 대부분의 영재원에서 물어보는 질문 중 하나입니다. 지원동기를 말할 때 꿈에 대한 관점이 명확해야 합니다. 좋은 부분만 이야기해서는 안 되며 자신의 부족한 부분을 이야기해야 합니다.

그 이후, 영재원에 들어와서 부족한 부분을 채우며 꿈을 이룰 밑바탕이 될 것이라고 이야기해야 합니다. 일론 머스크나 김범수 같은 IT업계에서 성공한 사람들을 언급하는 것도 예시 중의 하나입니다. IT 인재가 되고 싶어서 지원했다는 취지로 이야기하면 됩니다.

연습 문제

1. 모범답안

• 저의 꿈은 소프트웨어 개발자입니다. 영재원에서 배우는 코딩이나 컴퓨터 과학 지식을 통해 사람들에게 필요한 소프트웨어를 개발하는 방법을 배운다면 꿈을 이루는 데 도움이 될 것입니다.

• 저의 꿈은 로봇 엔지니어입니다. 많은 사람의 삶을 편리하게 할 수 있는 로봇에 관한 지식을 영재원에서 배운다면 저의 꿈을 이루는 데에 많은 도움이 될 것으로 생각해서 정보영재원에 지원하게 되었습니다.

2. 모범답안

소프트웨어 지원자

저의 꿈은 프로그래머입니다. 프로그래머의 꿈을 이루기 위해서는 코딩 능력이 필수입니다. 제가 지원한 정보영재원에서 C언어나 파이썬 등의 프로그램 언어를 체계적이고 심도 있게 배운다면 훌륭한 프로그래머가 되고자 하는 저의 꿈이 이루어질 수 있다고 생각합니다.

로봇 지원자

저의 꿈은 로봇공학자입니다. 로봇공학자의 꿈을 이루기 위해서는 코딩이나 로봇설계 및 제작 능력이 필수입니다. 제가 지원한 이곳 영재원에서 C언어나 파이썬 등의 로봇을 제어하기 위한 프로그램 언어를 체계적이고 심도 있게 배우고 여러 가지 로봇을 창작하는 능력을 배운다면 훌륭한 로봇공학자가 되고자 하는 저의 꿈이 이루어질 수 있다고 생각합니다.

2 활동 경험

표준 문제

모범답안 저는 엔트리로 게임을 만들어 보았습니다. 캐릭터가 다양한 환경의 코스를 지나가면서 미션을 해결하면 점수가 올라가는 게임입니다. 미션 해결에는 수학, 과학 퀴즈가 포함되어 있어서 게임을 하면서 학습도 할 수 있습니다. 이런 게임 제작을 통해 저는 교육용 소프트웨어 개발이 중요하다는 것을 배울 수 있었습니다.

연습 문제

1. 모범답안

• 저는 스크래치 프로그램으로 다양한 수학 문제를 푸는 활동을 해보았습니다. 피보나치 수열 알고리즘을 구성해 보았는데, 이것을 통해 코딩을 통해서도 수학을 체계적으로 배울 수 있다는 것을 알았습니다.

• 저는 작은 로봇을 코딩으로 움직여 본 경험이 있습니다. 이것을 통해, '더 큰 로봇도 똑같이 코딩을 통해 움직일 수 있겠구나' 하고 생각했습니다.

2. 모범답안 저는 햄스터 로봇을 이용해 복잡한 미로를 탈출시키는 미션을 수행한 적이 있습니다. 다양한 상황에서 햄스터

로봇이 미션을 수행하며 움직일 수 있도록 로봇 코딩을 했던 일은 즐거운 경험이었고 이를 통해 로봇 동작에 대한 알고리즘을 이해할 수 있었습니다.

3 강점과 약점

표준 문제

모범답안 저의 강점은 끝까지 해내는 힘이 있다는 것입니다. 반면에 발표력이 다소 부족한 것이 저의 약점입니다.

연습 문제

1. 모범답안

• 저의 강점은 끝까지 해내는 힘입니다. 이런 저의 강점을 활용해 정보영재원에서 아무리 어려운 과제를 받더라도 끝까지 노력해서 해내겠습니다.

• 저의 장점은 협동심입니다. 이런 저의 장점을 활용해 조별 과제가 진행될 때 조원과 협력해 어려운 프로젝트를 서로의 특기에 따라 분담하고 어려운 것은 다 같이 모여 힘을 합쳐 조직적으로 문제를 해결해 낼 자신이 있습니다.

• 저의 장점은 꼼꼼함입니다. 이런 저의 장점을 통해 조원들과 과제를 할 때 일어날 수 있는 실수를 사전에 방지하고, 검토를 통하여 더욱 정확하게 과제를 할 수 있습니다.

2. 모범답안

• 저의 약점은 발표 능력이 부족한 것입니다. 이런 약점을 알기에 저는 지난 학기에 반 선거에 나가 부반장이 되었습니다. 이를 통해 사람들 앞에서 자신 있게 말하는 연습을 하다 보니 부끄러움이 없어졌고, 이제는 다른 사람들 앞에서도 발표를 잘하게 되었습니다.

• 저의 약점은 서두른다는 것입니다. 이런 약점을 극복하기 위해 지난 연도부터 꾸준히 앉아서 천천히 글씨를 쓰는 연습을 통하여 인내심을 기르고 급한 성격을 고치고 있습니다. 그래서 현재는 이전보다 침착한 성격을 가지게 되었습니다.

4 학업 계획

표준 문제

모범답안

• 저는 기아 문제를 S/W의 힘으로 해결하고 싶습니다. 전 세계에는 부유한 집단과 가난한 집단이 있습니다. 온라인상에서 기아 문제로 고생하는 사람들의 이야기를 알리고 부유한 집단의 사람들이 자발적으로 기부하면, 이를 모아 기아 문제로 고생하는 사람들에게 후원금을 전달하는 온라인 기부 프로그램을 만들고 싶습니다.

• 저는 장애인과 노인의 거동이 힘든 문제를 S/W의 힘으로 해결하고 싶습니다. 현재 거동이 불편하신 분들은 병원에 가는 것조차 어려워합니다. 이런 분들이 병원에 직접 가지 않더라도 집에서 의사의 진단을 받아볼 수 있도록 하여 편안한 생활을 하는 데 도움을 드리고 싶습니다.

연습 문제

모범답안

• 저는 우주를 여행하고 싶습니다. 우주를 여행하다 보면 다양한 환경의 행성을 발견할 것입니다. 행성의 온도, 대기 상태, 중력 등 행성의 모든 정보를 입체적으로 스캔해 우주선 내부의 모니터에 나타나게 하는 프로그램이 있다면 우주 비행사나 우주여행을 하는 사람들에게 도움이 될 것입니다.

• 저는 사람이 하기 힘든 일을 하는 로봇을 만들고 싶습니다. 로봇은 사람보다 튼튼하고 밤에도 일할 수 있으므로 더 오래 일할 수 있습니다. 또한, 자동화가 가능하므로 사람보다 실수를 덜 하게 되어 더 효율적일 것입니다.

• 저는 각종 오염 환경으로부터 건강하게 살아가도록 돕는 환경문제에 관심 있습니다. 저는 오염 검사기기를 만들려고 하는데요. 이것은 대기오염, 수질오염, 토양오염, 방사능오염 등 모든 오염 정도를 표시해줍니다. 오염 검사기는 외부에 센서가 달려 있고 내부에는 모든 오염물질에 대한 데이터베이스(거대한 데이터 저장소)를 바탕으로 아주 적은 오염물질을 검사하더라도 오염된 정도를 표시해주는 것인데 이것을 오염측정 소프트웨어 형태로 만들려고 합니다. 이렇게 해서 이 기기를 많은 사람이 사용하도록 나누고 싶습니다.

• 저는 사람 없이 자율로 움직이는 기술에 관심이 많습니다. 현재도 자율주행이라는 기술이 있지만, 아직은 사람이 지켜보아야 하는 것으로 알고 있습니다. 저는 여기서 더 나아가서 운전자가 필요 없는 시스템을 만들고 싶습니다. 이 시스템은 인공지능과 빅데이터로 주위 사물을 인지하고 알아서 생각하여 사고 없는 운행을 할 수 있습니다. 이 시스템이 개발된다면 도로 위에서는 물론 조금 더 먼 곳을 가는 비행기나 배, 우주선에도 활용될 것입니다.

1 로봇이란?

표준 문제

모범답안 로봇이란 주변의 환경을 인식하여 스스로 판단해 움직여 주어진 역할을 수행하는 기계입니다. 인간의 일을 대신하는 자동 장치입니다.

연습 문제

모범답안 로봇이라는 말은 체코어의 '일한다(robota)'는 뜻입니다. 1920년 체코슬로바키아의 작가 K.차페크가 희곡 《로섬의 인조인간 : Rossum's Universal Robots》을 발표했는데, 이때부터 사람들이 로봇이라는 용어를 널리 사용하게 되었습니다.

2 로봇 구성요소

표준 문제

모범답안 로봇을 구성하는 3요소는 센서부, 제어부, 구동부입니다.

센서부: 주변 환경을 인식할 수 있는 부분.

제어부: 인식한 결과에 따라 행위를 만들어내는 부분.

구동부: 행위를 표현할 장치 부분.

로봇을 구성하는 4요소로는 3요소에 몸체를 더해 센서부, 제어부, 구동부, 몸체입니다.

*로봇구성요소는 주장하는 학자마다 다소 차이가 납니다.

연습 문제

모범답안 로봇으로 휴머노이드 로봇 휴보가 소개되어 있습니다. 휴보는 얼굴 정면에 비전 센서가 있어서 주변 사물을 감지하며, 두뇌 부분에 제어기가 있어서 주변 환경을 판단해서 어떻게 행동할지 결정합니다. 그런 다음, 주어진 명령을 손이나 발 쪽의 구동부로 보내 움직이는 구조입니다. 등 쪽에는 전원부가 있습니다.

3 로봇 3원칙

표준 문제

모범답안 로봇 3원칙에 대해 말하겠습니다. '첫째, 로봇은 인간에게 해를 가하거나, 혹은 해를 가하는 행동을 하지 않음으로써 인간에게 해를 끼치지 않는다.' 이것이 제1원칙입니다.

'둘째, 로봇은 첫 번째 원칙을 위배하지 않는 한 인간이 내리는 명령에 복종해야 한다.' 이것이 제2원칙입니다.

'셋째, 로봇은 첫 번째와 두 번째 원칙을 위배하지 않는 선에서 로봇 자신의 존재를 보호해야 한다.' 이것이 제3원칙입니다.

연습 문제

1. 모범답안 로봇 3원칙은 로봇이 인간을 해치지 않고 인간을 돕게 하기 위해 필요합니다.

2. 모범답안 제가 생각하는 인공지능 3원칙에 관해 설명하겠습니다.

인공지능 제1원칙: 인공지능은 인간이 아님을 반드시 알리고 사람인 척을 해서는 안 된다.

인공지능 제2원칙: 인공지능은 인간에게 해를 끼쳐서는 안 된다.

인공지능 제3원칙: 인공지능은 나쁜 목적으로 자신을 복제해서는 안 된다.

해설 그 외에 다양한 답변이 나올 수 있습니다.

4 로봇 문제해결

표준 문제

모범답안 라인트레이서가 회전할 때 앞쪽 센서와 뒤쪽 바퀴 사이의 거리(축간거리)가 멀기 때문입니다. 축간거리가 멀면 회전 반경이 커서 라인을 벗어납니다. 이럴 때는 센서와 축간거리를 가깝게 조절하면 이런 문제를 해결할 수 있습니다.

연습 문제

1. 모범답안 휴머노이드 로봇이 자주 넘어지는 이유는 이족 보행 로봇이기 때문입니다. 이족 보행 로봇은 사족 보행 로봇보다 균형을 잡기가 매우 힘듭니다. 이러한 휴머노이드 로봇은 사람처럼 관절이 부드럽지 않기 때문에 걸을 때 무게 중심을 잘 잡지 못해 쉽게 넘어집니다. 또한, 사람과 달리 미끄럽거나 돌이 많은 곳에서 바로 대처하지 못해 쉽게 넘어지게 됩니다.
이러한 문제를 해결하기 위해 무게 중심을 잘 잡을 수 있는 자세 제어 기술이나 관절을 부드럽게 움직일 수 있게 하는 기술을 개발하면 휴머노이드 로봇이 넘어지는 상황이 줄어들 수 있습니다.

2. 모범답안 장애물을 피해 가며 움직이는 로봇이 움직이지 않는 상황은 여러 가지가 있을 것 같지만 크게 하드웨어의 문제와 소프트웨어의 문제로 나뉩니다. 하드웨어에서 기본부품이 고장 났거나 조립의 실수, 배터리의 방전문제가 있을 때 아무리 로봇 프로그래밍을 잘했더라도 못 움직입니다. 소프트웨어의 문제로는 장애물의 인식 범위의 오류가 있을 것 같습니다. 장애물을 아주 구체적으로 설정하지 않았다면 로봇은 주위의 모든 것을 장애물이라고 인식하여 움직이지 못할 것 같습니다. 또한, 자율주행에서는 프로그래밍이 가장 중요한데 프로그래밍에서 실수가 일어났다면 부품을 아무리 잘 조립해도 로봇이 자율적으로 움직이지 못합니다.

Section 17 정보기술 영역

1 인공지능

표준 문제

모범답안 알파고가 인간과의 대결에서 주요하게 사용한 알고리즘은 딥러닝입니다. 이미 기존에 고수들이 진행했던 바둑 대결들에서 돌의 위치와 패턴을 분석하고 바둑 두는 법을 스스로 학습했습니다. 이후 확장된 사고력으로 인간처럼 스스로 의사결정을 할 수 있게 되었습니다. 이처럼 기존의 정보를 모아 스스로 학습해 점점 사고의 폭을 넓힌 후 의사결정을 하는 딥러닝 방식을 통해 알파고는 인간을 이길 수 있었습니다.

연습 문제

1. 모범답안 인공지능 기술이 인간의 지능과 창의력을 넘어서게 된다면 긍정적인 변화와 부정적인 변화가 모두 일어날 것 같습니다. 긍정적인 변화로는 인간이 할 수 없었던 것들을 인공지능이 대신해 줄 수 있습니다. 부정적인 변화는 인공지능을 인간의 편의를 위해 사용하지 못할 수도 있다는 것입니다. 인공지능이 들어 있는 로봇은 마음대로 생각하고 움직이므로 인간을 돕지 않을 것 같기 때문입니다.

2. 모범답안 사람의 얼굴 근육의 미세한 움직임을 인식해 '이 얼굴 근육이 움직일 때는 대부분 이런 감정이다.'라고 학습하게 해 사람의 감정에 맞춰 감정을 표현하도록 하면 될 것 같습니다.

2 증강 현실, 가상 현실

표준 문제

모범답안 가상 현실은 현실과 상관없이 가상정보만 보여주지만, 증강 현실은 현실 이미지 위에 컴퓨터가 제공하는 정보를 겹쳐서 보여줍니다. 즉, 가상 현실은 전혀 새로운 세상이 생기는 것이고, 증강 현실은 현재와 비슷하지만 달라진 세상이 되는 것입니다.

연습 문제

1. 모범답안 가상 현실 기법으로 교육하면 실제 겪어보지 못한 긴급한 상황을 언제 어디서나 체험할 수 있어 상황 대처능력이 빨라질 수 있습니다. 지진 체험이나 화재 체험을 예로 들 수 있습니다. 그다음으로 실제로 가보지 못했던 장소에 가볼 수 있습니다. 집 안에서 해외여행을 하거나 박물관과 미술관 등을 체험할 수 있습니다.

마지막으로 쇼핑에도 도움이 될 수 있습니다. 집이나 차, 옷 등을 고를 때 굳이 그 장소에 가지 않고서도 집에서 VR을 통해 더 쉽고 편하게 고를 수 있을 것입니다.

2. 모범답안 역사유적지로 수학여행을 갈 때, 폐허가 된 유적지여도 증강 현실을 통해 그 터에 건물을 띄워 그 유적지를 생생하게 볼 수 있습니다. 혹은 과학 시간에 동물들을 증강 현실 기술로 책상 위에 나타나게 해서 자세하게 관찰할 수 있고, 몸속의 장기처럼 수업시간에 활용하기 어려운 것도 생생하게 관찰할 수 있을 것입니다.

3 사물인터넷과 홈오토메이션

표준 문제

1. 모범답안 사물에 센서를 부착해서 실시간으로 정보를 모은 후에 인터넷으로 개별 사물들끼리 정보를 주고받는 정보기술입니다. 즉, 사물인터넷은 사람이 시키지 않아도 사물들이 알아서 판단하게 하는 기술입니다.

2. 모범답안 사물인터넷의 가장 큰 장점은 편리함과 효율성이라고 생각합니다. 사물인터넷은 스스로 주변 환경을 인식하기 때문에 시키지 않아도 자동으로 움직입니다. 사람의 생활 방식에 맞춰 아침에 불을 켜주고, 추우면 난방을 켜고, 더우면 에어컨을 켜줍니다. 이처럼 사람이 일일이 신경을 쓰지 않아도 돼서 편리합니다. 또한, 사물인터넷에 인공지능 기술을 접목하면 가장 좋은 방법을 스스로 판단하기 때문에 에너지와 시간 낭비가 없어 효율적입니다.

연습 문제

1. 모범답안 사물인터넷이 실생활에 적용된 예는 인공지능 스피커, 원격으로 집에 있는 보일러, 가스, 전등을 켜고 끌 수 있는 스마트 홈, 스마트 워치 등이 있습니다.

2. 모범답안 아침에 일어나서 인공지능 스피커에 불을 켜달라고 하면 제가 움직이지 않아도 불이 켜집니다. 그리고 냉장고에 무엇이 있는지 보고 싶다고 이야기하면 인공지능 스피커가 냉장고에 무엇이 있는지 이야기를 해주어 냉장고 문을 열지 않아도 됩니다. 제가 집을 나와 학교 갈 때 전등과 보일러를 깜빡하고 끄지 않았어도 전등과 보일러가 자동으로 꺼집니다. 제가 학교에서 집의 강아지가 보고 싶으면 스마트폰 앱을 이용한 홈 원격제어 CCTV를 통해 볼 수 있습니다. 인공지능 스피커에 만일 비젼센서를 장착한다면 저의 표정으로 감정을 읽은 다음 어울리는 음악을 틀어줄 수 있을 것입니다. 제가 손을 씻을 때면 체온과 바깥 기온을 고려하여 알맞은 물 온도가 나오게 합니다.

4 자율주행차

표준 문제

1. 모범답안 자율주행차란 인간이 운전하지 않아도 주위의 환경을 인식해서 자동으로 주행하는 자동차입니다.

2. 모범답안 자율주행차가 운전하기 위해서는 일단 위치 정보 시스템이 있어야 합니다. 차가 현재 어디 있고 어디로 가는지 알 수 있어야 하기 때문입니다. 두 번째로는 사람의 눈처럼 주변을 인식하는 관찰 시스템이 필요합니다. 주변 도로 상황과 장애물, 주변의 사고 발생 상황을 보고 반응하기 위해서입니다. 또한, 위급한 상황이 있을 때, 이를 탑승자와 119에 알리는 자동 경보 시스템이 있어야 합니다.

연습 문제

모범답안 자율비행 드론을 구현하기 위해서는 우선 위치 정보 시스템이 있어야 합니다. 드론이 어디 있고 어디로 가는지를 알아야 빠르고 효율적으로 택배 물품을 전달할 수 있기 때문입니다. 그다음으로는 장애물 회피 기술이 필요할 것 같습니다. 하늘에는 새나 전깃줄 같은 장애물들이 많으므로 이를 잘 피해서 안전하게 목적지로 도착할 수 있어야 합니다. 마지막으로는 스스로 날씨를 예측해서 위험할 때는 안전한 곳으로 가게 하는 기술이 필요합니다. 하늘에서는 눈과 비, 강한 바람 같이 드론에 위험한 환경이 자주 있기 때문입니다.

Section 18 소프트웨어 영역

1 컴퓨터 구성요소

표준 문제

모범답안 컴퓨터는 하드웨어와 소프트웨어로 이루어져 있습니다.
하드웨어는 컴퓨터를 구성하는 몸체로 중앙처리장치, 입출력장치, 제어장치, 산술논리장치가 있습니다. 소프트웨어는 시스템 소프트웨어와 응용 소프트웨어로 이루어져 있습니다.

연습 문제

1. 모범답안 하드웨어에서 사람의 두뇌처럼 판단, 명령 등을 할 수 있는 것은 CPU, 중앙처리장치입니다.

2. 모범답안 시스템 소프트웨어에는 운영체제가 있으며, MS-WINDOW는 운영체제의 예입니다.

2 애플리케이션

표준 문제

모범답안 앱에 하루의 생활 계획을 시간대별로 세팅을 해서, 그 시간이 되면 자동으로 무엇을 해야 할지 음성으로 알려주도록 합니다. 식사할 때 반찬 등을 스마트폰으로 스캔하면 먹어서는 안 되는 음식이 있으면 경고음이 나오게 합니다.
매일 운동을 하게 되면 앱에 포인트가 쌓이도록 하고 일정 점수가 나오면 선물을 받는 기능을 넣어줍니다.

연습 문제

1. 모범답안 사람마다 잘못된 습관은 다양합니다. 늦잠 자는 습관, 의자에 삐딱하게 앉는 습관, 다리를 흔드는 습관 등 저마다 다른 습관들을 가지고 있습니다.
예를 들어, 의자에 삐딱하게 앉는 습관을 고치기 위해 앱에 연결된 휴대폰 카메라로 자기 전신을 비추게 합니다. 삐딱하게 앉는 모습이 관찰되면 경고음과 함께 올바른 자세를 할 수 있도록 알려주고, 잘못된 자세일 경우 신체에 나쁜 영향을 준다는 메시지가 나오게 합니다.
올바른 자세로 계속 앉아 있을 경우 그 시간을 측정해 보상 포인트가 생기게 하고 점점 나아지는 모습을 그래프로 나타내게 합니다.

2. 모범답안 반려견 먹이통과 앱을 무선으로 연결합니다. 앱에 의한 원격제어로 먹이통의 입구를 열어주면 사료가 쏟아져 반려견이 먹을 수 있게 합니다. 반려견을 잃어버릴 경우를 대비해서 반려견의 목걸이에 GPS 위치추적장치를 달아줍니다. 앱을 열면 반려견의 위치를 실시간으로 파악할 수 있어 쉽게 찾을 수 있습니다.

3 코딩과 프로그래밍

표준 문제

모범답안 저는 엔트리로 게임 프로그램을 만들어보았습니다. 배경은 산과 바다, 구름으로 이루어져 있습니다. 그 공간들 사이에는 벽돌이 있고, 캐릭터가 벽돌을 타고 이리저리 점프하며 뛰어갑니다. 화살표(위, 아래, 좌, 우)로 캐릭터를 움직이게 합니다. 가끔가다 벽돌 위에 보석 아이템이 있을 경우 아이템을 먹으면 포인트 점수가 올라가게 합니다. 레벨이 올라갈 때마다 배경이 바뀌고 벽돌의 배치를 더 복잡하게 합니다.

연습 문제

1. 모범답안 조건문의 예는 다음과 같습니다.
보석 아이템이 있으면 보석 아이템을 득템합니다.
반복문의 예는 다음과 같습니다.
벽돌이 배치된 패턴을 보니 계단식으로 되어있습니다.
캐릭터가 점프하면 올라가는 동작은 같은 패턴이라서 횟수 반복문을 통해 점프하는 동작을 반복시켰습니다.

2. 모범답안 저는 포인트(POINT)라는 변수를 만들었습니다. 보석 아이템을 득템할 때마다 점수를 포인트 변수에 저장시킨 후, 게임이 끝났을 때 포인트 점수에 저장된 최종 점수가 나타나게 했습니다.

3. 모범답안 저는 캐릭터의 동작에서 일정한 패턴 동작을 하나의 코드로 묶어 함수로 만들었습니다.
저는 'ACTION' 함수를 만들었는데, 액션 함수는 앞으로 '전진+점프+득템' 이 세 가지 동작을 하나로 묶은 종합 동작입니다. 함수를 사용하면 복잡하고 긴 코드를 짧게 할 수 있고, 반복되는 패턴을 간결한 코드로 사용해서 프로그램 효율성을 좋게 만들어 줍니다.

4 소프트웨어와 현실 세계의 영향

표준 문제

모범답안 저의 태블릿 PC에는 독서 소프트웨어가 깔려 있습니다. 독서 소프트웨어를 사용해서 100권의 책을 읽고 있습니다. 많은 책을 들고 다니며 읽을 순 없습니다. 독서 소프트웨어를 이용해 언제 어디서든 책을 읽거나 들을 수 있어서 편리합니다.

연습 문제

1. **모범답안** 저는 로블록스 소프트웨어를 통해 게임에 깊이 빠져본 적이 있습니다. 캐릭터를 만들고 나만의 가상 게임환경을 만든 다음, 다른 친구들을 초대해 게임 하는 것은 너무 즐거운 일이라서 시간 가는 줄을 몰랐습니다.

2. **모범답안** 얼마 전 일론 머스크의 뉴럴링크라는 회사에서 인간 뇌에 칩을 이식하는 데 성공했다는 소식을 들었습니다. 저는 서로 다른 사람들의 칩을 무선통신으로 연결해 텔레파시로 의사소통을 하는 앱을 개발하고 싶습니다.

3. **모범답안** ChatBOT은 사람과 간단한 대화를 나누는 데 사용합니다. 이에 반해 ChatGPT는 사람이 입력하는 명령(프롬프트)에 대해 논리적이고 체계적으로 정리된 문장으로 답을 하는 특징이 있습니다. ChatGPT는 빅데이터를 자연어 처리 알고리즘으로 학습했습니다. 예를 들어, 문장과 문장-단어와 단어 등의 문맥을 학습해서 어떤 질문을 하면 그 질문에 해당하는 키워드와 확률적으로 가장 일치하는 단어와 문장을 정리해서 표현하는 인공지능 알고리즘을 사용하기에 뛰어난 답변을 할 수 있다고 생각합니다.

4. **모범답안**

■ 예 1

저는 오토드로(AutoDraw)라는 그림을 자동으로 그려주는 소프트웨어를 사용해본 적이 있습니다. 내가 그리려고 하는 사물의 간단한 선이나 일부 모양을 그어주면 다양한 사물의 모습을 추천해주고, 이를 선택하면 그림을 완성할 수 있어서 참 신기했습니다.

■ 예 2

저는 '심심이'라는 인공지능 앱을 사용해본 적이 있습니다.
제가 심심할 때마다 대화를 걸면 항상 친절하게 답변해 주어서 흥미를 강하게 느끼며 계속 사용하고 있습니다.

정보과학(SW,로봇)을 위한 컴퓨팅 문제해결

- 정보영재원 대비 전략
- 정보과학(SW,로봇) 분야 영재성검사 대비
- 정보과학(SW,로봇) 분야 창의적 문제해결력 검사 대비
- 정보과학(SW,로봇) 분야 심층면접 대비
- 코딩게임을 통한 컴퓨팅 사고와 알고리즘 능력 함양

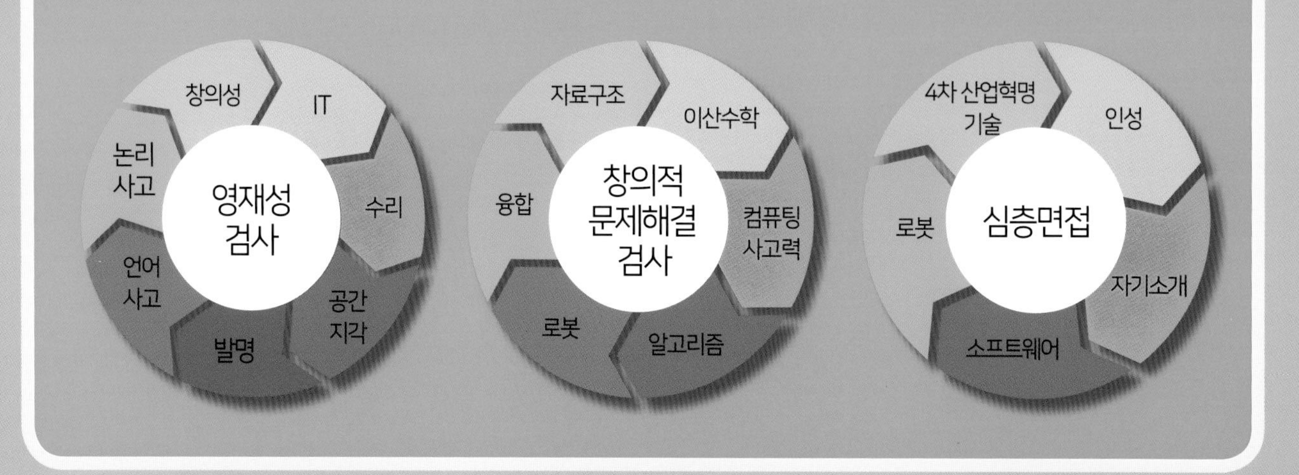